21 世纪高职高专规划教材 · 旅游酒店类系列

饭店客房管理与服务

贺湘辉　徐文苑　编著

清 华 大 学 出 版 社
北京交通大学出版社
· 北京 ·

内容简介

客房管理与服务是现代饭店运行与管理的重要组成部分，本教材对客房管理与服务涉及的清洁卫生、对客服务、清洁保养及设备用品管理、楼层管理、客房信息管理、服务质量管理、预算管理、安全管理等重要内容进行了深入的研究与全面系统的论述，每章内容都有相关的案例分析。注重知识的应用性和可操作性，侧重理论指导下的管理实务与运作，简化以学科知识新体系为背景的知识要点的陈述，适当增大图表和典型案例等内容的比例，力求反映饭店业先进的管理理念、服务手段与方法。

本教材主要适用于高等职业院校饭店管理专业教学，也可作为饭店从业人员的培训和自学之用。

图书在版编目（CIP）数据

饭店客房管理与服务／贺湘辉，徐文苑编著．—北京：清华大学出版社；北京交通大学出版社，2005.2（2009.7 重印）
（21 世纪高职高专规划教材·旅游酒店类系列）
ISBN 978－7－81082－372－2

Ⅰ．饭…　Ⅱ．①贺…　②徐…　Ⅲ．①饭店－商业管理－高等学校：技术学校－教材　②饭店－商业服务－高等学校：技术学校－教材　Ⅳ．F719.2

中国版本图书馆 CIP 数据核字（2005）第 008127 号

责任编辑：张利军
出版发行：清 华 大 学 出 版 社　　邮编：100084　　电话：010－62776969
　　　　　北京交通大学出版社　　邮编：100044　　电话：010－51686414
印 刷 者：北京瑞达方舟印务有限公司
经　　销：全国新华书店
开　　本：185×230　　印张：21.25　　字数：488 千字
版　　次：2005 年 2 月第 1 版　　2009 年 7 月第 4 次印刷
书　　号：ISBN 978－7－81082－372－2/F·91
印　　数：10 001～13 000 册　　定价：28.00 元

本书如有质量问题，请向北京交通大学出版社质监组反映。对您的意见和批评，我们表示欢迎和感谢。
投诉电话：010－51686043，51686008；传真：010－62225406；E-mail：press@bjtu.edu.cn。

出版说明

高职高专教育是我国高等教育的重要组成部分，它的根本任务是培养生产、建设、管理和服务第一线需要的德、智、体、美全面发展的高等技术应用型专门人才，所培养的学生在掌握必要的基础理论和专业知识的基础上，应重点掌握从事本专业领域实际工作的基本知识和职业技能，因而与其对应的教材也必须有自己的体系和特色。

为了适应我国高职高专教育发展及其对教学改革和教材建设的需要，在教育部的指导下，我们在全国范围内组织并成立了“21世纪高职高专教育教材研究与编审委员会”（以下简称“教材研究与编审委员会”）。“教材研究与编审委员会”的成员单位皆为教学改革成效较大、办学特色鲜明、办学实力强的高等专科学校、高等职业学校、成人高等学校及高等院校主办的二级职业技术学院，其中一些学校是国家重点建设的示范性职业技术学院。

为了保证规划教材的出版质量，“教材研究与编审委员会”在全国范围内选聘“21世纪高职高专规划教材编审委员会”（以下简称“教材编审委员会”）成员和征集教材，并要求“教材编审委员会”成员和规划教材的编著者必须是从事高职高专教学第一线的优秀教师或生产第一线的专家。“教材编审委员会”组织各专业的专家、教授对所征集的教材进行评选，对所列选教材进行审定。

目前，“教材研究与编审委员会”计划用2～3年的时间出版各类高职高专教材200种，范围覆盖计算机应用、电子电气、财会与管理、商务英语等专业的主要课程。此次规划教材全部按教育部制定的“高职高专教育基础课程教学基本要求”编写，其中部分教材是教育部《新世纪高职高专教育人才培养模式和教学内容体系改革与建设项目计划》的研究成果。此次规划教材按照突出应用性、实践性和针对性的原则编写并重组系列课程教材结构，力求反映高职高专课程和教学内容体系改革方向；反映当前教学的新内容，突出基础理论知识的应用和实践技能的培养；适应“实践的要求和岗位的需要”，不依照“学科”体系，即贴近岗位，淡化学科；在兼顾理论和实践内容的同时，避免“全”而“深”的面面俱到，基础理论以应用为目的，以必要、够用为度；尽量体现新知识、新技术、新工艺、新方法，以利于学生综合素质的形成和科学思维方式与创新能力的培养。

此外，为了使规划教材更具广泛性、科学性、先进性和代表性，我们希望全国从事高职高专教育的院校能够积极加入到“教材研究与编审委员会”中来，推荐“教材编审委员会”成员和有特色的、有创新的教材。同时，希望将教学实践中的意见与建议，及时反馈给我们，以便对已出版的教材不断修订、完善，不断提高教材质量，完善教材体系，为社会奉献更多更新的与高职高专教育配套的高质量教材。

此次所有规划教材由全国重点大学出版社——清华大学出版社与北京交通大学出版社联合出版，适合于各类高等专科学校、高等职业学校、成人高等学校及高等院校主办的二级职业技术学院使用。

21世纪高职高专教育教材研究与编审委员会

2008年1月

前　言

随着知识经济时代的到来，传统旅游企业的组织和功能、管理理念、营销哲学、经营手段、服务方法等正在受到全面挑战，发生了重大变化。面对日趋激烈的市场竞争和挑战，旅游业的发展，关键在于人才。目前，旅游企业的管理人员，在知识结构、技能水平、管理水平等方面，还难以与迅速发展的旅游业相适应，培养适应新世纪旅游业发展需要的管理人才已经成为一个十分紧迫的问题。而伴随着旅游业的迅速发展，我国的旅游教育事业，也取得了很大发展。旅游专业是应用型专业，只有紧贴旅游行业的实际，才会有生命力。目前，我国高等职业院校的旅游专业在知识结构、课程设置、教材建设等方面，仍然存在一些急需解决的问题。为适应旅游业快速发展的需要，我国的旅游管理学科建设必须有较大发展，而且教材建设必须与之同步。当前针对旅游专业大专及高职层次，较为科学、系统地单独阐述客房管理与服务，且侧重于管理的教材较少。本书旨在弥补我国高等专科旅游管理专业教材建设的相对不足与滞后，特别是新时期国内高等职业技术教育对旅游管理专业新教材的需求，同时满足课程改革及专业建设的需要。

本书在编写过程中，坚持适应高职院校教育改革和发展的需要，立足于提高学生的整体素质和培养学生的综合能力，贯彻了科学性、实用性、先进性、规范性原则，吸取了国内外饭店客房管理与服务的最新知识和技术，注重知识的应用性和可操作性。本书侧重理论指导下的管理实务与运作，简化以学科知识新体系为背景的知识要点的陈述，适当增大图表和典型案例等内容的比例，着眼于旅游企业新岗位群的诸多最新现实需要。本书还坚持全面系统、先进实用的原则，既注重阐述有关管理理论，又系统地介绍对客服务的内容和要求，力求理论联系实际，并考虑与国际市场接轨的要求，充分吸收反映学科发展和中外旅游实践新动态的国内外研究新成果，强化知识的应用性和可操作性。本书注重突出高职教材的特征，适应高等职业教育以能力为核心，以培养技术应用性人才为根本任务，使学生达到基础理论适度，技术应用能力强，知识面宽，综合素质高的要求。本书深入浅出，难易适度，适用性强，学术性与普及性兼顾，理论性与应用性并重，知识性、科学性、实用性、创造性相结合，借以提高学生的专业技能和整体素质。

本书由广东华立学院贺湘辉和天津职业大学徐文苑两位老师编著，由广东华立学院黄汝泰主审。参加编写的人员有徐澄、高洋、徐明、廖钦仁等老师。本书在编写过程中参考了国内外有关论著，并得到了许多业内人士的帮助，在此一并表示感谢。同时，由于作者水平所限，书中难免存在不足之处，敬请广大读者指正。

编　者

2008 年 1 月

注：本书配套的教学课件可到网站 http://press.bjtu.edu.cn 下载或发邮件至 cbszlj@jg.bjtu.edu.cn 索取。

目　　录

第 1 章　客房部概述

学习目标

◎ 了解客房部的地位和作用。

◎ 了解客房部组织机构的设置及主要职责。

◎ 熟悉客房部的主要工作任务。

◎ 认识客房部与其他部门协作的重要性。

◎ 掌握客房部定员编制的主要方法。

1.1　客房部的地位、作用与任务

客房是饭店的基本设施，是饭店商品不可缺少的组成部分。客房部是现代饭店的一个重要部门。客房部（Housekeeping Department）又称房务部或管家部，是饭店向客人提供住宿服务的部门，为住店客人提供各种客房服务项目，负责客房设施设备的维修保养，并承担着客房和饭店公共区域的清洁卫生工作。客房服务质量的好坏直接影响客人对饭店产品的满意度，也对饭店的声誉和经济效益产生重大影响。

1.1.1　客房部的地位和作用

（1）客房是饭店经济收入的重要来源。作为现代饭店，其经济收入主要来自客房、餐饮及综合服务。其中客房收入是主要来源，约占饭店营业收入的 50% ~ 60% 以上，有的饭店甚至超过 70%。美国饭店的客房收入一般占 60% 以上（图 1 - 1）。与国际比较，我国饭店业的发展仍较为落后，缺乏管理经验，综合服务项目较为缺乏。客房收入通常是饭店收入的主要来源，这从另一个侧面也反映出客房部在饭店经营中占有非常重要的地位。总之，客房是饭店最主要的商品之一，其销售收入非常可观。客房部的工作对于饭店的经济效益至关重要。通过客房商品的销售、大量客人的入住，也给其他部门带来赢利的机会。如果该部门的工作没有做好，工作效率低，会直接影响到相关部门的工作，最终影响饭店的整体收益。为此，在经营管理过程中，应保持较高而又适当的客房出租率，提供高质量的服务，努力使客人成为回头客，以提高饭店的经济效益。

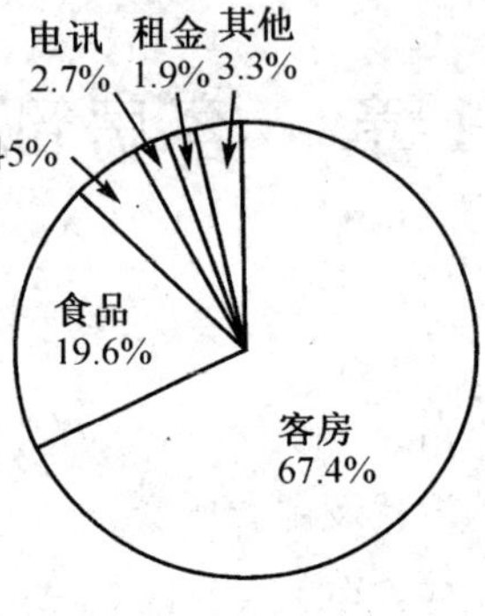

图 1－1 美国酒店营业收入构成（1998 年）

小资料

客房经济——旅游饭店的半壁江山

中小型饭店增加，大饭店地位回落。

中小型饭店居多、客房集中度高。据统计，在 20 世纪 90 年代中期，我国 200 间以下客房的中小型饭店居多。1999 年，中小型饭店比例高达 94%。根据国家旅游局的统计资料，我国旅游涉外饭店客房规模通常分为 5 档：500 间以上、300～499 间、200～299 间、100～199 间和 99 间以下。根据这种“五分法”，每类饭店的客房规模大体相当。其中，客房数 100～199 间的饭店共有 29.81 万间客房，占总客房的 33.52%，比例最大；客房数在 300～499 间的饭店共有 11.49 万间客房，占总客房数的 12.92%，比例最少。这说明，我国饭店客房的集中度相当高。200 间以下客房的中小型饭店占饭店总数的 31.13%，但客房数仅占 33.5%；500 间以上客房的饭店比例为 1.39%，但客房数占 14.35%；300 间以上客房的大型饭店比例为 5.83%，但客房数占 27.28%。

中小型饭店及其客房数比例都在增加，大型饭店地位相对回落。1991 年至 1999 年期间，300 间以上饭店比例总体减少。中小型饭店比例在上升，90 年代初约占 75%，1994 年首次达到 80%，1999 年为 94.17%。其客房比例 90 年代前半期在 45% 左右，1995 年为 52%，1999 年为 72.72%。

中小型饭店发展速度高于大型饭店。1991 年至 1998 年期间，200 间以下客房饭店年均增长率高达 14.82%，其中，99 间以下客房饭店年均增长 21.38%，1999 年比上年有较大增长。但从客观规模看，中小型饭店和 300 间客房以上饭店客房均以两位数增长，两者相差并不明显。

综合结论：1991 年至 1999 年的 9 年期间，我国饭店客房规模发生了反向的结构变化：一是在各类型饭店中，中小型饭店发展迅速，在全国涉外旅游饭店中比例日渐提高，大型饭店地位相应有所下降；二是客房向大型饭店聚敛的局面进一步稳固甚至有一定发展，显示了我国旅游饭店业客房的高集中度；三是 1994 年为发生上述变化的一个关节点，300 间客房饭店数绝对量减少，300～499 间饭店客房绝对量减少，这是 90 年代以来，饭店及其客房出现了仅有的两次负增长。

发达国家大型饭店与中国大型饭店比例为 1.3%∶7.55%。

以美国为例，1995年300间以上客房饭店比例为1.3%，75间以下客房的饭店比例为65.1%，分别比1989年减少3.3%、增长26.5%。同期，我国300间以上客房的饭店比例为7.55%，比美国高6.25个百分点，99间以下客房的饭店比例为51.92%，不及美国75间以下客房饭店65.1%的比例。这说明，我国旅游业与世界旅游发达国家相比，存在着大型饭店相对过多、小型饭店不足的结构性问题，说明在适度提高总量的同时，必须进一步优化结构。

全球饭店集团客房规模与中国涉外饭店规模比例为130:126。

以拥有客房数为标准，总体看全球主要饭店集团单体饭店平均拥有的客房数规模均不大，以400间以下规模为主。其中，4个饭店集团成员饭店客房规模均在400间以上；15个集团的成员饭店客房规模在250～400间之间；21个集团成员饭店规模均在250间客房以下。在全球11个“领袖级”饭店集团中，平均每座饭店拥有的客房规模1995年和1998年分别为131间、125间，其中，希尔顿集团平均每家成员饭店客房数最多（402间），其次为喜达屋集团（平均321间客房），不足100间规模的集团有史丹特集团（89间）和最佳西方集团（80间）。在前40名的大饭店集团中，成员饭店的平均规模1995年为137间客房，1998年为130间客房；超过500间客房的仅有香格里拉（513间客房，居首位），凯宾斯基为257间；13家集团成员饭店客房规模均在130间之下。

1999年，我国旅游涉外饭店平均客房规模约为126间，总体看与国际饭店集团成员饭店的客房规模基本一致，说明我国总体饭店数与客房数的比例与国际市场是一致的，但综合考虑上述我国大型饭店过多、小型饭店不足的情况，进一步论证了在保持动态总量增长的同时，优化结构的必要性和紧迫性。

走向微利时代，大型饭店聚敛高额利润。

整体出租率下降，整体效益下滑。1992年至1998年期间，涉外旅游饭店客房出租率由66.22%降至51.67%，平均每年下滑至少两个百分点。五类不同规模饭店的出租率亦全面渐入低谷。1999年，饭店出租情况出现重大转机，出租率上升至53.41%，不同规模涉外饭店出租率全面上升，其中500间以上客房的饭店平均客房出租率达62.09%，比上年增长2.59个百分点。行业利润率急剧下降，1993年和1994年均维持在9%以上水平，1997年下落至1%，1998年首次出现-5.85%的负利润率，而且表现出近7个百分点的陡峭下降。1999年，全国饭店行业亏损情况进一步加剧，全年亏损53.64亿元，比上年增亏8.08亿元，利润率降为-6.34%。

亏损面不断扩大，亏损逐年加重。1992年时仅有300～499间规模的饭店亏损，1995年仅有100～199间客房规模的饭店亏损，1996年，200～299间客房的饭店和100～199间客房的饭店同时亏损，1997年和1998年仅500间以上客房饭店盈利。

500间以上客房始终是饭店行业最主要的利润聚敛区。7年期间，这类饭店除1992年和1998年外，均出现两位数的利润率，出租率始终高于行业平均水平。但1998年也出现了危险信号，这类饭店出租率首次低于60%，以规模经济制胜的企业亦可能面临人气不旺的困境。

出租率与客房规模同向变化，企业效益“首尾”相对较好。从出租率看，每年排序均是客房规模越大，出租率越高，反之亦然，特别是99间客房以下饭店出租率因预订、档次等多方面原因始终位次最后。但从利润率看，以客房规模划定的饭店“一头一尾”相对较高，除500间以上客房的饭店外，99间以下客房的饭店在所有500间以下客房饭店中，亏损时间最后到来（1997年），而且利润相对较高。1998年，300～499间、200～299间、100～199间客房饭店的利润率分别为-11.08%、-11.01%和-11.54%，99间以下客房规模的饭店为-7.93%。

结构不尽合理。

1998 年，全行业亏损，特别是500 间以下客房饭店全面亏损，既有供给因素，也有更深层次的结构因素。利润向500 间以上客房饭店集中，有这类企业规模经济和相对成熟等多方面原因，但行业规模结构不尽合理也是部分原因。中小型饭店在目前数量过少的情况下即已亏损，并不能说明其市场供给已经过剩，关键问题是依托大型饭店的中小型饭店不多、自身联合组建网络的中小型饭店不多、企业素质相对较高的中小型饭店不多。换言之，这是指真正有能力参与市场竞争的中小型饭店数量偏少。

单位客房对应市场的“量”与“质”。

所谓“量”，指每间客房年接待人数（人天）。一般情况下，出租率高的年份，年接待人数（人天）就会较多，如1992 年和1993 年每间客房接待的人数（人天）就较多。总体看，1995 年以前，一星级饭店每间客房接待的人数（人天）最多，1995 年滞后的主要是二星级饭店，而且星级越高，接待人数越少，其主要原因一是星级较低，标准间甚至四人间则更多，二是客房利用率高。

所谓“质”，指每间客房的年收入。大体规律是受价格差异影响，星级饭店高于涉外饭店；星级越高，收入越多。1992 年至1998 年7 年加权平均，涉外旅游饭店为11 万元/年·间，一至五星级分别为4 万元/年·间、7 万元/年·间、13 万元/年·间、22 万元/年·间、38 万元/年·间，其中1～4 星级间每间客房年收入之差又形成一个等差为3 的短数列；五星级饭店每间客房年收入有一个突破，与四星级饭店构成了16 万元之差。

（2）客房服务是饭店服务质量的重要标志。饭店是客人的“家外之家”，而客房则是客人在饭店的主要生活区域，也是客人在饭店中逗留时间最长的地方，客人下榻饭店在客房的时间一般超过60%。所以，客房的环境布置、客房服务工作的好坏、服务质量的高低将直接影响客人的满意度。在现代饭店经营过程中，有许多饭店往往偏重于公关营销、市场客源拓展，但却忽略了饭店内部服务质量管理的精细与创新。

通常客人对于自己所支付的房租与实际所得有极其敏感的反应，比起大堂和走廊，客人对客房的环境和卫生状况的反应更直接、更敏感，而且所留下的印象更深刻。因此，客房部必须保证为客人提供清洁、优雅、舒适的客房商品。当然，客人对饭店的公共区域，如大堂、洗手间等，同样希望有一个整洁、怡人的环境。另外，对于非住店客人来说，饭店公共区域的设施、环境及服务给他们的印象更加重要。

小资料

饭店客房最新趋势：“家外之家”

“9·11”事件使美国的饭店业受到了巨大打击。从安全出发，许多人宁愿呆在家里也不愿外出，导致饭店业的住宿率大幅下降，效益普遍下滑。为提高收益，美国的饭店经营者们想出了许多方法来吸引住客，如提供望远镜、配备娱乐器具、安装休闲设施、赠送奶酪食品等，使客房越来越贴近顾客的生活需求，而不是个除了“靠着枕头、躺在床上”外便无所事事的地方。

针对越来越多的健身爱好者，Colarossi 公司为其所管理的饭店客房内配备了橡皮绳和伴奏用的CD 音响，以供客人在客房内做健身操用。而华盛顿特区Rouge 饭店则推出了多种房型供不同的顾客选择。该饭店原是个公寓，每个房间都有一个宽约3米用做厨房的区域，经营者们对此进行了改造：有的房间里安装了自行车健身器；有的房间里铺设了瑜伽练功毯并配套了可调灯光系统和瑜伽音乐伴奏；有的房间则成了办公室，有宽大的办公桌、宽带接口和传真机；当然还有的房间保留了厨房，但更新了设备。尽管这类客房的价格较贵，但出租率却明显增长。

本着"家外之家"的想法，有一些饭店则加强了娱乐设施的配备。如在客房内增添了带闹钟的CD音响、古典音乐或爵士乐的CD等。

电视机也有了变化。据JVC美国公司的调查，饭店对客房内电视机的要求已从20英寸提高到了27英寸，将来会达到32英寸。尽管价格高达8 000美元，但Boutique饭店已经开始添置高清晰度彩电。

房间内供客人阅读的杂志也发生了明显变化。以往，客房桌子上放置的都是一些介绍饭店所在地的旅游宣传杂志，而现在都变成了像《时尚》、《旅游与休闲》等引导社会潮流的时尚刊物。在中央公园的丽嘉酒店（The Ritz-Carlton），房间里配备的书籍和杂志可以铺满4个桌面，另外还提供获奖电影的DVD、带夹子的阅读灯，等等。最别出心裁的是，该酒店还在其面向中央公园的92个客房内放置了公园的鸟瞰图和黄铜制作的望远镜，以供住客观赏公园时使用。

要想让客人留下深刻的印象，就必须要有特别的东西。对于现代的旅行者尤其是商务旅行者来讲，每天总要留一段时间放松一下自己。

Aveda集团在其所管理的150家饭店中，除了护肤护发用品外，还在浴室里提供柔软光滑的擦身用具，并在客房里添置了安神的香茶，安装了蜡烛形的灯具。当蜡烛亮起，房间内便充满了温馨与宁静。

芝加哥的一家饭店则更绝。通过与一位草药师的合作，该饭店推出了一批据说能让人做不同美梦的、用纯天然草药制作的香袋。客人只需简单地看一下目录，电话通知前台，一袋能让他享受特别梦乡的草药香袋便会送到客人房间。

因为考虑身体健康，睡前吃巧克力的习惯已渐渐被人忘却了。可要是能有像巧克力一样可口而又低热量的产品呢？

凤凰城度假村正同它的比利时巧克力供应商研究，开发一种新的睡前食品。据该度假村发言人介绍，这种新食品将是一种特制的奶酪，可以帮助人们睡眠，因为经过一天的忙碌，人们最需要的就是睡眠。

为避免客人把开夜床时放置的小食品当做是赠品，纽约的5家W饭店采取了新的做法。它们在小酒吧里添置了8盎司W牌的棒棒糖和巧克力棒，披着W牌的睡衣，踩着W牌的拖鞋，再嚼着W牌的巧克力，那一切该是多么舒心啊！

（3）客房管理与服务是联结市场销售和客人消费的纽带和桥梁。客人只有入住饭店，客房出租率才能提高，饭店的一切设施设备才能发挥作用，从而带动整个饭店的经营活动。这种作用主要表现在三个方面：第一，客房管理要开发市场，组织客源，必然和市场发生广泛联系，如外出推销、广告推销、预订推销、拜访客户、签订合同及协议等，从而也有利于掌握市场动向、特点、发展趋势和客人需求变化；第二，客房服务过程与客人的消费过程同时发生，以面对面服务为主，其质量高低必然对客人的心理产生影响，而及时发觉，提供高质量、高效率和带有人情味的服务，可以充分发挥客人"活广告"的作用而增加客源，引导消费；第三，客房服务与饭店各部门服务是互相联系、互相依存的，加强客房服务与餐饮、娱乐、商品等各部门服务的协调与配合，又会提高整体服务质量，影响客源，提高饭店设施的利用率。

1.1.2 客房部的主要任务

客房部是饭店的主要业务部门之一，其主要任务是：负责饭店所有客房的清洁和保养工作，供应和配置各种用品，并且为住客提供各种服务项目，以创造一个清洁、美观、舒适、安全的理想住宿环境。客房部负责整个饭店公共区域的清洁保养与环境管理工作，以使整个饭店在任何时候都处于舒适宜人、幽雅常新的状态。客房部还负责许多对内的服务工作，以保障饭店各部门工作的顺利开展。客房部工作的好坏不仅直接影响到住店客人与其他来店客人对饭店的印象，对于饭店内部工作环境与气氛的营造同样至关重要。因此，客房管理是饭店管理的重要组成部分。

（1）做好清洁卫生工作，为客人提供舒适的环境。客房部是为客人提供服务的主要部门之一，其主要任务就是“生产”清洁、卫生、舒适的客房商品，为客人提供热情周到的服务。同时，客房部还要负责饭店公共区域的卫生及设施设备的维护保养工作。清洁卫生在饭店的经营管理中具有特殊的意义，它是饭店商品使用价值和服务质量优劣的重要标志。饭店还必须给客人创造一个安静的环境，使客人得以很好地休息。如果饭店噪声很大，客人休息不好，就会导致客人的不良心态，影响客人的情绪。一般来说，客房的噪声或对客人的干扰主要有以下四个方面：一是存在环境噪声而饭店客房的隔音措施不佳所引起的干扰；二是服务工作不当所引起的干扰，如服务员进房时机不当等；三是客房设备不良所产生的噪声等；四是客人之间的互相干扰，如深夜电视机音量过大，在房间内大声说笑等。所以，客房部必须制定科学合理的服务规程，加强控制，尽可能减少噪声和各种干扰，为客人提供安宁的环境。

现在人们外出旅行，不仅需要休息的场所，更希望得到精神上的享受。饭店的良好气氛，舒适、美观和整洁的环境，都要靠客房部员工的辛勤劳动来实现。因此，加强房务管理，切实组织员工做好每间客房的装饰布置、环境美化、清洁卫生、用品管理，保证客房清洁、美观、舒适、静雅、安全，提供优良的住宿服务，就是客房管理的重要任务之一。

（2）做好客房接待服务，提供安全保障。客人在饭店里生活的主要场所和停留时间最长的地方是客房。除了安静地在客房休息外，客人还有着其他多样的活动内容，例如有的客人利用客房接待来访亲朋，有的客人利用客房商谈业务，等等。切实做好客房接待服务，以使客人的各种需求得到满足，是客房部工作的重要内容。同时客房的接待不仅限于客人在饭店入住期间，还应包括客人到来之前和客人离去之后为客人提供的服务。

另外，安全需要是客人最基本的需求之一。客房是为客人提供休息的地方，不论何时都要保持楼层的安全，防止不法分子进入客房，保证客人生命财产安全，为客人提供一个安宁的环境，才能使客人有安全感。

（3）降低劳动消耗，获得良好经济效益。客房中的物品不但种类较多，而且需要量也比较大。物资用品及其他费用开支是否合理，直接影响客房部和饭店的经济效益。为此，在客房管理过程中，要认真研究投入和产出的关系。要加强设备维护保养，合理制定消耗定额，加强用品管理，努力降低管理费用和能源消耗，定期做好消耗核算，分析经营效果，从而获得良好的经济效益。

（4）搞好协调配合，保证客房服务需要。客房服务的质量，不仅与客房部内部管理有关，而且还受其他有关部门的影响。例如总台和为客房部服务的物品供应、设备维修等部门。这些部门的工作能否跟得上，质量是不是过得硬，对客房服务质量会产生很大的影响。所以，在服务过程中还必须加强客房部与前厅、餐饮、工程、财务、保安等各部门的协调配合，才能保证客房管理各项工作的协调发展，为保证和提高客房部服务质量创造良好的条件。

1.1.3 客房部的业务特点

（1）以时间为单位出售客房使用权。客房商品的销售属于以无形的时间为单位的商品销售形态，与其他商品最大的区别在于只出售使用权，但商品的所有权不发生转移。客房部员工一方面应尊重客人对客房的使用权，向客人提供各类客房服务；另一方面，也应保护饭店对客房的所有权，做好客房设备设施、物资用品的保管和维护工作。

客房商品是以时间为单位出售的，所以其价值实现的机会如果一旦在规定的时间内丧失，就无法弥补，因而饭店的客房被称为是世界最易失去价值的商品之一。客房部应确定科学的客房清扫程序，加速客房的周转，及时为前厅销售提供合格的产品。

（2）随机性强。客人入住饭店，大部分时间在客房度过，客房是客人休息、工作、会客、娱乐、存放物品及清理个人卫生的场所。不同客人的身份地位不同、生活习惯相异、文化修养与个人爱好也各有差异，所以对客房服务的要求也是多方面的，这就使客房部业务具有很强的随机性和差异性。

除了客人的要求具有随机性和差异性外，客房部业务的本身也具有随机性。客房部的管辖范围较广，除了客房的业务以外，一般还负责PA清洁、绿化及布件洗涤、发放等工作。而且，客房的卫生与服务工作也比较琐碎，从客房的整理、物品补充、查房、设施设备的日常维修保养到各项客房服务，都具有很强的随机性。

（3）私密性与安全性要求高。客房是客人在饭店的私人领域，客房业务对私密性与安全性的要求很高。服务人员未经客人同意不能随意进入客房，要做到尽量少打扰客人；而且服务人员在客房内不能随意移动、翻看客人物品，必须绝对尊重客人的隐私权。

安全是客人进行旅游活动的前提条件，是客人最基本的需求。作为客人在旅途中的投宿场所，每一个饭店都必须确保客房安全，为客人提供一个安全舒适的私密空间。

1.2 客房部的机构设置与岗位职责

1.2.1 客房部的机构设置

1. 客房部的组织机构形式

科学合理地设置组织机构是客房部工作正常有序运转的重要保证。客房部的组织机构应是一个统一指挥、专职分工、层次分明、沟通顺畅的有机整体。饭店应遵循精简、高效、分工明确的原则，并结合本饭店实际情况，考虑饭店的规模、等级、经营管理方式等因素来具体确定，各饭店之间存在一定的差别，并没有固定不变的模式。目前常见的大中小型饭店客房部的组织机构如图1－2、图1－3所示。

2. 客房部的业务分工

1）经理办公室

客房部经理办公室主要负责处理客房部的日常事务，负责文件和档案管理，以及与其他部门的沟通协调等事宜。如果经理室与客房服务中心设在一起，经理室的一些日常事务就可以由客房服务中心的人员来承担，从而无需再设置专职内勤或秘书的岗位。

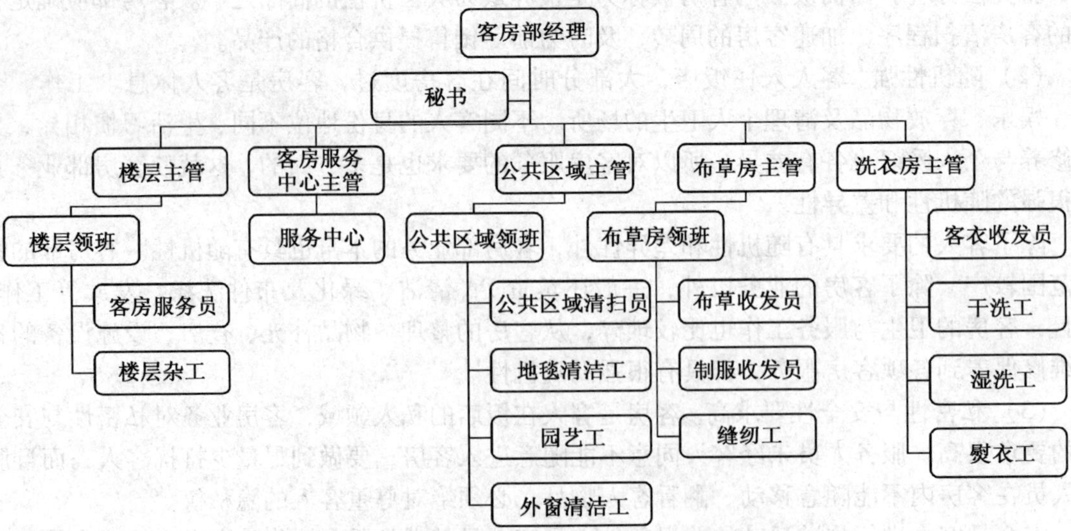

图1－2 大中型饭店客房部的组织机构图

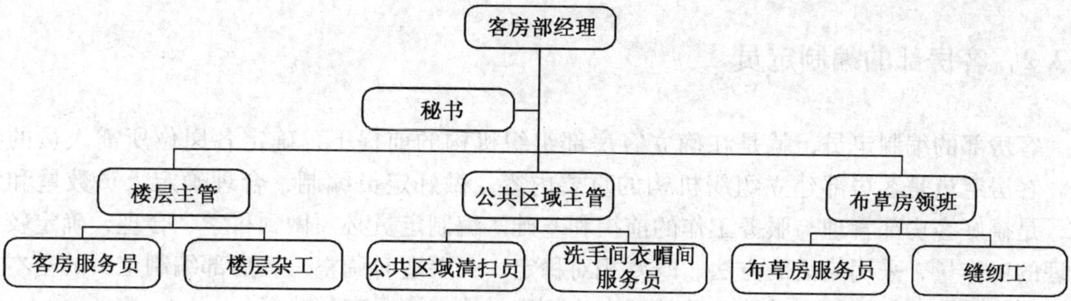

图 1－3　小型饭店客房部的组织机构图

2）客房服务中心

中外合资饭店及由外方管理的饭店通常都设有客房服务中心。宾客服务中心既是客房部的信息中心，又是对客服务中心，负责统一调控对客服务工作；掌握和控制客房状况；领取和分发客房用品；管理楼层钥匙；保管和处理客人的遗留物品；协助有关管理人员进行人力和物资调配；收集和处理客情信息；与其他部门进行联络、协调等。

3）客房楼层

客房楼层是客房部的主体，由各种类型的客房组成，是客人休息的场所。其职能是负责客房及楼层走廊的清洁保养和对客服务工作；管理客房及客房楼层的设施、设备；负责客房内用品的替换、设备的简易维修和保养，并为住客和来访客人提供必要的服务。

我国的大部分饭店，特别是国有饭店，一般都设有楼层服务台，配备专职的台班服务员，为客人提供面对面的服务，同时加强对楼层的安全管理。不过，设有宾客服务中心的饭店则可不设楼层服务台。当然也可以根据业务需要灵活掌握。

4）公共区域

负责饭店各部门办公室、餐厅（不包括厨房）、公共洗手间、衣帽间、大堂、电梯厅、各通道、楼梯、花园和门窗等公共区域的清洁卫生工作。

5）布草房

负责饭店所有工作人员的制服，以及餐厅和客房所有布草的收发、分类和保管。对有损坏的制服和布草及时进行修补，并储备足够的制服和布草以供周转使用。

6）洗衣房

负责洗涤员工制服和对客服务的所有布草、布件，并为住店客人提供洗衣服务。洗衣房的归属，在不同的饭店有不同的管理模式。大部分饭店都归客房部管理，但有的大饭店，洗衣房则独立成为一个部门，并且对外服务；有些小饭店则可不设洗衣房，而是将饭店的洗涤业务外包给社会上的洗衣公司负责。

1.2.2 客房部的编制定员

客房部的编制定员，就是在确立客房部组织机构的前提下，确定各岗位所需人员的数量。客房定员是客房部建立组织机构的重要内容。做好定员编制，合理确定人员数量和结构，是搞好客房部管理与服务工作的前提和基础。编制定员必须做到科学、合理，确定较为合理的工作量，采用灵活的方法，既要相对稳定，又要适时调整。客房部编制定员的基本方法是岗位定员法和定额定员法，此外还有比例定员法、职责定员法等。

1. 定额定员法

定额定员法就是根据工作量、工作定额和员工出勤率等，计算员工人数的定员方法。主要适用于实行定额管理、从事变动性工作的岗位，如客房清洁员。其计算公式是：

$$定员人数=\frac{工作量}{工作定额\times出勤率}$$

例：某饭店有客房600间，年平均出租率为80%，每个客房清洁员每天的工作定额为12间，出勤率一般为95%，应该如何确定清洁员定员人数？

解：根据计算公式可以得到：

$$定员人数=\frac{600\times80\%}{12\times95\%}\approx42\text{（人）}$$

2. 岗位定员法

岗位定员法就是根据组织机构、服务设施等因素，确定需要人员工作的岗位，再根据岗位职责及业务特点，考虑各岗位的工作量、运行班次、员工的出勤率等，从而确定各岗位所需配置的人员数量。这种方法适用于从事固定性工作的岗位。

方法一：

首先，根据客房部的工作范围将各职能区域分开；

其次，确定本工作区域所有岗位或工种设置；

再次，明确各工作岗位的班次划分；

最后，根据工作量和工作定额，计算该班次所需要的人数。

其计算公式为：

$$定员人数=\frac{工作量}{工作定额}\div有效开工率$$

$$有效开工率=\frac{员工一年中实际可工作天数}{365}\times100\%=$$

$$\frac{365-周末-固定假日-年假日-病事假}{365}\times100\%$$

例：某饭店有960间客房（均折成标准房计），其中8层楼设有楼层服务台，要求每层配备早、中班值台服务员各1名。客房清扫服务员的定额为：早班15间，中班60间。领班的工作定额为：早班80间，中班160间。假定饭店年均开房率为80%，员工每天工作8小时，实行每周5天工作制，且每年除可享受法定节假日10天以外，还可享受年假5天。另外，估计每位员工一年中可能有6天病事假。试问，该饭店客房楼层服务员和领班的定员总数应为多少？

解：根据题意可知：

$$员工年实际工作天数=365-周末-固定假日-年假日-病事假=$$
$$365-365\div7\times2-10-5-6\approx240（天）$$

$$有效开工率=\frac{240}{365}\times100\%\approx66\%$$

（1）早班清扫服务员人数$=\frac{960\times80\%}{15}\div0.66\approx78$（人）

（2）中班清扫服务员人数$=\frac{960\times80\%}{60}\div0.66\approx19$（人）

（3）值台服务员人数$=3$（人）$\times8$（层）$\div0.66\approx36$（人）

因此，所需服务员人数为：$78+19+36=133$（人）

（4）早班领班人数$=\frac{960\times80\%}{80}\div0.66\approx15$（人）

（5）中班领班人数$=\frac{960\times80\%}{160}\div0.66\approx7$（人）

因此，所需领班人数为：$15+7=22$（人）。故该饭店客房部共需员工155人。

方法二：

首先，选择不同类型人员进行动作研究，测定员工在各项动作所消耗的时间；

其次，根据动作研究记录，对各项劳动消耗时间进行归类与统计，一般可以将劳动时间分为四类，即：t_1——准备作业时间，t_2——结束交接班时间，a——基本作业时间（每间客房），b——随机服务时间（每间客房）；

再次，根据8小时工作制及服务质量要求，确定客房清扫服务人员的劳动标准，其计算公式为：

$$X = \frac{T-(t_1+t_2)}{(a+b)\cdot(1+f)}$$

其中，X 为劳动标准，T 为规定劳动时间（每天 8 小时），f 为休息系数；

最后，根据客房预测和计划出租率、出勤率和员工休息安排，确定不同季节的客房定员人数，其计算公式为：

$$Q = \frac{D \cdot r}{X \cdot e} \times \frac{7}{5}$$

其中，Q 为定员人数，r 为计划出租率，D 为客房总数，e 为计划出勤率。

例：某饭店有客房 580 间，管理人员选择了快、中、慢三种类型的服务员进行动作研究。经测定，测试人员每天班前准备 10 分钟，班后交接 5 分钟，计划出勤率为 98.5%，夜班人员每天劳动标准为 60 间/人，白班人员平均清扫一间客房各项动作的平均时间见表 1－1。客房清扫服务员每周工作 5 天，每天工作 8 小时，休息系数为 0.12，请完成以下计算。

表 1－1　客房清扫人员动作研究表

单位：分钟

步骤＼分类	单人房		标准房		套房		统计	
	住	走	住	走	住	走	合计	平均
检查换气	1.2	1.3	1.5	1.6	1.7	1.8	9.1	1.52
做床	2.0	2.2	3.8	4.2	3.8	4.4	20.4	3.40
擦拭整理	4.2	4.8	5.4	5.8	6.8	7.6	34.6	5.77
卫生间	9.8	10.6	10.4	11.2	10.6	11.4	64.0	10.67
吸尘	3.8	3.8	4.2	4.8	4.6	5.4	26.6	4.43
检查填表	1.2	1.2	1.3	1.3	1.5	1.5	8.0	1.33
合计	22.2	23.9	26.6	28.9	29.0	32.1	162.7	27.12
随机服务	4.2		4.8		5.2		14.2	4.73

（1）以动作研究时间为基础，核定客房清扫人员劳动标准。

（2）饭店上个月前半月客房出租率 74.5%、后半月 79.8%，客房部配备了白班清扫人员 48 人，问他们每人每天实际清扫了多少间客房，是否完成了劳动标准？

（3）下个月进入旺季，饭店预测前半月的客房出租率可达 88.2%，后半月可达 96.8%，问按劳动标准，下月需要配备多少名白班和夜班服务员。

（4）饭店实行休假制，按饭店规定，店龄 2 年以上的员工可享受饭店年假 7 天；店龄 5 年以上的可享受饭店年假 14 天，其人数分别占员工总数的 50% 和 45%。经预测，饭店在旺季、平季和淡季的平均出租率分别为 92.5%、74.6% 和 58.4%。问实行休假制后，按不同季节的客房出租率各需多少名客房清扫服务员？

解：

（1）核定白班服务员的劳动标准

$$X=\frac{T-(t_1+t_2)}{(a+b)\cdot(1+f)}=\frac{480-(10+5)}{(27.12+4.73)\cdot(1+0.12)}\approx 13.04\approx 13\ （间/人·天）$$

（2）上月日出租客房间数 $=580\times(74.5\%+79.8\%)\div 2=447.47$（间）

上月白班上岗人数 $=\frac{48\times 98.5\%\times 5}{7}\approx 33.77$（人）

上月每人每天实际清扫客房数 $=\frac{447.47}{33.77}\approx 13.25$（间/人·天）

（3）下月日出租客房间数 $=580\times(88.2\%+96.8\%)\div 2=536.5$（间）

下月需要配备服务员人数 $=\left(\frac{536.5}{13.04}+\frac{536.5}{60}\right)\times\frac{7}{5\times 98.5\%}\approx 72$（人）

（4）公休和法定节假日为：$52\times 2+10=114$

平季客房出租间天数为：$580\times 74.6\%=432.68$

淡季客房出租间天数为：$580\times 58.4\%=338.72$

客房服务员开工系数 $=\frac{365-114-7\times 50\%-14\times 45\%}{365}\approx 66.08\%\approx 0.6608$

休假后旺季需用人数 $=\left(\frac{536.5}{13.04}+\frac{536.5}{60}\right)\div 0.6608\div 98.5\%\approx 77$（人）

休假后平季需用人数 $=\left(\frac{432.68}{13.04}+\frac{432.68}{60}\right)\div 0.6608\div 98.5\%\approx 63$（人）

休假后淡季需用人数 $=\left(\frac{338.72}{13.04}+\frac{338.72}{60}\right)\div 0.6608\div 98.5\%\approx 49$（人）

1.2.3　客房部的主要岗位职责

1. 客房部经理

（1）接受饭店总经理的领导，全面负责客房部的管理工作，向总经理负责。

（2）根据饭店的经营目标，编制本部门的经营工作计划，并组织、督导下属员工完成。

（3）制定本部门的管理规章制度、工作操作流程、服务质量标准、安全保障措施，并组织和推动其各项计划实施，组织编制和审定客房部工作程序及工作考评。

（4）维护客房部正常工作秩序，控制卫生质量和服务质量，保障设备、设施完好无损。对客房部的清洁卫生、维修保养、设备折旧、成本控制（预算）、安全等负有管理之责。

（5）主持客房部日常业务和经理、领班例会，参加总经理主持的每周部门经理例会，认真贯彻执行总经理的指示，并负责本部门主管以上人员的聘用、培训及工作考评。

（6）巡查本部所属区域并做好记录，发现问题及时解决，不断完善各项操作规程。

（7）制定和落实客房销售计划，制定客房价格政策，监督客房价格执行情况。

（8）制定客房部经营预算，控制各项支出，审查各项工作报表及重要档案资料的填报、分析与归档。

（9）参与重要接待任务，检查 VIP 房间的卫生、备品和设备情况。

（10）处理客人投诉及意外事件。

（11）定期约见与饭店有长住关系的重要客人，虚心听取客人意见，不断改进工作。

（12）组织例行安全、卫生、消防检查，做好防火防盗工作和安全工作。

（13）检查、考核主管的工作内容并进行评估。发现和培养优秀员工，选拔管理人才。

（14）学习先进经验，了解市场情况，提出改造客房设施、改善服务质量的合理化建议。

2. 早班主管

（1）对客房部经理负责，督导管辖区域该班次台班、卫生班、楼层杂役的工作。

（2）检查管区内所有客房的设备完好情况、卫生质量情况、备品补充情况，发现问题及时解决或向客房部经理报告。

（3）检查 VIP 房，保证卫生质量及安排人员参加接待工作，做好客人抵、离店时在楼层的迎送工作。

（4）处理客人投诉，协调长住客关系，并及时向大堂副理和部门经理报告。

（5）检查员工工作、纪律情况和卫生质量，对本管辖区卫生、服务质量和工作效率负责。

（6）根据部门计划安排，有针对性地对属下员工进行业务培训和思想教育。不断提高员工的素质、业务水准和操作技能。

（7）检查消防设备，消除事故隐患，确保楼层安全。

（8）负责实施卫生计划，努力提高卫生质量水平。对该管辖区域计划卫生的安排负完全责任。

（9）填写工作日志，参加部门例会，如实反映情况，提出合理化建议。

（10）了解掌握客情，核准房间状态。

（11）查看房间的维修保养事宜，严格控制坏房、维修房的数量。

（12）做好本管辖区域范围内的防火、防盗及安全工作。

（13）完成客房部经理交办的其他工作任务。

3. 中班主管

（1）对部门经理负责，对中班的卫生清洁、服务规程的完成和效率负管理之责。

（2）检查、评估中服务班和中台班的工作质量、工作效率和违纪情况，做好工作记录。

（3）及时查处卫生质量、设备故障、设施损毁、人员违纪等问题，维护楼层整洁、舒适、安全的良好状态。

（4）接受客人投诉，准确做好记录，妥善给予答复并及时向部门经理和大堂副理报告。

（5）检查 VIP 房的情况，协助重要团体的接待工作。

（6）参加部门例会，掌握客情与房态，发现问题及时同前厅部、大堂副理、保安部联系，特别是发现有非法留宿者或住客的异常表现要立即报告处理。

（7）参加部门例会，写好交接班工作记录。

（8）按部门要求和实际需要对下属员工进行培训，并对人员素质、业务水准和操作技能负责。

（9）与前厅部接待处紧密配合，核准有疑问的房态。

（10）检查 VIP 房，监督重要团体到达的接待工作。

（11）处理客人的投诉，注意与有关部门，特别是与大堂副理沟通联系。

（12）负责对楼层报告工作的困难和突发事件的解决。

（13）对日常工作和其他部门发生的信息传递、情况反馈的处理与解决负责。

（14）做好本区范围内的防火、防盗及安全工作。

（15）完成部门经理交办的其他工作任务。

4. 夜班主管

（1）代表部门经理主持夜班的一切客房事务。

（2）检查夜班员工的仪容仪表，安排工作任务。

（3）对 VIP 入住的重点楼层要加派人员值班，在 VIP 客人抵达或行李到达时，要到楼层迎候和交接。

（4）接受客人口头或电话投诉、委托办事，准确做好记录，妥善给予答复，及时安排服务员或通知有关部门给予办理。

（5）安排夜班计划卫生，并督导员工完成。

（6）与前台核对房态资料。

（7）巡查所管辖楼层区域，全面检查设备设施，消防安全和员工工作情况。

（8）发现非法留宿者或客人的异常举动，及时采取控制措施并报告保安部、大堂副理和值班经理。

（9）检查中班交回楼层“万能钥匙”，向夜班员工派发“万能钥匙”，并分配好第二天楼层各区域的卫生班人员数量，合理安排机动人员。

（10）填写夜班交班记录。记录客人的电话，向服务员传达完成客人的要求。

（11）完成夜班工作，核对酒水单，统计开房数，抄写维修报表，做酒水日报表。

（12）向值班经理报告工作情况并参加部门早会。

5. 楼层领班

（1）督导客房服务员及清洁杂工的工作，负责所辖员工的工作安排与调配。

（2）巡视管辖区，检查清洁卫生及对客房服务的质量。

（3）检查房间的维修保养事宜，安排客房的大清洁计划。

（4）检查各类物品的储存及消耗量。

（5）留意客人动态，处理一般性的住客投诉。

（6）掌握并报告所辖客房的状况。

（7）熟练掌握操作程序与服务技能，能够亲自示范和培训服务员。

（8）填写领班工作日志。

6. 白班客房清洁员

（1）服从领班的分配，清扫客房，填写服务员工作报告中的各项内容。

（2）严格按照消毒程序，对客人使用过的用具进行及时、有效的消毒。

（3）确保房间内各项设施设备和物品的完好无损，如有损坏立即向领班报告。

（4）及时清理客房内的餐具，放置在本楼层电梯间内，并通知送餐部收回。

（5）检查房间内小酒吧饮品的消耗情况，准确清点、开账单并及时补充。如发现客人遗留物品，立即报告领班并送交服务中心。

（6）报告住店客人的特殊情况及患病情况，如遇紧急情况，可越级向有关部门汇报。

（7）客人离店后，及时查看房间设备物品是否齐全和有无损坏，发现问题，及时向领班和前台报告。

（8）正确使用清洁设备和用具，保持工作间、工作车及各类用品的整齐、清洁。

（9）对客房设施设备应及时准确地报修，并陪同工程维修人员进房维修，检查修复质量。

（10）协助洗衣房收发、核对客人所洗衣物。

（11）及时为住店客人补充客用品。

（12）做好工作车、清洁工具的保养工作，发现损坏及时维修。

（13）完成主管安排的计划卫生。

7. 中班客房清洁员

（1）按饭店的工作程序，及时清理客人的房间，做好送开水、开夜床工作。

（2）清扫所辖楼层的公共区域、热水间、制冰间、客梯厅和走廊地毯。

（3）按规定领取楼层“万能钥匙”，准确填写姓名、领用时间、用途、归还时间等内容；完成早班交接的未完成的工作；认真填写服务员工作报告上的各项内容。

（4）确保房间内各项设施、设备和物品完好无损，发现问题立即向领班和服务中心报告，并陪同工程维修人员进房间维修。

（5）及时报告住店客人的特殊行为和患病情况。

（6）及时清理客房内的餐具，并通知送餐部；协助洗衣房分送客人的衣物。

（7）严格按照消毒程序，对客人使用过的用具进行消毒。

（8）客人离店后及时查房，发现问题和客人遗留物品，立即报告领班，并将客人遗留物送交服务中心登记。

（9）及时核准房态，迅速清理客房。

（10）及时补充客用品，并合理使用、保管清洁用具和设备。

（11）检查房内冰柜的酒水，填写楼层酒水饮用记录和酒水单，并及时补充缺少的酒水。

（12）做好工作车、清洁工具的保养工作，发现损坏及时维修。

（13）做好布草和日常物品的领取工作。

（14）完成主管安排的计划卫生。

8. 客房服务中心领班

（1）编制本部门员工排班表，记录考勤；检查所属员工的仪表、礼节礼貌、劳动态度及工作效率。

（2）建立失物招领档案，保管客人的遗留物品，监督遗留物品处理程序的实施。

（3）统计、核实客房酒吧酒水的消耗量，并报有关部门。

（4）填写服务中心物品需求领货单，并到库房领取；对服务中心的物品、设备进行编号建档，定期核对；检查为客人提供特殊服务的物品数量和完好率。

（5）随时掌握客房状态的变化，向前厅部、财务部提供准确的房态资料。

（6）培训员工，定期进行业务考核，督导员工为住店客人提供各项服务。

（7）联系工程部，解决客房维修事项，建立工程维修档案；向客房楼层主管和工程部提供每日维修房的房号。

（8）向楼层主管报告贵宾房号、到店时间及要求。

（9）严格执行客房“万能钥匙”的管理制度，监督“万能钥匙”的收发工作。

（10）定期召开班组会，传达店内、部门内的指示和文件。

（11）准确无误地接听电话，并详细记录客人交办事务，立即通知有关部门办理，内部事务按程序办理。

（12）填写工作日志，记录特殊事项和交接工作，办理物品外借手续。

9. 客房服务中心服务员

（1）接听电话，答复住客的咨询和要求，及时向有关方面传递相关信息并做好记录。

（2）记录楼层服务员对住店客人酒水耗用量的报账并输入计算机，并随时与前台及财务部联系沟通信息。

（3）与其他部门沟通联系及传递信息，并将有关信息通报本部门员工。

（4）接到外线打来的员工私人电话只做记录，不能转接。

（5）负责对客人遗留的物品进行登记、保管、寄发、上缴等工作。

（6）负责楼层钥匙（包括“万能钥匙”）的点收、控制、保管，严格执行借出和归还登记制度，对因工作过失造成的遗失负责任。

（7）管理各种表格。

（8）协助部门对员工上下班考勤情况进行检查及监督，发现员工不遵守考勤管理规定应及时向部门反映。

（9）负责保管、借出、回收专门提供给客人使用的服务设备（如熨斗、熨板、电器插座、变压器等），借出、归还均要有详细的记录。

（10）记录酒水使用情况。

（11）负责报纸的派发和控制，并做好领发记录。

（12）根据楼层服务员的报告，对墙纸、地毯、沙发的维修保养情况做好详细记录，并及时通知保养班员工。

（13）负责安排客人要求的看护婴儿服务或其他特别服务项目。

（14）做好开门情况的记录，做好各种交接及一切工作记录。

（15）保管、维护本部门的计算机等有关设备，保持工作环境卫生清洁。

（16）及时通知楼层领班即将抵店或离店的贵宾、旅行团的房号。

（17）完成主管和部门经理临时安排的其他工作。

10. 大堂清洁员

（1）自觉遵守《员工手册》及饭店各项规章制度。

（2）按时上下班，无故不得迟到、早退、旷工。

（3）服从分配，做好礼貌接待服务工作，讲求效率，保证质量。

（4）保护饭店的财物，做好大堂的设备维修和保养工作。

（5）必须保持地面无杂物，家具、云石面无灰尘，卫生间无死角。

（6）保持烟灰缸、垃圾桶的清洁。

（7）负责客用电梯内外的清洁和保养。

（8）保持大堂公共区域的清洁，维护饭店大堂的整洁。

1.3　客房部与其他部门的协作

饭店是由许多部门组成的一个有机整体，其运行与管理的整体性、系统性和协作性很强。饭店经营管理目标的实现，有赖于所有部门及全体员工的通力协作和共同努力。对于各个部门而言，它们都是饭店的一部分。虽然各有自己的任务和目标，但都不是独立的。要完成其任务、实现其目标，部门之间就必须相互支持、密切配合。做好客房部与其他部门的沟通协调工作是提高客房服务质量的重要保证，因此客房部在运行管理中，必须高度重视部际关系。要与其他部门保持良好的沟通，争取他们的理解、支持和协助。在处理部际关系过程中，要有全局观念和服务意识，发扬团队精神，加强沟通，相互理解，主动配合，最终能够使房务工作顺畅进行。

1.3.1　客房部与前厅部的协作

饭店的客房部和前厅部是两个业务联系最多、关系最为密切的部门。从经营角度讲，客房部是客房产品的生产部门，前厅部则是客房产品的销售部门。两个部门之间能否密切配合，直接影响饭店客房商品的生产与销售。在许多饭店中，已不再分设客房部和前厅部，而是设置由这两个部门组成的房务部，其目的是便于统一管理、便于协作。客房部与前厅部之间的业务关系，主要包括以下内容。

(1) 客房部为前厅部及时提供优质的客房商品，满足前厅部销售客房商品的需要。客房部在安排客房的清扫整理时，应尽量照顾前厅客房销售和为入住客人安排客房的需要。在住客率较高时，要优先清扫整理走客房、预订房和控制房，从而加速客房的周转，避免让准备入住的客人等候太久，这样既能提高客房的出租率，又能提高客人的满意度。

(2) 相互通报和核对客房状况，保证客房状况的一致性和准确性。对于前厅部来说，要销售客房，并能快速、准确、合理地为入住客人安排客房，就必须准确地显示和了解每一间客房当时的实际状况，否则就会出现差错。对于客房部来说，要合理安排客房清扫整理工作，保证对客服务的质量，也必须准确地了解每间客房的状况。为此，前厅部和客房部必须适时地通报和核对客房状况。

(3) 相互通报客情信息。由于前厅部在客房销售和接待服务过程中，所了解和掌握的有关客房及客人的信息比较及时、全面，这些信息不仅有利于前厅部本身的工作，也有利于其他部门的工作。因此，前厅部应将这些信息及时通报给各有关部门。前厅部通报给客房部的信息主要包括：当日客房出租率、次日及未来某一时期的客房预订情况；重大接待活动及重要接待任务；哪些客房进客、走客；哪些客人入住、退房；客人的个人资料及其特殊要求等。客房部可根据这些信息合理安排和调配人力、物力等资源，设计和调整对客服务方案，以加强工作的计划性及服务的针对性，有效控制人力、物力消耗，保证服务质量。

由于客房部要为住店客人提供很多具体服务，有与客人直接接触的机会，对客人的具体情况及要求了解得比较全面、准确。因此，客房部不仅在自己的工作中要很好地利用这些信息，而且还应把这些信息及时地通报给前厅部。前厅部根据这些信息为住客提供针对性服务，并把这些信息记入客史档案。

（4）客房部为前厅部的对客服务工作提供方便和协助。客房部协助前厅部所做的工作包括：行李服务、留言服务、邮件服务、叫醒服务等。

（5）两部门与工程部等共同安排客房的大清洁和大维修工作。客房的重大清洁和维修保养工作，往往会影响客房的销售和客房的安排，同时也会牵涉到前厅、客房、工程等各个部门。因此，这方面的工作最好由这些相关部门一道协商安排。

1.3.2 客房部与餐饮部的协作

尽管客房部与餐饮部在业务内容及业务范围上有很大差异，但两个部门之间也有很多业务联系。

（1）客房部为餐饮部的经营场所提供清洁保养服务。饭店的餐饮场所也有大量的清洁保养工作。为了保证餐饮服务人员集中精力做好餐饮服务与推销工作，避免清洁设备及用品的分散配置等，餐饮场所的清洁保养工作，一般由客房部统一负责，即由客房部负责餐饮场所，如餐厅、酒吧等处的日常清洁保养工作和专项清洁保养工作。

（2）客房部为餐饮部洗烫、修补布件及员工制服。餐饮部在运营中，需要大量的布件和员工制服。这些布件通常都由客房部的洗衣房、布草房负责洗烫、修补、保管与收发。

（3）两部门配合做好客房小酒吧的管理、贵宾房的布置、房内送餐服务等工作。

① 客房小酒吧的管理。目前，国内大多数饭店的客房小酒吧都由客房部负责管理，这是从方便工作的角度考虑的。其实，小酒吧经营的内容应属餐饮部的业务范畴。如果纯粹从专业化的角度考虑，客房小酒吧也应由餐饮部管理。这种做法，在国外饭店就很普遍。不过，客房小酒吧，无论由哪个部门来经营管理，客房部与餐饮部两个部门都须相互配合，一般由客房部负责管理，而一些即将过期的饮料、食品，则须由餐饮部负责调换。这样，才不至于造成饮料、食品的浪费。如果由餐饮部管理客房小酒吧，那么客房部则要为有关人员检查补充小酒吧提供方便和帮助。

② 贵宾房的布置。按饭店的普遍做法，贵宾房大多配备水果，有的还会配备一些点心之类，而这些水果、点心等通常都由餐饮部负责提供，并按一定的标准在客房内布置摆放。因此，凡有这些要求的贵宾房，都须由餐饮部参与布置。

③ 房内送餐服务。房内送餐服务由餐饮部负责，但客房部也要做些协助配合工作，如在客房内摆放订餐牌和菜单，收拾餐具、餐车等。

（4）交叉培训。客房部和餐饮部之间，也有必要进行人员的交叉培训。通过交叉培训可以增进相互了解，扩大员工的业务知识，便于饭店开展全员推销，必要时为跨部门员工调配创造条件。

1.3.3　客房部与工程部的协作

客房部与工程部的关系非常密切，二者能否很好地协调与配合，对于饭店的运营将产生很大的影响。

（1）相互配合，共同做好设施设备的维修保养工作。

① 客房部负责对其所辖区域的设施、设备进行检查，发现问题须及时按规定程序和方式向工程部报告。

② 工程部在接到客房部的报告后，须及时安排维修，并确保质量和效率。

③ 当工程维修人员进场维修时，客房部的有关人员应尽力协助和配合，并对维修质量进行检查验收。

④ 工程部须对全饭店的设施设备，包括客房部所管辖的设施设备进行常规的维修和保养，以保证其处于正常完好的状态。

⑤ 共同制定有关维修保养的制度和程序，明确规定双方的责任、权利和奖惩措施。

（2）交叉培训。

① 工程部对客房部员工进行维修保养方面的专门培训，使他们能够正确使用有关设施设备，并能对设施设备进行检查和简单的保养和维修。

② 客房部对工程部有关员工进行客房部运行与管理业务的培训，使他们对客房部的基本业务有所了解，从而提高协作配合的自觉性和责任感。

1.3.4　客房部与采购部的协作

通常，饭店各部门所需的物资都由采购部统一采购，因此客房部与采购部的关系主要集中在物资的采购与供应方面。

（1）客房部提出本部门的物资申购报告。

客房部要了解本部门所需各项物资的现存量，预测未来一段时期的需求量及目前饭店仓库的盘存量，并根据这些情况提出未来某一时期的物资申购报告，然后将报告送财务等部门审核，再由饭店有关领导审批。

（2）采购部根据经审批的物资申购报告，办理落实具体的采购事宜。

（3）客房部参与对购进物资的检查验收，把好质量和价格关。

（4）相互通报市场及产品信息。

1.3.5 客房部与财务部的协作

（1）财务部指导和帮助客房部制定客房部预算，并监控客房部预算的执行。

（2）财务部指导、协助并监督客房部做好物资管理工作。

（3）客房部协助财务部做好客人账单的核对、客人结账服务和员工薪金核对与支付等工作。

1.3.6 客房部与公关营销部的协作

现代饭店提倡全员公关和全员推销，要求各部门、全体员工都参与公关营销活动。因此，客房部也必然要与公关营销部发生很多业务联系。

（1）客房部配合公关营销部进行广告宣传。

（2）客房部参与市场调研及饭店内外促销活动。

（3）公关营销部及时将有关信息反馈给客房部，为客房部提高客房产品及服务质量提供指导和帮助。

（4）公关营销部与客房部进行交叉培训。公关营销部对客房部员工进行饭店公关营销的专项培训，以提高其公关营销能力；客房部对公关营销部人员进行客房产品知识的培训，使其对客房设施设备及客房服务有全面的了解，以利于客房销售工作。

1.3.7 客房部与人力资源部的协作

（1）人力资源部负责审核客房部的人员编制。

（2）相互配合做好客房部的员工招聘工作。

（3）人力资源部指导、帮助、监督客房部做好员工培训工作。

（4）人力资源部对客房部的劳动人事管理有监督权。

（5）人力资源部负责审核客房部的薪金发放及考勤管理。

（6）人力资源部协助客房部进行临时性人员调配。

1.3.8 客房部与保安部的协作

保安部是负责饭店安全保卫的职能部门，但做好饭店的安全保卫工作是各部门和每一位员工应尽的责任和义务。在安全保卫工作中，客房部与保安部必须通力协作。

（1）保安部对客房部员工进行安全知识的专门培训，以增强客房部员工的安全保卫意识，提高客房部员工做好安全保卫工作的能力。

（2）保安部指导帮助客房部制定安全计划和安全保卫工作制度。

（3）保安部要监督客房部员工的行为，如规定员工上下班打卡，要求走员工通道等。

（4）客房部要协助保安部帮助客人找回失物。

思考题

1. 客房部的主要任务有哪些？其业务特点是什么？
2. 客房部在饭店中的地位和作用是怎样的？
3. 客房部是怎样进行业务分工的？其主要职责各是什么？
4. 客房部与哪些部门有着密切的联系？如何做好与相关部门的沟通协调工作？
5. 客房部的组织结构应如何设计，才能适应现代饭店管理的需要？
6. 试参观几家不同星级和不同规模的饭店，了解其组织机构设置情况。

第2章　客房设计

学习目标
◎ 了解客房的种类及物品配置。
◎ 了解客房功能设计的基本要求。
◎ 了解客房装饰布置的原则并掌握基本手法。
◎ 了解客房设计的一些最新发展趋势。

2.1　客房种类与物品配置

2.1.1　客房种类

客房的种类可以按照多种方法划分，如按房间配备床的种类和数量划分、按经济等级划分、按房间所处位置划分等。目前客房的种类已呈多样化的趋势，以满足客人不同的消费需求。

1. 单人间（Single Room）

单人间又称单人房，房内放置一张单人床、双人床或沙发床。由于单人房比较舒适，客房的隐秘性较强，不受外界干扰，房价低于标准双人客房，比较适合从事商务旅游的单身客人使用。根据客房的档次不同，单人间可分为无浴室的单人间、带淋浴的单人间、带浴室的单人间3种类型。

2. 双人间（Double Room）

房内设有两张单人床或单双两便床，在大床间供不应求时，可将两张单人床合为一张大床作为大床间出租。一般用来安排旅游团体客人或会议客人或一家人居住，也可供两个单身旅游者居住。另外，根据住客要求，客房内可加床，加床一般是用不着时可折叠的活动单人床。通常情况下，根据客房的设施设备不同，双人房分为无浴室双人间、带淋浴双人间和带浴室双人间3种类型。

（1）标准间（Standard Room）。放置两张单人床，我国饭店的大多数客房属于这种类型。

（2）大床间（Double Room）。该房间放置一张双人床，一般适合夫妻或商务客人使用；新婚夫妇使用时，称“蜜月客房”。

3. 三人间（Triple Room）

一般是房内放置三张单人床，供三位宾客同时入住，属经济房间。目前在中高档饭店中此类房间极少，多以在双人间加一张折叠床的方式以满足三人同住一间客房的要求。

4. 套间（Suite Room）

套间通常由两间或两间以上的房间组成，按照不同的使用功能及室内装饰、配备用品标准等又可细分为以下4种。

（1）普通套间（Junior Suite）。普通套间又称标准套间、双套间或家庭套间，这种套间格局比较典型，一般由连通的两个房间组成，一间布置为起居室（Living Room），另一间布置成卧室（Bed Room），放置一张大床或两张单人床。由于它既可住宿，又有会客场所，适合全家人外出度假时入住或一般经商人员居住。

（2）豪华套间（Deluxe Suite）。又称高级套间，通常由卧室、会客室、卫生间、小厨房、餐室、书房等组成。豪华套间的特点在于注重客房的装饰艺术与布置氛围，用品配备档次高，功能完善、齐全，房间的装饰布置和设备用品华丽高雅。卧室一般配置大号双人床或特大号双人床。在饭店中，该类房间价格昂贵，数量不多，它代表饭店已具备豪华的级别，一般适合有经济实力的富商大贾和知名人士居住。

（3）立体套间（Duplex Suite）。这是一种两层楼套房，房间设计布置特点为起居室在下，卧室在上，设有小楼梯相连接，亦称“复式客房”。

（4）总统套间（Presidential Suite）。这种套间装饰布置极其讲究、华丽，房间内摆设豪华家具、古董、陈列工艺品等。一般由七至八间以上的房间组成，包括总统卧室、总统夫人卧室、书房、起居室、会议室、餐厅、书房、随员室、厨房等，通常四星级饭店才设置这种套间。由于总统套房造价昂贵，房价高，而且总统居住的机会也很少，所以该类房间的出租率低，它是衡量饭店级别的标志。当然，有能力承受总统套房开支的客人，同样可以享受总统有的礼遇。

5. 特殊客房

这是指为某一类人特别设计和布置的客房，如我国旅游涉外饭店规定的专为残疾人服务的客房，配置了能满足残疾人生活起居要求的特殊设备和用品。

另外，按房间所处位置还可以划分为内景房（Inside Room）、外景房（Outside Room）、角房（Corner Room）、连通房（Connecting Room）、相邻房（Adjoining Room）等。

2.1.2 客房物品配置

客用品的质量和数量会直接影响客房部的服务质量，客房物品配置的总体要求是让客人感到舒适、方便。每一件物品都应充分发挥它的效用，不能有浪费或过剩现象，造成客人或饭店的损失，造成社会资源的浪费。因为饭店等级与价位的不同，配备用品的种类多少、质量均有显著的差别。高档饭店的客房物品配置显示其华丽名贵，中档饭店的客用品则要求美观、舒适、方便、安全，价位较低的饭店物品的配备则较简单，应以方便、实用、经济、安全为原则。各饭店可根据《中华人民共和国旅游行业标准星级饭店客房客用品质量与配备要求》，并结合本饭店的具体情况进行配置。现只介绍其中对三星级饭店的配备要求，以供参考。

小资料

"六小件"到底撤不撤

近日，由中国饭店协会制定的中国首部饭店行业"绿色宝典"——《绿色饭店标准》（以下简称《标准》）终于正式出台了。这个《标准》尽管历时长久、千呼万唤始出来，但伴随着它的出台，平时毫不为人所重视的饭店"六小件"，顿时牵住了众多人的眼球，在"六小件"的去留问题上引发了一场革命。

《标准》里"绿色客房"章节明文规定："房间的牙刷、梳子、小香皂、拖鞋等一次性客用产品和毛巾、枕套、床单、浴衣等客用棉织品，按客人意愿更换，减少洗涤次数；改变、简化或取消客房内生活、卫浴用品的包装。"于是乎，近期以来，北京、上海、广州等城市的一些酒店、宾馆纷纷提出了要撤销提供"六小件"，要与国际接轨的口号。一时间，撤不撤销"六小件"俨然成了是否是绿色饭店的标志，成了破坏环保的元凶！

其实，大可不必把"六小件"的去留与绿色饭店与环保一味地等同混淆起来。我们不能简单地认为撤销"六小件"就是绿色饭店、就是环保，反之，饭店就不是绿色、就不环保了。因为绿色饭店是一个非常系统的工程，包括酒店的绿色装饰、客房的绿化等，而是否提供"六小件"与酒店的标准、市场的需求及客人对环境的认知有关。

很显然，"六小件"的去留并非是决定一家饭店够不够格成为绿色饭店的重点，真正的绿色饭店应该多向提高专业服务素质、优化使用为顾客提供产品与服务的资源、保护生态环境、节能降耗、降低营业饭店运营成本，使环境保护与饭店经济利益向和谐统一的方向发展。

其实，饭店作为一个提供人们生活、休憩、娱乐的场所，最关键的是做到"客人、管理者、员工满意"，从而达到"三赢"效果。

与国际接轨，实现绿色环保是必然趋势，取消"六小件"也是一个必然的结果。但凡事不能盲目跟风，须从实情出发。就我国饭店业发展来看，"六小件"的撤销应该有一个适应的过程，有一个过渡期，因为"六小件"的提供是适应市场需求、约定俗成的习惯，客人已经完全习惯了饭店提供"六小件"服务，马上撤除也许会适得其反，给饭店造成更大的损失。而且，目前一些酒店打着“取消六小件、与国际接轨”的旗号，收取原来的价格却根本没有提高服务标准，使客人“很受伤”。据一项针对京、沪、穗三地682位市民的调查显示，赞同撤除“六小件”的仅有16.3%，同时，三成被访者表示，如果不提供，就不会再住该酒店。85%的反对者认为这一举措给出行带来不便，71.4%的反对者认为一次性用品卫生方便，不应取消。

对于饭店“六小件”目前存在的严重浪费现象，其实也不能单纯埋怨客人素质低、缺乏环保意识，饭店自身也存在不足。许多星级饭店提供的“六小件”外表包装精美，然而质量却令人担忧。许多饭店的“六小件”几乎都没有标明厂家出处、生产日期，清一色印标的都是饭店地址、联系电话。使用时出现牙刷脱毛、牙膏过期或这样那样的问题，影响了客人对诸如“六小件”等物品的信任度和使用率，从而造成浪费。建议饭店与其于事无补地抱怨浪费，莫如从实际出发，采取切实可行的方法提高客用品的质量，加强环保宣传力度，引导客人尽量节约使用“六小件”，而且最好将自己用过的用品带走，以获取良好效果。

取消“六小件”不能只单纯地撤除了事，酒店要真正做到与国际接轨，就应把节省下来的资金继续用于完善酒店的绿色配置，回馈绿色服务。同时，饭店实现“绿色”最重要的是应该放在对环境的认知、酒店智能化、观念意识提升的系统思维上。说到底，“六小件”是每个人的自觉环保意识，也是每个酒店的社会责任。

5. 三星级饭店的配备要求

5.1　毛巾

5.1.1　浴巾

每房二条。

5.1.2　面巾

每房二条。

5.1.3　地巾

每房一条。

5.1.4　方巾

每房二条。

5.2　软垫

每床一只。

5.3　床上用品

5.3.1　床单

每床不少于二条。

5.3.2　枕芯

每床二个。

5.3.3　枕套

每床两只。

5.3.4　毛毯

每床一条。

5.3.5　床罩

每床一条。

5.3.6 备用薄棉被（或备用毛毯）

每床备一条。

注：视地区而定。

5.3.7 衬垫

每床一条。

5.4 卫生用品

5.4.1 香皂

每房不少于两块，每块净重不低于25 g，其中至少一块不低于35 g。

5.4.2 浴液、洗发液、护发素

每房两套，每件净重不低于25 g。

5.4.3 牙刷

每房两把。

5.4.4 牙膏

每房两支，每支净重不低于8 g。

5.4.5 漱口杯

每房两只。

5.4.6 浴帽

每房两只。

5.4.7 卫生纸

每房一卷。

5.4.8 卫生袋

每房一只。

5.4.9 拖鞋

每房两双。

5.4.10 污物桶

每房一只，放于卫生间内。

5.4.11 梳子

每房两把。

5.4.12 浴帘

每房一条。

5.4.13 防滑垫（若已采取其他防滑措施可不备）

每房一块。

5.4.14 洗衣袋

每房两只。

5.4.15 面巾纸

每房可备一盒。

5.5 文具用品

5.5.1 文具夹（架）

每房一只。

5.5.2 信封、明信片

每房普通信封、航空信封和国际信封各不少于两只。明信片两张。

5.5.3 信纸、便笺、传真纸

每房信纸、便笺各不少于三张，传真纸宜备两张。

5.5.4 圆珠笔

每房不少于一支。

5.5.5 铅笔

每房宜备一支，与便笺夹配套。

5.5.6 便笺夹

每房一只。

5.6 服务提示用品

5.6.1 服务指南、电话使用说明、住宿须知、送餐菜单

每房各一份。

5.6.2 电视节目表、价目表、宾客意见表、防火指南

每房各一份。

5.6.3 提示牌、挂牌

应分别有“请勿打扰”、“请打扫房间”、“请勿在床上吸烟”、“送餐服务”的说明或标识。

5.6.4 洗衣单、酒水单

每房备洗衣单两份，酒水单一份。

5.7 饮品、饮具

5.7.1 茶叶

每房备两种茶叶，每种不少于两小袋，也可用容器盛放。

5.7.2 茶杯（热水杯）

每房两只。

5.7.3 暖水瓶

每房不少于一只。

5.7.4 凉水瓶、凉水杯

每房备一套。

注：视地区而定。

5.7.5 小酒吧

烈性酒不少于三种，软饮料不少于五种。

5.7.6 酒杯

每房不少于两只，配调酒棒。

5.8 其他

5.8.1 衣架

每房西服架四只、裤架四只、裙架四只。

5.8.2 烟灰缸

每房不少于两只。

5.8.3 火柴

每房不少于两盒。

5.8.4 擦鞋用具

以亮鞋器为主，每房两件。

5.8.5 纸篓

每房一只，放于卧室内。

5.8.6 针线包

每房一套。

5.8.7 杯垫

小酒吧必备，其他场合，酌情使用。

5.8.8 礼品袋

每房备两只。

5.8.9 标贴

每房可备两只。

5.8.10 晚安卡

每房一卡。

小资料

宾馆接待无小事 细微之处见真情

亚洲华园宾馆是宁波市一家“老”牌三星级旅游涉外饭店，已有十几年的经营历史，一直以“管理标准化、服务规范化”而著称于宁波旅游界。这家宾馆的海内外宾客年年门庭若市、客源久盛不衰。值得一提的是，这与宾馆注重服务质量，也重视一次性用品这个被认为是“小”事的质量是分不开的。

客房一次性用品是宾馆的“特殊”产品，因为价位低，很容易被忽视，但它涉及面广，是宾客在酒店消费的一部分，稍不注意，也会影响酒店的服务质量和星级档次。有位香港客商入住这家宾馆，对服务的要求既高又细，他使用了房间的拖鞋后，认为鞋底的防滑度不够，可能在洗澡时滑倒，提出了自己的意见和建议。宁波亚洲华园宾馆非常重视客人的意见，要求有关责任部门立即进行分析研究，认为客人的意见有道理。采购部门立即在最短的时间里，组织货源，进行更换。当这位港商穿上优质的防滑拖鞋后，对宾馆如此重视客人的意见并做出快速反应，表示惊讶和感激，并把此事作为美谈，介绍给亲朋好友，不仅自己成了宾馆的“回头客”，还介绍了不少客人到宁波亚洲华园宾馆消费。

一次性用品亦和其他卫生用品一样，有生产日期、保质期，还需要通过卫生、质监部门鉴定认可，并发给卫生、生产许可证，方能投放市场。为此，宁波亚洲华园宾馆着手狠抓一次性用品的管理，制订了采购、入库、保管和领用制度，互相监督，层层把好质量关，使一次性用品经常处于良好的使用状态，维护了客人的利益。一位“华园”的常住客人、台湾著名的企业家入住宾馆后，深有感慨地说，多年来，世界各地的宾馆，包括五星的，我住过不少，就数宁波“华园”的牙具质量最好，于细微处能看出宾馆对服务质量的重视程度。

宁波亚洲华园宾馆在重视一次性用品质量的同时，呼吁更多的一次性用品名牌问世，并采取有力措施，淘汰、根治劣质产品，维护众多消费者的利益。

2.2 客房商品的功能设计

2.2.1 客房功能设计的基本要求

客房的功能设计必须既方便客人使用，又要方便饭店管理。一个饭店客房的功能布局如果给客人使用带来不便，给管理增加成本，不能产生良好的经济效益，那么即使设计再“先进”，也算不上优秀的设计。客房商品的功能设计主要是对客房空间进行处理，将客房分为若干功能区，合理设计客房的布局并配备相应的家具和设备。在设计时要注意一些基本要求，尽可能完善客房的各种使用价值，保证客房商品功能的发挥。

1. 舒适感

舒适是客人对客房商品的基本要求，也是追求生活质量的一种体现。舒适是客人的一种感受，它由客人的各种主观评价构成。在客房商品的功能设计中，要提高其舒适感，主要注意处理好以下几个方面的问题。

1）客房空间大小

通常情况下，客房面积越大，舒适度就越高。饭店客房的净高一般应在2.7米左右，不同类型客房的面积则没有统一标准，客房面积大小与饭店及客房的等级密切相关。但是许多饭店客房的面积已经呈现越来越大的趋势，以提高舒适感。另外，经过修订的《中华人民共和国国家旅游局旅游饭店星级的划分与评定》标准于2004年12月出台。新的星级评定标准将出现一个新名词“白金五星”，其中一项标准为：所有客房面积均在36平方米以上。

2）客房设备、用品配置

客房设备包括床、家具、电器、卫生洁具等，是构成客房商品有用性的条件之一，其配置是影响客房舒适程度的重要因素。客房设备配置必须安全、齐全、完好有效，确保功能需要，同时要保持一定的先进性，要与饭店等级规格相适应，并具有超前意识。

客房用品也是构成客房商品有用性的条件之一，包括一次性消耗物品和多次性消耗物品，其种类很多。客房用品配备的齐全程度、适用程度、美观协调程度等，都直接影响客房的舒适感。因此，在配备时，必须充分考虑客房用品配备的种类、数量、等级、规格、质地及其协调性，才能确保客房商品的舒适程度。

3）室内照明

室内照明的作用除了为客人提供良好的光照条件，还有改善空间感及渲染气氛等作用，以获得最佳的视觉效果，增强客房环境的美感和舒适感。照明设计要注意投光范围、灯光照度、灯具位置等，充分体现舒适性、安全性、艺术性原则，使客房环境具有温馨的氛围和意境。同时，还应注意利用自然光线，尽可能注意房间位置、朝向、窗户大小等，以增强采光效果。

4）窗户设计

客房窗户主要出于采光、调节空气、日照及安全方面的考虑，但也与观景有很大关系。如果外景较好的话，窗户越大，客人就越能感到环境之美，舒适感也就越强。

2. 健康性

客房商品功能设计的健康性主要针对噪声、空气质量等进行有效控制，最大限度地降低环境对客人健康的不良影响。

1）噪声控制

客房噪声主要来源于客房内部和外部两个方面。内部噪声包括水管流水声、开启门窗声、空调噪声等；外部噪声包括客房走廊的谈话声、跑动声、吸尘器发出的噪声等，以及临近客房的音响、电视、电话声及邻近地区的施工等城市环境噪声。因此，客房功能设计一般采用客房隔音的手段，尽量消除和减少可能出现的噪声。

2）空气质量控制

空气质量直接影响客人的健康，主要涉及温度、湿度、通风等内容。为保证客房空气质量，饭店一般可通过空调进行调节。但是现在人们已经认识到空调在调节温度、湿度的同时，对人体健康也有一定的危害，所以还应充分运用自然风进行调节。因此，门窗的设计要尽可能宽大一些，而且能够开启自如，以利于室内外通风。另外，卫生间一般都是较为封闭的，因此还要安装排风扇，以利于通风及排除异味。

3. 安全感

安全是客人选择饭店的首要条件，也是客房管理的重要内容。

1）消防设施

安全性首先体现在对火灾的预防方面。客房内的消防设施主要有烟感报警器（与饭店消防中心安全监控设施相连，以预防火灾事故）、自动喷淋装置（主要用于火灾发生之后的及时扑救）、安全通道示意图（置于房门后，指示客人所在位置及紧急情况疏散通道）等。

2）防盗设施

防盗设施首先是房门。房门上装有门镜、防盗链，门锁系统现在多采用技术先进、安全系数较高的磁卡钥匙等高科技产品。有的饭店客房内设有安全保险箱，主要用于客人存放贵重物品，保证客人财产安全。此外，有的饭店还在客房窗户、阳台上装有报警装置，增强了客人的安全感。

另外，客房功能设计在保证其舒适感、健康性和安全感的同时，还必须注意功能使用的方便性。因为方便是满足客人需求、提高工作效率和服务质量的基本要求。

2.2.2 客房商品的主要功能设计

客房是客人在饭店下榻期间的主要生活场所，所以要求饭店合理地设计客房的布局，并配备相应的设备，使客房尽可能具备满足客人需求的多种功能，真正成为客人的“家外之家”。客房商品的功能设计是通过客房内功能分区来进行的，客房一般分为睡眠空间、盥洗空间、起居空间、书写空间、贮存空间5个功能区，并相应配备不同的设施设备。

小资料

商务酒店标准客房设计要素

客房运行成本低，收益回报丰厚，是酒店利润的重要“产地”。相应地，它也应成为酒店设计中的最具有挑战性的环节之一。但是，长期以来，客房，特别是标准客房的设计技术含量很低，从功能格局乃至家具款式的每一个细节都大同小异，变成了真正意义上的“标准”客房，这也在住店的客人，甚至许多酒店业主本身的概念中，强制形成了一个客房的固定模式，而这种陈旧模式所带来的种种不便，不能体现人性化，不经济也居然成了规范，强迫客人去习惯它、适应它。为此，急需改变这种现状。

关于功能——“客房是客人在异乡的家”。

这不仅仅是一句销售用语，也很准确地定义了客房的功能设计原则。这里应该是一个私密的、放松的、舒适的空间，浓缩了休息、私人办公、娱乐、商务会谈等诸多使用要求的功能性空间。在推陈出新的过程中，设计师们常常受到所谓“标准”的困扰，无法摆脱沿袭了几十年的客房模式，例如所谓的标准客房“十三件”、“十一件”，全国上下一盘棋，无非是你用红榉，而他用樱桃木表现“设计”。其实标准客房之标准应该是指功能上的标准，非形式上的标准，想通了这一点，便好放开手脚做设计了。

关于平面布局。

● 公共走廊及客房门：客人使用客房是从客房大门处开始的，一定要牢记这一点，公共走廊宜在照明上重点关照客房门（目的性照明）。门框及门边墙的阳角是容易损坏的部位，设计上需考虑保护，钢制门框应该是个好办法，不变形，耐撞击。另外，房门的设计应着重表现，与房内的木制家具或色彩等设计语言互通有无，门扇的宽度以880～900 mm为宜，如果无法达到，那么在设计家具时一定要把握尺度。

● 房内门廊区：常规的客房建筑设计会形成入口处的一个1.0～1.2 m宽的小走廊，房门后一侧是入墙式衣柜。我们建议，如果有条件，尽可能将衣柜安排在就寝区的一侧，客人会感到极为方便，也解决了门内狭长的空间容纳过多的功能，造成使用不便。当然，入口处衣柜也可以做，特别是在空间小的客房。一些投资小的经济型客房甚至可以连衣柜门都省去不装。只留出一个使用“空腔”即可，行李可直接放入，这样更方便、经济。高档的商务型客房，还可以在此区域增加理容、整装台。台面进深30 cm即可。客人还可以放置一些零碎用品，是一个很周到、体贴的功能设计。

● 工作区：以书写台为中心，家具设计成为这个区域的灵魂。强大而完善的商务功能于此处体现出来。宽带、传真、电话及各种插口要一一安排整齐，杂乱的电线也要收拾干净。书写台位置的安排也应依空间仔细考虑，良好的采光与视线是很重要的。不一定要像过去的客房那样面壁而坐了。香港君悦饭店客房中书写台可算新设计中的一个典范。（注：以上为商务酒店模式，度假酒店可另做考虑。）

● 娱乐休闲区、会客区：以往商务标准客房设计中会客功能正在渐渐地弱化。从住房客人的角度考虑，他希望客房是私人的、完全随意的空间，将来访客人带进房间存在种种不便。从酒店经营者角度考虑，在客房中会客当然不如到酒店里的经营场所会客。后者产生效益，何乐不为？这一转变为客房向着更舒适、愉快的功能完善和前进创造了空间条件。设计中可将诸如阅读、欣赏音乐等许多功能增加进去，改变了客人在房间就只能躺在床上看电视的单一局面。

● 就寝区：这是整个客房中面积最大的功能区域。床头板与床头柜成为设计的核心问题。为了适应不同客人的使用需要，也方便酒店销售，建议两床之间不设床头柜或设简易的台面装置，不需要时可折叠收起。至于集中控制面板就不要再提了，这是客房中最该淘汰的设备。床头柜可设立在床两侧，因为它功能很单纯，方便使用最重要，一定不要太复杂。床头板与墙是房间中相对完整的面积，可以着重刻画。但要注意床的水平面以上 70 cm 左右的区域（客人的头部位置）易脏，需考虑防污性的材料。可调光的座灯或台灯（壁灯为好），对就寝区的光环境塑造至关重要，使用频率及损坏率高，不容忽视。

● 卫生间：卫生间空间独立，通风及水、电系统交错复杂。设备多，面积小，处处应遵循人体工学原理，进行人性化设计。在这方面，干湿区分离，座厕区分离是国际趋势，避免了功能交叉，互相干扰。

(1) 面盆区：台面与妆镜是卫生间造型设计的重点，要注意面盆上方配的石英灯照明和镜面两侧或单侧的壁灯照明，二者最好都不缺少。

(2) 坐便区：首先要求通风，照明良好，一个常常容易忽略的问题是电话和厕纸架的位置，经常被安装在坐便器背墙上，使用不便。另外，烟灰缸与小书架的设计也会显示出酒店的细心周到。

(3) 洗浴区：浴缸是否保留常常成为业主的“鸡肋”问题，大多数客人不愿意使用浴缸，浴缸本身也带来荷载增大、投入增大、做房时间延长等诸多不利因素，除非是酒店的级别与客房的档次要求配备浴缸，否则完全可以用精致的淋浴间代替之，以节省空间，减少投入。另外，无论是否使用浴缸，选择带花洒的淋浴区的墙面材料时，要避免不易清洁的材料，像磨砂或亚光质地都要慎用。

(4) 其他设备：卫生间高湿高温，良好的排风设备是很重要的。可选用排风面罩与机身分离安装的方式（面板在吊顶上，机身在墙体上），这样可大大减少运行噪声，也延长了使用寿命。安装干手器的墙面易在使用时发生共振，也需注意。关于客房里的电路控制，一般就是指灯光的回路与开关的控制。很显然，老式的集中控制面板使用很不方便，不宜再继续使用。“家庭化”的要求将客房的控制方式回到家居模式——在相应的照明灯具附近有相应的开关面板控制，简明清楚，符合客人的使用习惯。

一些新技术的出现也为客房灯光控制模式提供了新的思路，例如全遥控式的客房灯光控制系统，用电视遥控器大小的一个红外遥控器就可以随意开关灯光，连开关面板都省了，当然也省去了墙内的一些布线。

日新月异的科技发展带动社会前进，客人对酒店客房的科技品质也不断有新的要求。作为专业酒店设计师要时刻关注这些前沿的新技术，例如客房与房务中心和前台的互动的计算机系统。客人随时可在房间内查询自己的消费明细账单，酒店也可以随时掌握客人是否在房间或已外出等信息。

1. 睡眠空间

睡眠空间是客房最基本的空间，主要家具和设备有床和床头控制柜。床是饭店为客人提供休息和睡眠的最基本的设备，一般采用西式床，其种类和规格要根据饭店的等级和客房面积而定。床的基本类型包括单人床、双人床、大号双人床、特大号双人床、婴儿床、加床。此外，还有折叠床、单双两便床、沙发床、水床、隐蔽床等。床的规格差别也较大，没有统一标准。床的规格大致为：

单人床：100 cm×200 cm

双人床：140 cm×200 cm

大号双人床：160 cm×200 cm

特大号双人床：200 cm×200 cm

另外，床的高度要考虑美观、协调及便于操作等因素，一般应在 40～60 cm 之间。现在许多饭店已经认识到床的规格与舒适程度对客人的影响，为增加吸引力，更多采用较为宽大舒适的床具。

床头控制柜的功能较多，可以方便客人使用各种电器，满足客人的基本需要。一般集成了音响设备及电视机、空调、床头灯、台灯、夜灯、地灯、走廊灯等电器设备开关。另外在床头控制柜上还配有电话、便笺、一次性铅笔等，并在下面隔板上摆放一次性拖鞋和擦鞋布。

2. 盥洗空间

盥洗空间是指客房的卫生间，也是体现饭店等级的一个重要条件，主要配备浴缸、坐便器、洗脸盆等设备。其功能设计主要通过三大设施来体现。

（1）云台与面盆。这一空间由台面、洗脸盆、水龙头、墙面大玻璃镜、电源插座等组成。台面多用水磨石、大理石、人造大理石等材料，表面光滑美观。一间标准客房的云台规格一般为长 150～180 cm，宽 50～70 cm 左右。其中，洗脸盆规格为 55 cm×40 cm。面盆多为瓷质，其特点是美观、耐用、易清洁。

客房卫生间一般面积较小，为扩大空间感，一般在云台上方墙面安装大玻璃镜，同时也便于客人化妆或剃须。为消除镜面上的水蒸气，一般可在镜子后面装有除水雾装置。云台上还要摆放各种洗漱用品，并设计安装冷、热水龙头。云台一侧的墙面上设置电源插座，供客人使用吹风机、电动剃须刀等。

（2）浴缸或淋浴间。一般饭店客房设浴缸，也有不设浴缸，只设淋浴喷头。浴缸应带有可调节水温的冷、热水龙头，附设淋浴喷头，浴缸底部应有防滑措施。浴缸及淋浴设备依饭店等级不同而档次区别很大，一般饭店的淋浴设备只需设置冷、热水喷头和浴帘即可。而高档豪华客房则设有冲浪式浴缸等。

（3）抽水马桶。

此外，盥洗空间的设施设备还有电话、毛巾架、卷纸架、晾衣绳、排风扇等。

小资料

浴室革命——丽晶酒店“二十一世纪卫生间”

对于酒店业人士来说，标准客房之所以被称为“标准”，就是因为客房的布局和设施配置都已经基本定型，任何新的设计思想都只是在原来框架下的修修补补而已，难以有实质性的突破。但在新世纪来临之际，标准客房的布局也在悄悄地发生着变化，一场很可能预示着下个世纪酒店建筑新思维的“客房革命”正在酝酿和实施。这一切都是从香港丽晶酒店的“二十一世纪卫生间”开始的。在酒店的缔造者罗伯特·彭斯先生的主张下，地近维多利亚港、拥有602间豪华客房的香港丽晶酒店抛弃了传统的设计思想，在客房卫生间上很是下了一番工夫。为此，他和设计师们考察、调研了欧洲、北美许多顶尖级豪华酒店，确立了以豪华和明敞为主风格，将酒店建设成为全亚洲酒店的楷模。

丽晶酒店的客房卫生间成为新设计的突破点，彭斯先生决定给这个最容易被人们忽视而又是生活中最关键的地方带来一个顶级豪华的意识。他把通常为12.8 m^2 的卫生间扩大为36.58 m^2，卫生间里镶嵌以淡粉色大理石、落地玻璃镜面，大大提高了常规照明强度。传统的“三大件”也有很大改变，增设了淋浴池，特制了一批低位扶手以照顾残疾或行动不便的客人。抽水马桶上加设了预热坐垫，人们不会再有热屁股碰上冷板凳的尴尬。浴盆的面积硕大无比，可以在短短几秒钟内迅速灌满水，足以供两人同时使用，还有独特的按摩功能。卫生间里还增加了化妆镜、洗衣台、吹风机、体重自测仪等许多设施。最让客人们欣赏不已的是可以直接在浴室里远眺维多利亚港的迷人景色。

丽晶的超级卫生间被人们誉为“二十一世纪卫生间”，出人意料地成为酒店最成功的“卖点”。

（本资料摘自：饶勇．现代饭店营销创新500例．广州：广东旅游出版社，2000）

3. 起居空间

标准间的起居空间在客房的窗前区，供客人饮食、休息、会客之用，主要配备座椅（或沙发）、茶几、落地灯等。套房则有独立的起居室。

4. 书写空间

标准间的书写空间一般设在床的对面位置，主要设施设备包括写字台、琴凳、电话、台灯等。台面一侧较长，上面可放电视机或设电视柜，下面放置小冰箱。墙面上方装有梳妆镜。

小资料

全能电视——文华东方酒店的客房设备革命

平心而论，客人呆在酒店客房里的生活是十分单调的，尤其是对于远道而来的单身商务散客而言，反反复复地摆弄遥控器的滋味可是不怎么好受。从纯粹的娱乐角度来说，客房是没有太多吸引力的。

香港文华东方酒店的销售人员在长期的实践中发现，酒店销售成功的关键还在于酒店产品自身的吸引力，同时还意外地发现，客人抵港后在客房里消耗的时间特别多，尽管只有一个频道的电视机可供娱乐。于是在销售人员的策划和参与下，文华东方酒店率先引进了计算机管理系统，并在计算机技术的依托下对客房进行了一次大型改进工程。

如今的文华东方酒店内，客房电视机已经成为真正的“全能冠军”，既可收看60多个普通电视频道，又可收看收费频道；它还与收银中心客账系统联网，客人可以随时查阅本人在酒店的消费账单，每笔记账消费都清楚地列在客人名下，既方便了客人，也减少了结账投诉；客房的电视机同时还是留言的工具，前台员工随时将来访者的留言输入电视电脑系统，住店客人在收到信号后，可以在第一时间自己查看留言，既方便又快捷。电视中的一些频道还可以兼作客房音乐节目，真正是“一机多用”，全方位地满足了客人的需求。

除了电视系统的革新外，酒店还在客房里增加了电热水壶，卫生间增加了体重自测仪、化妆镜、吹风机等设备，并加大了淋浴的水压。

所有这些改进，目的只有一个，就是增强酒店对于客人的吸引力。

（本资料摘自：饶勇．现代饭店营销创新500例．广州：广东旅游出版社，2000）

5. 贮存空间

贮存空间通常设置在房门进出过道的侧面，主要设施设备包括壁橱和行李架。壁橱内装有照明灯，挂衣横杆上备有带店徽的衣架，按床位计，每床两个西服衣架、两个裙架、两个裤架。柜子下面放置洗衣袋和洗衣单。此外，壁橱还可以存放客房备用的枕头、毛毯、被子等。

小资料

威海金海湾国际饭店商务楼客房设计

在人们欣赏与感受了种种各异的酒店风格之后，今天，时尚而又具亲和力的现代派新理性客房设计异军突起，在世界酒店设计中显得尤为突出。客房，实际上是文化主题和技术要素的结晶，它的系统性、功能性、方向性、标准性和艺术性都很强，一切必须“以人为本”。它以不同的功能划分出区域，包括入口区、行李区、衣柜区、卫生洗浴区、睡眠区、休息区、休闲酒吧区、办公区、化妆区、交通区，并通过区域塑造空间，又通过空间塑造形态，再通过形态创造格调。

将浴缸、坐便位置分配在一个视觉并不封堵的、有磨砂玻璃门窗的独立空间里，而将洗脸化妆区放在一个过渡空间中。这种干湿区和气味排风区的分离使客人感到清洁、卫生、方便，丰富的空间也产生一种魅力。

用防滑地砖和复合木地板的划分展现不同空间的功能：卫生梳妆区和卧室；复合木地板坚固的表层可以抵抗客人从海边沙滩带回的沙粒，也易于清理。

金属电视架和无扶手的气动转椅是客房整体气氛中的调剂，活泼而轻松，往往会吸引人的视觉，并留下良好的印象。

入口处添置的半敞开式行李间实际上非常有用，客人入门伊始，手中的箱包立即放好，“以人为本”，十分方便。配电箱也隐蔽在这个空间里。

入口处小前廊里有两组1/4圆弧的隔板，用于放置客人口袋中掏出的零散杂物、票证、硬币、胶卷，利用空间夹角，一举多得。

“衣柜靠近床，客人不用忙”，也出于人性化的考虑。

卧室内陈设柜、书刊格架及洗手区的化妆品架都配有低压石英灯照明，既强调了功能，又丰富了情调。

传真机抽屉立面是透明玻璃，客人随时可以发现传来的文件；写字台形式简洁、实用。

室内色彩为深浅兼容、对比明快，布艺基调为浅咖啡色系列。

2.3 客房的装饰布置

客房的装饰布置就是合理运用组合多种材料、光线、色彩和艺术陈设品，在有限的空间里实现功能、气氛、格调和美感的高度统一，创造出适应客人生理和心理需求的良好的住宿环境，给客人以舒适、美观、亲切的感受。其涉及的内容包括室内家具的陈设布置、室内观赏品的陈设布置、室内照明设置等。搞好客房的装饰布置，是为客人提供优质服务的基本条件，要注意体现客房的规格和特色，充分满足客人的个性需求，从而达到吸引客人的目的。另外，客房设计还要注重满足市场需求。经营要能产生效益，源头在满足市场需求。不同档次、不同市场定位的酒店的设计是不同的，度假酒店、商务酒店、会议酒店、旅游酒店都需要不同的专业化设计。这里以最常见、最普通的标准客房为例进行分析。现在我国酒店的标准房，可谓是千店一面，现在酒店的客源已呈现多元化，有国内客人、有商务客人、有会议客人、有休闲家庭，这些客人的需求各不相同，必须潜心研究，方能做出适销对路的设计。对需要在客房里工作的客人来说，"桌子偏窄、灯光偏暗"就是灾难。对休闲的客人，客房没有顶灯的整体照明，只有繁复众多的局部照明，既毫无"家"的氛围，又带来诸多不便；从经济角度看，还浪费能源。而国际商务客人则对网络的便捷十分关注。所以，时至今日，已不存在只有一种"标准"模式的"标准房"，对不同客源市场的"标准房"都需要相当专业化的设计。

小资料

客房为客人设计"经历"

酒店设计中的客房设计，往往被认为是最容易的，甚至有很多酒店业内的朋友也这么认为。相对大堂、餐厅、夜总会而言，他们觉得客房都是一个样子，"就那么几件东西!"，实在不复杂。糟糕的是，在这种想法的影响中，有些酒店业主在客房设计中对设计师完全没有更高的要求。于是千篇一律、平俗而没落。在国内的绝大多数中资酒店，客房的形式、客房中家具的式样，布艺、地毯的颜色，甚至衣柜和小酒吧的位置和做法，都惊人的一致。这种"雷同"和"模式化"正在扼杀着一个个酒店，特别是大量中等星级酒店的生命。

实际上，客房是住店客人的真正归宿。世界上98%以上的酒店客房是客人驻留时间最长的地方（有些赌场酒店除外），酒店也以销售客房的收入为其主要的经济收益来源。无论从客人的角度还是从酒店的角度，客房都是最重要的地方。

有人为经济型酒店的投资战略总结了一个顺口溜："五星的床、四星的房，三星的堂，二星的墙"，我觉得很准确。所谓"五星的床"，是指这件与客人身体接触时间最长的东西，其舒适度、美观程度都应该是一流的，尽管酒店可能只是三星，或者是二星，床和床上用品都万万不可怠慢。其次，"四星的房"，还是说客房。客房的格局、空间、氛围及客房卫生间里的设备设施等的确也不能含糊。客房，关上门以后就如同客人自己的“家”。如果这个家索然无味，何谈“宾至如归”呢?

在我国各地的酒店建设项目中，客房的长方形模式很早就被建筑设计部门固定在建筑设计中了。简单易行的、无风险也无创意的常见模式一次又一次被克隆。直到今天，依然继续着。被建筑设计锁定的客房格局使客房空间缺少变化，也使室内设计的发挥受到局限，最终使投资人打造“特色酒店”的初衷在客房中难以体现。“先天不足”，由此开始。

客人对自己入住的酒店会有一种“期待”，这种期待对于客房更表现得十分具体和敏感。经常有人在推开自己要住的客房门的一刹那，会产生短时间的兴奋，这是“心理期待”的作用。如果进到房来，看见似曾相识平庸无奇的一堆东西，他们会立刻大失所望；而如果发现房间内很多颜色、形式、陈设品、家具都是未曾见过的、新奇的，而且很美，很高雅，他们会感到一种极大的满足和愉悦。住酒店的人，无论度假，还是公差，还是商务旅行，都渴望一种“经历”。尽管这种渴望常常只是潜意识的。

“经历”可以通过室内环境和客房内每一个物品注入到客人的印象里和体验中。一个意想不到简洁而实用的电视柜，一个奇特的玻璃球制的照明开关，一组精美松软的大枕头，一个嵌在床头的、用树脂成型的逼真的小鸟雕塑，一个坐在坐便器上还可以看到卧室里电视节目，而且还能就近拿到遥控器的“隔而不闭”的卫生间，一把极富现代感的椅子，一个方便精巧的小书架……只要是客人没有见过的，就会变成他的“经历”。客人有了这种经历，就会为酒店树起口碑。

让客人感到新奇的、比较遥远的、富于异国情调的或是某种悠久文化历史的创意，以及那些细微的，使用新材料、新工艺、新技术成果的设计，无论是空间方面、色彩方面，还是家具、陈设品、照明、五金制品等方面，只要想到了，并这样去做了，客房就不会再是陈旧的、使客人失望的地方。客房的魅力和价值就会极大地显示出来。

2. 3. 1 客房装饰布置的基本原则

1. 客房装饰布置的理念

客房装饰布置是客房建筑设计的延续和深化，是饭店客房商品价值的重要组成部分。客房的装饰布置必须充分体现 5 个理念，即人性化、实用性、超前性、经济性和艺术性。

(1) 客房设计必须充分体现人性化理念。所谓人性化，就是坚持“以人为本”，提倡亲情化、个性化、家居化，突出温馨、柔和、活泼、典雅的特点，满足客人丰富的情感生活和高层次的精神享受，适度张扬个性，通过多种形式创造出使客人舒心悦目、独具艺术魅力和技术强度的“作品”。通过细小环节向客人传递感情，努力实现饭店与客人的情感沟通，体现饭店对客人的关怀，增加客人的亲近感，无形中带动饭店的人气和知名度上升。例如拥有 174 间客房的德国沃尔斯堡里兹 · 卡尔顿饭店。饭店的 155 间客房和 19 间套房全部按照圆形排列，墙体都没有方正的边角，这给客人以开放的感受。而且，由于圆形的设计，消除了那种长长的走廊可能使客人产生的空无的感觉。这种开放感和人性化同样体现在客房的其他许多部分。在客房和套房，线条、材料和艺术品形成一个统一体并贯穿整个饭店。通过对材料和形状的把握，饭店的客房给人以无限的热情和温暖。光滑的桌面看上去舒适平整，极具艺术感的枕头令人骤感焕然一新。设计师们充分地利用了客房空间大的优势，创造出了在公寓住宿的感受，无论是得到高效利用的穿衣区，还是陈设着由欧亚艺术家制作的艺术品的陈列区，这一点都体现得淋漓尽致。卫生间采用了独立式浴盆，配以有着冲浪浴水流形状的超大号五金件和四个球"脚"。客房内曲线型的桌子边沿，方便客人使用手提电脑；客房卫生间墙上的镜子令人感到加大了空间；地板加热取暖也是一个高科技的体现，但又使人感到无比舒适。

小资料

提供个性客房　赚取超额利润

浴室革命首当其冲

在饭店客房各类变化中，浴室的变化带有革命性和根本性。主要变化趋势有：一是浴室面积扩大，"三大件"（浴缸、面盆、马桶）、"四大件"（加上净身盆）或五大件（加上淋浴）的方向转变，向分室布置发展；二是浴室内梳妆台镜子采取防结露措施，镜子后面铺设电热丝，并增设带放大功能的小镜子，方便女士化妆及男士刮胡须；三是卫生间内除装有电话分机外，还增加小电视，方便客人随时收看经济行情、重要新闻和球赛；四是增设美发设备和秤重装置；五是增加紧急呼叫按钮，预防客人出现意外；六是地面及墙面向大理石装饰过渡，为克服冰凉感，地面满铺尼龙地毯；七是为降低噪声，卫生间排风不采用排风扇，而是采用管井集中排风。香港半岛酒店的冲浪浴室面向外景的墙，使用玻璃屏障，浴缸另一面墙上设有内嵌电视机及选台、音量控制器等。客人沐浴的同时，既可欣赏丰富的电视节目，又能鸟瞰港湾怡人的景色。

钟点客房以价廉取胜

所谓钟点房，是饭店为满足特定市场需求，在有限时间内，通常以小时计算，出售短时间的客房。这种客房有市场面广、房价较低、对管理要求高等特点。钟点客房有利于树立饭店与社会的"亲和"形象，拉近饭店与普通阶层的距离，为今后争取回头客打下基础。

上海三星级的华东大酒店地处上海火车站附近，考虑到许多旅客缺少短暂停留的休息场所，便推出钟点房，初试客房利用率高达120%以上。正式推出"钟点房"后，标准房以小时计价出租，每小时租金仅为原房价的六分之一，并开辟了专用楼层。近两年高考期间，全国各地饭店及时推出了"考生房"，进一步扩充了钟点房的概念，增加了新卖点。

商务楼层尽展奢华

商务楼层又称"酒店中的酒店"，以豪华装修、完善的设备和细致周到的服务赢得了国内外宾客的青睐，有着良好的发展前景。其主要特点有豪华极致、服务极致、服务设施齐全、免费服务周全。一般都有多功能服务中心，服务系统相对独立，为客人提供受过专门训练的秘书、委托代办等多项服务。同时，还有早餐、报纸、健身等众多免费服务。礼遇特别，如白天鹅宾馆免费派"奔驰"轿车接商务客人。超值体贴，如广州大酒店1992年在全国率先提供了独具特色的私人管家服务。位置集中，商务客房一般楼层集中、房间集中，以便于安装商务设备，提供统一服务，实行标准的物业管理，亦利于同业沟通。上海华亭宾馆为适应日本商务客人需要，还特设日本楼层。

特殊客人的特殊客房

饭店的少数客人因先天缺陷或后天意外残疾、或年龄差别，在心理与生理方面的要求不同于常人，行为能力受到客观约束，他们的有些要求尽管在常人眼里完全不必，但在特殊人眼里却是最基本的和必备的需要。如老年人市场，近几年呈扩大之势。为此，总部设在亚特兰大市的假日酒店集团市场部认为，酒店在20世纪末和21世纪的主要客源将是中老年市场，并据此推出一项“假日老友俱乐部”优惠计划，客房服务强调安全性与舒适性，还安排员工对咖啡、客房免费早餐提供上门奉送服务。针对盲人市场，美国酒店业推出了盲人套房，客房布置与众不同，书架上摆放声频的、用大号铅字排印的书籍与杂志，摆放有大型转拨电话机、会说话的温度自动调节器和闹钟，用盲文印刷的说明书摆在小厨房的炉子上。

想客人所想则是一种更高要求的特殊化，有些虽不是急迫要求，但已上升为一种基本需求。女姓客人在饭店客源中占有愈来愈大的份额，美国30年前商务旅行者中女性仅占1%，现在占将近40%。如何满足女性客人需要，是饭店业一个很现实的课题。女性商务者最需要的，一是安全；二是健康；三是妥善安排孩童——目前，美国约有19%的商务旅行者携带孩子，因此要提供相应服务，如孩童照管及食品选择、BP机租用、儿童录像带租用；四是附属设施丰富多彩，包括吹风机、电熨斗和熨衣板，以及浴室中方便化妆的大平台、大晾衣架、落地镜、留言电话等。

朝向也值钱

酒店可以根据客房的不同朝向，实行弹性经营、弹性定价，如朝东南房、朝海（湖）景观景房、朝山林房等。不同的朝向，可以有不同的价格定位。天域大酒店是海南三亚市亚龙湾国家旅游度假区内的一家星级酒店，该饭店组合推出了一批高质量的海景房，客房外有一个配设圆桌的小阳台，客房与阳台之间用门与玻璃相隔，早可观海上日出，晚可赏海边日落，或凭海临风，更可拥着阵阵似远似近的波涛声入睡，这种诗情画意的观景房，为其高价定位做了坚实的铺垫。

（2）客房设计必须充分体现实用性理念。饭店市场定位的不同，服务的客人群体会不同，那么对客房功能设计要求的适用性也不同。设计的适用性就是要求设计的客房功能必须考虑不同客人的需求特点，适合不同客人的使用，同时也要方便饭店的经营管理。如果不适合于客人使用，那么饭店就无法吸引更多的回头客；如果不方便于饭店自身管理，那么就会增加经营成本，也无法获得好的经济效益。

（3）客房设计必须充分体现超前性理念。所谓超前性，就是设计要统筹考虑，既要绿色、环保，又要时尚。一方面要考虑原材料的绿色环保性，同时也尽可能减少投入，减少能源消耗。保护环境、减少污染，是人类生存之道，饭店在为客人提供舒适的住宿条件的同时，不能以牺牲环境为代价，这是社会对饭店的要求。从饭店本身来讲，要提高效益，也要节约能耗，减少投入。另一方面，要体现时尚，要有超前眼光，要引领新潮，要充分考虑客房今后的发展趋势，根据预测做出超前的设计，避免今后的重复投入。

小资料

未来的酒店客房

近年来，世界酒店业日益感到来自旅游者和新技术的双重压力，如何使酒店业更加适应旅游者的需要及科技的发展，是新世纪酒店业最重要的课题之一。作为世界最负盛名的旅游院校之一，美国休斯敦大学希尔顿酒店和餐饮管理学院一直致力于研究符合酒店市场发展新趋势的产品。由于拥有一家提供全套服务的希尔顿酒店，该学院可以十分方便地试验与评估各种新的酒店技术，并随时了解真正的住店客人的感受和建议。现在，他们正在其酒店内设计安装三套“21世纪的酒店客房”，虚拟现实、生物测定、白色噪声等先进技术将赋予酒店客房传统的舒适、安全等标准以全新的含义。著名酒店专家、希尔顿学院院长Alan T. Stutts博士介绍说，持续的科技进步和酒店业日益普遍使用的“常住客计划”，使新世纪的酒店客房更趋向于由客人设计而不是由酒店来设计。由于“常住客信息库”已经记录了每一位客人的喜好，新的客房程序将与该信息库配合运作，从而使以下产品和技术在“未来客房”中成为可能。

(1) 光线唤醒，由于许多人习惯根据光线而不是闹铃声来调整起床时间，新的唤醒系统将会在客人设定的唤醒时间前半小时逐渐增强房间内的灯光，直到唤醒时刻的灯光亮得像白天一样；

(2) 无匙门锁系统，以指纹或视网膜鉴定客人身份；

(3) 虚拟现实的窗户，提供由客人自己选择的窗外风景；

(4) 自动感应系统，光线、声音和温度都可以根据每个客人的喜好来自动调节；

(5)“白色噪声”，客人可选择能使自己感到最舒服的背景声音；

(6) 客房内虚拟娱乐中心。客人可在房间内参加高尔夫球、篮球等任何自己喜爱的娱乐活动；

(7) 客房内健身设备，以供喜爱单独锻炼的客人使用；

(8) 电子控制的床垫，可使不同的客人都得到最舒服的床上感受；

(9) 营养学家根据客人身体状况专门设计的食谱。

针对未来的旅游者需求，特别是针对美国10年后将有一半以上的人口超过65岁这一新形势，客房将被设计得更适合老年人，如触摸式可调节的灯光、更方便使用的把手、更好的淋浴设备等。

总之，“未来客房”的目标是尽量满足所有客人对客房的要求，他们可以有不同的旅行目的（商务或度假）、不同的年龄、不同的健康状况、不同的职业等。

(4) 客房设计要充分体现经济性理念。经济是指在满足功能要求的前提下，在材料选用及人力、物力的组织上要坚持因地制宜、就地取材和精打细算的原则，做到少花钱，多办事。饭店是企业，自收自支、自负盈亏，要以尽可能少的投入产生最大的产出，这是市场经济的规律。所以，在客房设计上也要充分体现这一理念，重装饰、轻装修，既要考虑合理性，又要体现经济性，争取以较少投入达到最佳效果。

(5) 客房设计要充分体现艺术性。所谓艺术性，就是要使广大宾客从视觉上、心理上产生赏心悦目的感觉。客人入住饭店，印象最深的往往是设计的艺术性。如果客房设计独特、创意新颖、造型别具一格，这无形中强化了饭店在客人心目中的形象，从而增加饭店的品牌价值，给饭店带来不可估量的经济效益。

2. 客房商品装饰布置的原则

(1) 以功能需要为中心，实现功能与美观的统一原则。满足客人休息和工作需要是客房的基本功能。总的来说，功能、设计手法和室内形象是客房装饰布置的基本要求。其中，功能是关键。功能不同，环境艺术的设计手法也不同。而室内形象则是由功能和设计手法来决定的，它最终形成空间构图，创造出美的环境。所以，它们是相辅相成的。功能是饭店环境艺术的基础，设计手法是功能的具体要求，室内形象则是功能和设计手法具体运用的必然结果。功能性要求安全和方便适用。安全是指选用的材料要具备防火、防滑、防碰撞及防盗等性能。方便就是要考虑到便于日常维修保养和清洁卫生工作，以免影响服务员的工作效率。做到既有良好的外观，便于工作，又能在日常服务与维修中节省人力、物力。另外，家具、摆设要便于移动，以方便管理。客房家具毕竟与一般家庭和办公室家具不同，必须紧紧扣住使用功能要求，控制其数量和尺寸，以保持合理的空间。适用就是从不同的功能需要出发，根据客人的活动规律和心理特点来制定设计方案和装饰布置方案，做到室内环境和装饰布置既舒适、典雅、安全、方便，又美观、大方。适用是以功能需要为转移的。不同功能的室内空间要求具有不同的室内气氛和艺术感染力，因而对适用的要求也不一样。如客房是客人休息的地方，室内环境艺术要求恬静、舒适、方便、典雅。客房不仅要有完善的功能，还应该有美的内涵和高雅格调，体现美感。美观是在满足功能需要的前提下，通过设计手法来创造室内形象，满足客人的审美要求。美观的重点是总体构图，通过优美的空间构图，给客人以艺术的感染力，从而为创造美好的环境和提供优质服务创造条件。总之，功能和美观是客房装饰布置时必须同时兼顾的两个方面，合理的功能是客房设计的前提和根本；充满美感的视觉效果则是客房设计的深化，是思想性与艺术性的体现。

（2）体现民族风格和地方特色原则。当今世界是一个时尚的世界，而在不同的地区会有不同的时尚，时尚引导了风格和档次。体现民族风格和地方特色也是客房装饰布置的基本要求，没有特色的客房商品是没有吸引力的。客人来自不同的国家或地区，他们都希望在旅游过程中领略异国他乡的风土人情，追求新鲜感受。因此，饭店客房装饰布置必须体现民族风格和地方特色。民族风格和地方特色主要应在饭店室内艺术上体现出来，通过材料选用、家具造型、物品装饰与陈设来反映。例如万豪酒店在不同国家、不同区域，都会采用不同的设计。即使在美国，北方和南方的万豪风格也是不一样的；在中国的上海和其他地方，万豪也有所不同，这都是为了更好地体现地域文化。但是，万豪对设计的要求也有共同之处：第一，要为客人的舒适度下工夫，以人为本；第二，能够使万豪酒店的功能布局最大合理化，包括酒店的客房数量和公共区域的比例等；第三，不做过多的装饰，因为这样会对客人产生一种强迫感。这样做的目的主要是因为万豪的客人大部分是商务客人，而商务客人的心理期待由于其自身的阅历，往往既高又挑剔。当然，其他酒店也都会有自己不同的市场定位，根据不同的定位，应采用不同的设计手段。在设计时应尽可能多地考虑不同地域的文化，相互融合、彼此借鉴。任何国际品牌的酒店都应适当反映当地的文化，当然表现形式可能不同，比如室内设计或艺术品陈设，等等。当然，与当地文化的融合需要做到恰到好处，否则就得不偿失了。

而作为中国的旅游饭店，则要通过建筑式样、室内环境艺术、客房和室内装饰布置的艺术设计、装饰材料和艺术处理手法的运用等使客人在住店期间获得现代化生活享受的同时，又能在一定程度上感受到东方文化的魅力，以及中国各民族、地区的独特民族特点和地方特点。

小资料

北京友谊宾馆——40间商务客房风格间间不同

在许多酒店，客房一直被认为是最标准化、最难以创新的产品，然而这种最具模式化的产品却又是酒店最重要的产品。北京友谊宾馆的做法值得我们关注。

北京友谊宾馆商务楼层约有70个标准间，后改造成40间。在改造过程中，依循从选材走向创意，在商业功能上凸现文化气息的思路进行。这些客房，间间不同，却又似曾相识，一条主题脉络演绎出几十种风格。

每间客房都有一个陶器，这是当代产品；还有一个绣片，是清朝的，原物放在镜框里，十分珍贵。需要一提的是，现代的高档材料多是大工业批量生产的商品，大同小异，触目皆是。而只有这种具有浓郁历史感的东西，才是客房文化的个性所在。

古罗马式的柱子与明代瓷瓶式台灯形成鲜明反差，但中间由藤本和木本的绿色植物作为过渡，却显得互为映衬，相得益彰。清朝花翎顶戴的帽筒与西式的电热水壶放在一个桌面上。椅子座位的正面不是平的，而是做成V型，靠背是宽圆弧形，正、左、右三个角度都可以坐靠。家具、装饰绝对不配套，式样和颜色各异，每间客房的窗帘的图案和花纹也不一样。但综合起来视觉色调却是和谐协调的，该暖则暖，该冷则冷。柜子前悬吊一把长穗的檀香扇，不过几十元钱，但暗香袭来，却透出一种柔和亲切的气氛。

所有墙壁上的插座都是供客人使用的，而地面上的插座则是员工清扫客房用的。床头的电气控制开关在不使用时，全部隐入床头柜，使用时很方便地拔下即可。所有按钮全部都是木制的，做得很大，只有五个开关。这也是较为独特的设计。

客房的整体设计超越了现代模式化的酒店布局，讲究人的个性、自然风格、文化品位等多元内涵的组合，满足客人现实和隐含的需求，创造舒适温馨、轻松随意的起居环境。

(3) 体现客房的等级和礼遇规格原则。客房装饰布置必须与饭店的档次和客房等级相符合，客人的身份地位和重要程度不同，所住客房的等级不同，礼遇规格也会不同。从客人的心理需求来看，饭店如果重视客房室内装修和环境艺术，就能增加客房享受因素的成分。因为根据客房等级规格和不同接待对象的要求来装饰布置室内环境，创造出美观大方、舒适典雅的住宿环境，就能满足客人的心理需求，使客人得到美的感受。客房的礼遇规格和等级决定了装饰布置的标准。在客房空间大小一致的情况下，客房等级的差异主要体现在装饰布置方面。

小资料

顶尖级酒店——超凡脱俗的“超级套房”

在强调服务质量和企业文化的同时，我们不能忽略硬件设施的作用，因为它是承载高质量服务的物质基础；在强调设施设备的豪华时，我们不能忽视硬件的个性化设计，因为只有与众不同，才能真正赢得顾客的永久青睐。在饭店业中，硬件与软件始终必须坚持“两条腿走路”，两条腿都要硬。拥有最豪华的套房几乎已经成为最佳酒店的基本条件之一。

日本大仓饭店的顶楼有一个帝王套房，其面积达369平方米，并拥有一个屋顶花园，有自己单独的电梯，有宽敞舒适的卧室、起居室与书房，入住其中绝无置身于世界最繁忙的都市的感觉。

新加坡的文华酒店共有五个总统套间，分别布置有中国古典式、日本式、波斯式、欧洲古典式与现代式的装饰与家具。香港半岛酒店中的最高级套间是马可波罗套房，它历经多次整修改造，是一个集居住、吃饭、休息、待客为一体的英格兰式庄园公寓。客人在套房里可以通过内置的闭路电视监视器，直接观察到门口的动静。电视遥控器配有呼唤铃按钮。住在套房里若是想出门，可以乘坐有专人驾驶的劳斯莱斯豪华房车，保证随叫随到。当然要想入住这样一套面积225平方米的价豪华套房，价格自然不菲。一般情况下，门市价上是不会直接标明的，而需要客人与饭店单独协商。

最令人称奇的还是以“旅馆主之王”里兹亲自创建的巴黎里兹大酒店，它的帝王套房是完全仿照当年法国国王路易十四在凡尔赛的那套卧室原样仿制的，这间帝王套房和其他几间曾有历史名人住过，而且以他们的名字命名的套房（包括温莎套房）已被法国政府列为历史文物。也就是说，对这些套房的任何修理、改造，都必须首先征得法国政府的批准方可进行。

（本资料摘自：饶勇．现代饭店营销创新500例．广州：广东旅游出版社，2000）

2.3.2 客房装饰布置的基本手法

客房装饰布置首先要确定其基调和主题，其手法运用仍然要以功能需要为主，但是由于客房等级规格等不同，装饰布置的手法也会存在较大差异。

小资料

不同创意的酒店设计

最具时尚感的酒店设计要胜过剧院，它更可称之为一种营销工具。看过罗马的Empire Palace、纽约的Hudson及巴黎的Meurice就会知道为什么。通过融合不同时期的多种风格，这些酒店的设计者们创造了独树一帜的外观，吸引顾客前往体验和探求。没有两间客房、两处空间是完全相同的。顾客可以在一次次地返回后，却仍能发现设计上的新意——这就是重点所在。

混合风格

最强有力的设计趋势专注于混合和搭配多种风格。对大批的时髦游客来说，要使酒店看上去（并且感觉）有吸引力，家具和装饰品应当是历经光阴，从生活中收集而来——尽管它们实际是来自经销商的产品目录。

罗马的Empire Palace酒店1999年试营业，设计师使其115间房间客房全不相同，并且它有着巴洛克风格的建筑，配合有格调柔亮的家具，威尼斯的金箔和东方情调的种种点缀。出人意料的设计材料、极富吸引力的艺术品及无数的独具匠心，使相互连接的空间沟通转换了多种风格。酒廊的20世纪30年代的椅子木材来自非洲，摩洛哥的鞣皮与枫木的浅淡形成对比。美式酒吧里有着高靠背的沙发，稀有的多色大理石镶嵌着大堂的“地毯”。而天花板、柜台上方有着夜空般深蓝色的丝绒，餐厅上方的丝绒则有花饰，这些贴花的现代感强调和延伸了设计体验的多样性。

匠心独具在其110个客房和5个套间中得以继续。公共区域的波斯黄成了客房的主色，同时强调了樱桃木家具的浅色，点缀着富贵的蓝和紫的地毯。墙壁金色条纹的大理石和画上的金色斑点相呼应，而公共部分拱门框架上的威尼斯金箔和点缀的太阳等，则贯穿了从大堂到酒廊的星空主题。

“我们要一种豪华的精致感受，但创新的每一个元素都有着鲜明的特征，使这个酒店令人难忘。”设计师如是说。而总经理这样补充：“要抓住大型公司和休闲旅客这些目标市场的注意力，我们知道，设计必须是人性化和与众不同的。我们想要的风格是文雅高尚，而不单纯是富贵华丽。”

出其不意

不管门市价格像Empire Palace那样接近200美元一晚，还是像有1 000间客房、开业两个月、一开始95美元一晚的Hudson，没有一家酒店有理由乏味沉闷。Hudson酒店展示的是充满智慧、无拘无束的设计。两位设计师不再是早先小店铺式的合作，而是大手笔的铺陈。整体的预算限制丝毫没有阻碍设计师将这个45 000平方米的普通处所变成了私密的、有趣的公园。原先模式化的酒店餐厅被饰满常春藤的自助式餐厅所取代。与其抱怨客房太小不如从船舱汲取灵感，设计师用了房间镶板，用了仍用于海军船队的经典的铝制椅子，然后加入了他自己的创意，包括由名家专为Hudson绘制的床头灯。

多种体验

为一个有着悠久历史和富丽特色的皇室酒店做最新潮流的设计似乎有点像矛盾修饰法。然而，经过两年的装修，Meurice酒店的公共房间设计师和客房设计师传递了以下想法：“装修一个像Meurice这样的酒店，最大的冒险是放弃想像力，就像抚平皱纹但不应抹杀个性。有太多酒店的翻新令人感到遗憾，”设计师说。

反对单纯维修保养的思想，设计师做出每个设计决定，要让Meurice特别。首当其冲的是让顾客体验变化多样的装修。有30种不同的客房设计方案，每个方案决定于房间的形状和其在建筑中的位置，有的房间自然光很少，就让顾客处在灯光和绚丽的色彩中。而另外的房间则可能完全淹没在日光中，色彩也全是柔色系。古色古香的家具和艺术品使每个房间个性十足。家具的风格可谓是19世纪法国各个时期装饰风格的巡礼。在这间皇室酒店，有玻璃圆屋顶，有金碧辉煌的餐厅，还有近乎禅宗意味的温泉。

“能够在一家酒店内选择不同风格的装饰和房间，对于顾客绝对从中获益，”总设计师说。“这对经营者是一种理想的状况，因为终归有一款客房，顾客会欣赏。”

有关设计的几条原则

每个酒店都有自己的一套个性设计，不过的确有一些新的设计指南，可以使酒店更新潮、更能迎合市场。它包括6大趋势。

(1) 不要只考虑设计，要着眼于“生活格调”。这一信条是Hudson酒店形象的根基。这不是一句口号。“生活格调”设计，使空间的每个元素都能抓住顾客的注意力。像“起居室”的白色家具、有手绘图案的床头灯、不锈钢器皿的一丝闪光使桌椅也变得格外显眼。

(2) 如果不迎合顾客的需求，就是无效。设计师为Meurice的客房和套间选择纺织品和家具时，非常小心仔细地定位其服务特色。“如果顾客得花10分钟才能找到遥控器，或者抽屉没法使用，那么即使是最有名望的装饰也是毫无意义的。”

(3) 让空白说明设计。设计师说：“强调细节，使我们得以让Meurice的个性得以复苏——即使摒弃原先所有而带来的空白。”

(4) 运用整块“画布”。天花板和地板是设计的热点。它们不只是将风格不同的设计元素联结在一起，还为大手笔的设计铺陈提供一个宏大的背景。

(5) 不要忘记艺术装饰。名家的艺术作品可以烘托酒店的氛围，增添豪华高雅的气氛，而且绘画又可以增强客房的艺术感染力。

(6) 最大限度地利用目前所有。“我们房间的尺寸就像游艇的船舱，那索性任其如此，这样可以鼓励客人去公共空间。”Hudson 酒店的管理者这样评述它的100 间客房。设计师将兴趣与精力倾注到酒店公共部分上，使其看上去和用起来都更像一个家——大堂是“庭院”，此外还有厨房的用餐区、娱乐中心和书房等。

1. 主题客房

客房是饭店产品的核心部分，就客房有形产品而言，长期呈现千篇一律的“标准”模式，而对客人而言，他们更希望在客房内也能够有一些新奇的享受和经历，能有一些与众不同的收获和感受。因此，饭店应开发各类具有个性色彩的新概念主题客房，塑造客房卖点，满足不同客人的偏好。

饭店可以根据不同客人的需求偏好设计不同的客房产品，这些客房产品包括老年客房、青年客房、新婚客房、单身女性客房、少年儿童客房等；饭店也可因地制宜，通过挖掘不同的地域文化，开发各类“民俗客房”，如民俗风情客房、乡村风格客房、海底世界客房、世界风情客房、太空世界客房等；饭店还可以根据不同历史时代的人文现象进行主题的选择和设计，这种人文现象既可以是现代的，也可以是历史的，甚至是远古的，抑或是未来虚拟的，如史前客房、未来主流客房等；饭店更可以以形形色色的文化作为主题切入口，设计各具特色的文化客房，如电影套房、摇滚之夜套房、小说客房等。

1）老年客房

老年人市场在以往并不受重视，但如今世界人口普遍向老龄化发展，据我国最新人口普查结果表明，全国65岁以上的老年人已占全国总人口的6.96%。老年人比上班族更具有空闲时间，老年客人在饭店中的相对滞留时间长，大多消费都在饭店内进行，店外就餐少，“银发市场”已成为饭店新的竞争热点。

老年人重感情，为文化、历史所吸引。所以，在老年人客房的装饰上，可以突出传统的民族风格，配以字画、摆设等装饰。在色彩上可以采用暖色调为主，多用调和色，少用鲜明的对比色。在绿化布置上，可以放置一些观赏盆景及常绿植物、鲜花等。

老年人的健康问题应是饭店考虑的重点，在客房设施上应突出方便、安全，例如卫生间的防滑设施、门的把手位置及开关位置等。在客房服务上，应突出人情味、亲切感，提供按铃召唤服务及面对面的服务。

小资料

欧洲的“老人酒店”

在法国戛纳的奥泰利亚饭店里，所有的客人平均年龄83岁，而这里的一切设施设备几乎都是为老人们，尤其是80岁以上的老人特别设计的。在这里，信号显示是大号字，沿墙有扶手，电梯里有座椅，床是坐卧两用的，卧室里可以挂家人肖像。卫生间是用防滑玻璃纤维修造的，并设有软垫长椅，在那里可以安全洗浴。无论何时，一按铃就有人来查看，经常举办各种适合老人的娱乐活动。而且无需预订，长住短住都无妨。但有一点必须特别声明，这里接待的不是病人，而是需要关怀、照顾的老年客人。

在罗马尼亚首都有座“富罗拉”饭店，因为专门从事接待70岁以上客人，所以又叫“寿星饭店”。客人入店之初，先要在一种特别配制的洗澡水中做一次沐浴，洗完后全身舒畅。饭店里还有一种由老年研究专家研制的“返老还童”药，对恢复老人青春活力很有帮助。

2）女子客房

传统的“饭店是男人为男人而设计的”观念已经成为历史，随着更多的女性参与社会活动，女性在住店客人中占有越来越大的比重，女性客人对散客收入的构成产生重要影响。一些饭店针对这个现象，专门设计了为女性客人特别准备的客房。

女子客房的室内装饰更富有浪漫情调，室内气氛更为温馨雅致，从色彩、灯光、卧具、织物图案到插花布置等方面，都悉心考虑女性的心理特征，充满着女性气息。

女子客房内设有女性专用毛巾、梳子、梳妆台、试衣镜、香皂、睡衣及适合女性使用的吹风机、电熨斗、磅秤、女性杂志等，并且提供美容美发服务及各种保健咨询，提供出游最佳方案等。

小资料

女子客房——为单身女性提供特殊服务

在全世界酒店行业中，希尔顿酒店是最早注意到单身女性顾客的特殊性的，为此他们早在1974年就在美国阿尔克茨希尔顿酒店里开辟了专门的女子专用楼层，为单身妇女提供旅途中的一切便利。

20多年来，希尔顿酒店集团一直致力于为单身女性客人提供更专业化、更精细的服务，从而赢得了一片相当稳定的大市场。尤其是近些年来，随着单身女商务客人的增加，入住环境也在发生许多微妙的变化。这时对于单身女客来说，能否拥有一个轻松方便、无拘无束的居住环境就显得尤为可贵了。不断发生的对女房客的骚扰案件使得这一问题越来越突出。

在希尔顿酒店的女子专用客房里，所有的设施设备和装饰色调都从女子的爱好与实际生活需要出发，一般都配备有特制的穿衣化妆镜、成套化妆用品、各种牌号的洗涤剂和沐浴用芳香泡沫剂；同时还会提供女士睡袍、挂裙架、吹风机、卷发器、针线包及其他妇女专用的卫生用品。

客房通常会被装饰成温馨的色调，比如粉红、天蓝或米黄等。而床上用品和窗帘等织品往往也与房间色调相匹配，就连客房里的电话机都选择了活泼、灵巧的款式，床头柜或是小茶几上还备有专供妇女阅读的书刊和最畅销的妇女杂志。

女子客房单独辟成楼层，并配有大量的便装女保安人员。别看这些女保安初看个个温文尔雅，但一旦有人想乱闯“禁地”，她们立刻就变成了谁也突破不了的坚强堡垒。除了便衣保安外，女子楼层还有很多专门的保安措施，例如房间号码严格对外保密，不准任何人查询；外来电话未经客人同意不能随意接进客房等。总之，这是一片完全独立的空间，甚至连进出大堂都可以选择另外的通道。

（本资料摘自：饶勇. 现代饭店营销创新500例. 广州：广东旅游出版社，2000）

3）儿童、家庭客房

随着收入水平的提高和消费观念的更新，尤其是带薪假期的增多，越来越多的家庭走进了饭店，从而使得儿童市场及家庭市场已成为饭店业促销的新目标。面向儿童与家庭的客房应注重设施设备的针对性及完善性，并注意营造温馨的家庭氛围。国外一些饭店在赢得儿童及家庭的青睐上都做了相当多的努力。

小资料

形形色色的儿童饭店

希尔顿饭店提倡为家庭服务

加利福尼亚希尔顿饭店开办“Hilton假期傍靠站”活动已有4年，为客人提供免费礼物、免费玩具和游戏机，并推出儿童菜单，备受当地家庭客人欢迎。

假日饭店的“儿童套房”

假日饭店于1995年在佛罗里达的两家饭店开办“儿童套房”促销活动。该套房是以家庭活动为中心设计的。套房内设有儿童娱乐室，两张儿童床，一个依壁而设的床铺，并配有电视机、录像机、VCD、闹钟和儿童游戏电话。佛罗里达州的Buena假日饭店507间客房中有91间是儿童套房，一般客房售价为50～60美元，儿童套房价格则在92～158美元之间。

巴西的“儿童饭店”

在巴西首都圣保罗有好几家儿童饭店。这些儿童饭店的客人从3个月到6岁不等，他们可以在饭店呆上一天半天，也可以住上十天半月。儿童饭店把孩子们当客人看待，不仅保持一种令儿童愉快的气氛，而且关心每个孩子，尊重个性。这种饭店配有专业教师、训练有素的护士、医生、保育员、厨师与管理人员，组织各种适合孩子们的活动，使他们在饭店期间长见识，学习知识与技能。

奥地利的“婴儿饭店”

这里专门接待来自欧洲各地那些哭闹无常的小客人及他们的父母。饭店不仅有婴儿床、高脚椅、便盆与坐便椅，还有游乐室和酒吧，当然供应婴儿的也是经过特别配制的“鸡尾酒”。

4）中式古典风格客房

中式古典风格客房可以用两种方式进行布置：一种是室内的部分装饰具有中式特点，例如运用中国画、中国民间工艺、中国传统花纹和造型的家具和摆设进行布置。这一类方式比较普遍；另一种是采用典型的中国式，即从室内装修到陈设都严格地按照我国的传统进行布置，例如采用木结构的梁架和隔断、典型的中国传统家具和灯具、强烈民族色彩的艺术及独特的布置格局等。

我国是地大物博的多民族国家，所以装饰布置的风格也不能简单地归纳为同一种样式。

根据不同朝代、不同地域、不同民族的典型特征，可以设计出不同风格的中式客房。

5）以书为主题的客房

虽然网络文学已经列入时尚的队伍中，但是依然有很多人钟情于散发着油墨清香的各式书籍。以书为主题的客房可以使客人畅游在书的海洋中，客人可以根据客房内的书单，向服务中心借阅心仪的书籍，补充精神食粮。

6）以电影为主题的客房

如今，看电影依然是很多人热衷的娱乐消遣方式，在以电影为主题的客房中，自然贴有精美的电影海报并摆放着各类影视杂志，设有 VOD 点播系统，客人可以选择自己喜爱的影片，享受一个惬意的夜晚。

7）梦幻主题客房

梦幻主题客房主要是营造出一种如梦似幻的境界，通过空间、色彩、光线的艺术处理，让客人在此可以随意畅想，犹如身处梦幻之中。

8）海底世界主题客房

这种主题客房以海底世界的特殊氛围吸引着客人，以海蓝色为主要色彩基调，并在客房中陈放巨大的透明玻璃鱼缸，各种色彩与形状的观赏鱼在随意地游动，形成一组美丽奇异的景观。

9）太空主题客房

太空世界的神秘也是大多数人所向往的，太空主题客房形似太空船，整体的布置效果使人感到乘着飞船在太空中翱翔。

2. 照明

在一般情况下，客房内的照明过于明亮或过于暗淡都不好。照明在营造客房氛围的装饰效果上，以及在突出豪华气氛的效果上起着重要作用。设计客房照明的出发点是为了营造客房氛围，有必要使总体照明的亮度仅仅达到能够确认室内物品的程度，而根据需要集中照亮某一处的做法。所以，目前通行的做法是设置总体照明的设备和只照亮某一部分的局部照明设备。注重照明的功能性、实效性和艺术性，采用富有层次和节奏的照明，合理设计客房不同功能区域的照明环境，在发挥最佳照明作用的同时，又充分地节省能源。

1）照明设计的原则

（1）功能性原则。灯光照明设计必须符合功能的要求，根据不同的空间、不同的场合、不同的对象选择不同的照明方式和灯具，并保证恰当的照度和亮度。

（2）美观性原则。灯光照明是装饰美化环境和创造艺术气氛的重要手段。为了对室内空间进行装饰，增加空间层次，渲染环境气氛，采用装饰照明，使用装饰灯具十分重要。灯具不仅起到保证照明的作用，而且十分讲究其造型、材料、色彩、比例、尺度，灯具已成为室内空间的不可缺少的装饰品。灯光设计师通过灯光的明暗、隐现、抑扬、强弱等有节奏的控制，充分发挥灯光的光辉和色彩的作用，采用透射、反射、折射等多种手段，创造温馨柔和、宁静幽雅、怡情浪漫、富丽堂皇、欢乐喜庆等艺术情调气氛，为人们的生活环境增添了丰富多彩的情趣。

(3) 经济性原则。灯光照明并不一定以多为好，以强取胜，关键是科学合理。灯光照明设计是为了满足人们视觉生理和审美心理的需要，使室内空间最大限度地体现实用价值和欣赏价值，并达到使用功能和审美功能的统一。华而不实的灯饰非但不能锦上添花，反而画蛇添足，同时造成电力消耗、能源浪费和经济上的损失，甚至还会造成光环境污染而有损身体的健康。

(4) 安全性原则。灯光照明设计要求绝对的安全可靠。由于照明来自电源，必须采取严格的防触电、防断路等安全措施，以避免意外事故的发生。

此外，照明设计还应体现舒适性和艺术性原则。

2) 照明设计的主要内容

(1) 投光范围。可以分为总体照明（按照相同的亮度，照射室内全部空间的照明称之为总体照明，其光源是以一定的高度和一定的间隔配置。）、局部照明（用于对室内必要的区域进行部分照明的场合，例如写字台、床头、壁柜内等。）、直接照明（指由光源向下直射的照明。）、间接照明（指将从光源散发的光向上照射，再柔和地反射到向室内照明。）等。

(2) 灯具的选择。可以分为吸顶灯、壁灯、落地灯、台灯等多种，每种灯具都用于特定的照明。

(3) 照明度。客房的照明度可以自由调节，以吊灯最强，落地灯和壁灯次之，夜灯最弱。

小资料

遥控灯光系统在高档宾馆客房的应用

现在市场上使用的宾馆房间灯光控制系统主要分为两种。一种是开关、旋钮面板式，一般固定在床头柜上。这是最原始的方式，可实现的功能也最少。另一种是微电脑控制器，其外观为一个小控制盒，一面有按键，控制盒通过电缆与主机连接，实现有限距离内（受电缆长度的限制，一般小于1米）对房间内的灯光、电器实现有线遥控。此外，最近几年国际上出现了一种方式全新的、完全无线遥控的宾馆客房灯光控制系统，客人在房间里利用小巧的遥控器，就可以对灯具进行方便的开关和调光控制。以下是对有线和无线灯光控制系统的分析比较。

(1) 从使用效果上考虑：安装使用了无线遥控系统的宾馆的客人反馈，均认为此产品操作简单，使用方便，提高了饭店的档次。

(2) 从加强饭店竞争能力，提高服务形象方面考虑：如果宾馆利用改建的机会率先使用档次更高、性能价格比更好的无线遥控系统，饭店的硬件水平会更上一层楼，从而发扬自己的特色。同时，此项投资能直接使入住的客人感觉到，并因此受益，有利于传播和提高饭店的形象和保持自己的服务特色。

(3) 从技术上讲：有线遥控属于逐渐被淘汰的技术。

(4) 从使用范围的角度考虑：有线遥控的有效距离完全取决于电缆的长度，一般不能超过1米，而无线遥控则很容易地达到20米，并且遥控器不需要指向接收窗就可以遥控。

(5) 从使用方便的角度考虑：有线遥控在1米范围内，使用效果与无线遥控没有差别，但距离一旦拉长则远不如无线遥控方便。

(6) 从使用中抗损坏的角度考虑：有线遥控的控制盒上的按键是由PVC塑料薄膜和机械开关构成的，时间长了容易损坏按键外表，进而使按键失灵，而无线遥控发射器小巧坚固，远比有线遥控的控制盒耐用。

(7) 从运行费用的角度考虑：因无线遥控使用了超大规模集成电路，故障率低，相应的维修费用也低，而且设计时充分考虑了实际使用环境的因素，对容易发生故障的器件均采用快速插接件固定，一旦发生故障，电工可以简单地拔掉已坏器件，再插上新元件，从而彻底改变了传统的修理方式（即将整机拆下，带回维修间，用电烙铁焊下坏元件，再焊上新元件，然后再到现场安装。），可以更快地对故障做出反应，同时缩短了维修时间，提高客人对宾馆服务的印象。这样，以往需带回维修间的工作在现场就可以完成。

(8) 从长远发展的角度考虑：采用无线遥控系统，为将来各房间组网提供了可能性。组网后，只需一名工作人员通过计算机，就可以及时知道所有房间的客人进入和离开房间的时间，为及时打扫房间提供方便，同时提高了服务员的工作效率。

以下是已在国内投产的一种多功能遥控系统的简介。

该系统利用一个遥控器就可以方便地控制房间内的电灯、电视及其他所有电器。客人可以在房间的任何位置对电器及灯光进行方便的控制。

该系统灵敏度高，抗干扰性好，在房间内遥控器不需指向接受窗即可遥控。灯光控制可以设定为开关型、软开关型和调光型。软开关功能只需按一次键就可以使灯光强度自动逐渐变暗或变亮，单键调光功能更是只用一个按键就可以对灯的亮度变化进行方便遥控，从而彻底改变了现行的“微电脑客房控制器”只限于在床头柜附近使用、使用范围小、面板易损坏的弊端，真正给客人提供随心所欲、宾至如归的感觉。宾馆只用很少的资金投入，就可将硬件快速升级，提高服务档次。

3. 色彩

色彩是客房装饰诸要素中最重要的因素，它不仅决定客房氛围，还能修饰或夸张客房的大小、形态及与其他区域自然条件的关系等。色彩可以给人们带来重要影响，可以使客人感到兴奋或压抑，也可使客人感到幸福、快乐或冷淡、悲哀，还可以使客人觉得房间温暖或凉爽。所以说，为客房选择恰当的色彩或选择各种色彩的连贯性和协调性并非简单、容易之事。

1）色彩的构成

色彩一般分为无彩色和有彩色两大类。无彩色是指白、灰、黑等不带颜色的色彩，即反射白光的色彩。有彩色是指红、黄、蓝、绿等带有颜色的色彩。室内环境色彩可分为背景色彩、主体色彩、点缀色彩3个主要部分。

(1) 背景色彩。常指室内固有的天花板、墙壁、门窗、地板等设施的大面积色彩。根据色彩面积的原理，这部分色彩宜采用低彩度的沉静色彩，如采用某种倾向于灰调的较微妙的颜色，使它能够发挥其作为背景色的衬托作用。

（2）主体色彩。是指可以移动的家具、织物等中等面积的色彩。实际上是构成室内环境的最重要部分，也是构成各种色调的最基本的因素。

（3）点缀色彩。是指室内环境中最易于变化的小面积色彩，如壁挂、靠垫、摆设品的色彩，往往采用最为突出的强烈色彩。

2）色彩的对比

在一定条件下，人对同一色彩有着不同的感受。在不同的环境下，色彩单一给人一种印象，多色彩则会给人另一种印象。色彩之间这种相互作用的关系称为“色彩对比”。

两种以上的色彩，以空间或时间关系相比较，能够比较出明显的差别，并产生比较作用，被称为色彩对比。色彩对比包括两方面：一是时间隔序，称“同时发生的对比”；二是空间位置，称“连贯性的对比”。对比本来是指性质对立的双方相互作用、相互排斥。然而，在某种条件下，对立的双方也会相互融合、相互协调。并置的不同色调往往相抵消对方的色彩，这种相互抵消的现象称为“同化现象”。

（1）色相对比。色相对比是因色相之间的差别形成的对比。当主色相确定后，必须考虑其他色彩与主色相是什么关系，要表现什么内容及效果等，这样才能增强其表现力。将相同的橙色，放在红色或黄色上，将会发现，在红色上的橙色会有偏黄的感觉，因为橙色是由红色和黄色调成的，当其与红色并列时，相同的成分被调和而相异成分被增强，所以看起来比单独使用时偏黄。以其他色彩比较也会有这种现象。除了色感偏移之外，对比的两色有时会发生互相渗色的现象，而影响相隔界线的视觉效果。当对比的两色具有相同的彩度和明度时，对比的效果越明显。两色越接近补色，对比效果越强烈。

（2）明度对比。明度对比是因明度之间的差别形成的对比。柠檬黄明度高，蓝紫色的明度低，橙色和绿色属中明度，红色与蓝色属中低明度。将相同的色彩放在黑色和白色上，比较色彩的感觉，会发现放在黑色上的色彩感觉比较亮，放在白色上的色彩感觉比较暗，而且明暗的对比效果非常强烈明显。明度差异很大的对比，会让人产生不安的感觉。

（3）纯度对比。一种颜色与另一种更鲜艳的颜色相比时，会感觉不太鲜明，但与不鲜艳的颜色相比时，则显得鲜明，这种色彩的对比就称为纯度对比。

（4）补色对比。将红与绿、黄与紫、蓝与橙等具有补色关系的色彩彼此并置，使色彩感觉更为鲜明，纯度增加，称为补色对比。

（5）冷暖对比。由于色彩感觉的冷暖差别而形成的色彩对比，称为冷暖对比。红、橙、黄使人感觉温暖；蓝、蓝绿、蓝紫使人感觉寒冷；绿与紫介于其间。另外，色彩的冷暖对比还受明度与纯度的影响，白光反射高而感觉冷，黑色吸收率高而感觉暖。

3）色彩的表现手法

人的色感可用色彩三属性——色相、明度、色饱和度来表示。只有彩色才具有色相要素。色相指的是红、蓝、黄、绿等彩色，无彩色没有色相。明度是指色彩的明亮程度，白色的亮度最高，而黑色的亮度最低。在黑色与白色之间排列明亮程度不同的灰色，就显出亮度的层次。颜色和鲜明程度被称为色饱和度。色饱和度高的颜色，其色相更清楚。在同一色相中，色饱和度高的颜色为该色彩的纯色。不过三属性毫无差异的同一色彩会因所处位置、背景物的不同而给人截然相反的印象。以蓝色编织物和蓝色木地板为例，假定它们的三属性相同，但在观赏者的眼中，编织物的色彩与木地板的色彩毫无共同之处。这种现象称为"色彩的表现形式"。色彩的表现形式包括面色、表面色、空间色等。面色又称"管窥色"，如天空色彩平平展展，缺乏质感，给人柔软的感觉。表面色指物体的表面色彩。表面色依距离远近给人不同的质感。空间色又称"体色"，似充满透明玻璃瓶中的带色液体，是指弥漫空间的色彩。

4）色彩的物理特性

色彩对人引起的视觉效果反应在物理性质方面，如冷暖、远近、轻重、大小等，这不但是由于物体本身对光的吸收和反射不同的结果，而且还存在着物体间的相互作用关系所形成的错觉。色彩的物理作用在客房设计中可以大显身手。

（1）色彩的冷暖——温度感。物体通过表面色彩可以给人们或温暖或寒冷或凉爽的感觉。一般说来，温度感是通过感觉器官接触物体而来，与色彩风马牛不相及。事实上，各类物体借助五彩缤纷的颜色给人一定的温度感觉。红、橙、黄等颜色使人想到阳光、烈火，故称"暖色"。绿、青、蓝等颜色与黑夜、寒冷相联系，称"冷色"。红色给人积极、温暖的感觉；蓝色给人冷静、消极的感觉；绿色与紫色是中性色彩，刺激小，效果介于红与蓝之间。中性色彩使人产生休憩、轻松的情绪，可以避免产生疲劳感。

人对色彩的冷暖感基本取决于色调。色系一般分为暖色系、冷色系、中性色系三类。色彩的冷暖效果还需要考虑其他因素。例如，暖色系色彩的饱和度愈高，其温暖的特性愈明显；而冷色系色彩的亮度愈高，其凉爽的特性愈明显。

（2）色彩的轻重感觉——重量感。各种色彩给人的轻重感不同，从色彩得到的重量感，是质感与色感的复合感觉。例如，两个体积、重量相等的箱子分别涂以不同的颜色，然后用手提、目测两种方法判断箱子的重量。结果发现，仅凭目测难以对重量做出准确的判断。可是，利用目测箱子的颜色却能够得到：浅色密度小，有一种向外扩散的运动现象，给人质量轻的感觉；深色密度大，给人一种内聚感，从而产生分量重的感觉。有些特殊家具的式样、边角和构造，可使家具显得沉重或轻便。色彩的重量感主要取决于明度和纯度，明度和纯度高的显得轻，如桃红、浅黄色。在室内设计的构图中，常以此达到平衡和稳定的需要，以及表现性格的需要，如轻飘、庄重等。

（3）色彩的膨胀与收缩——尺度感。比较两个颜色一黑一白而面积相等的正方形可以发现有趣的现象，即大小相等的正方形，由于各自的表面色彩相异，能够赋予人不同的面积感觉：白色正方形似乎较黑色正方形的面积大。这种因心理因素导致的物体表面面积大于实际面积的现象称为"色彩的膨胀性"，反之称为"色彩的收缩性"。给人一种膨胀或收缩感觉的色彩分别称做"膨胀色"、"收缩色"。色彩的胀缩与色调密切相关，暖色属膨胀色，冷色属收缩色。

色彩对物体大小的作用包括色相和明度两个因素。暖色和明度高的色彩具有扩散作用，因此物体显得大；而冷色和暗色则具有内聚作用，因此物体显得小。不同的明度和冷暖有时也可以通过对比作用显示出来。室内不同家具、物体的大小和整个室内空间的色彩处理有密切的关系，可以利用色彩来改变物体的尺度、体积和空间感，使室内各部分之间关系更为协调。

（4）色彩的前进性与后退性——距离感。如果等距离地看两种颜色，可给人不同的远近感。例如，黄色与蓝色以黑色为背景时，人们往往感觉黄色距离自己比蓝色近。换言之，黄色有前进性，蓝色有后退性。较底色突出的前进性的色彩称“进色”，较底色暗淡的后退色彩称“退色”。

一般而言，暖色比冷色更富有前进的特性。两色之间，亮度偏高的色彩呈前进性，饱和度偏高的色彩也呈前进性。但是色彩的前进与后退不能一概而论，色彩的前进、后退与背景色密切相关，如在白背景前，属暖色的黄色给人以后退感，属冷色的蓝色却给人以向前扩展的感觉。

色彩可以使人感觉进退、凹凸、远近的不同：一般暖色系和明度高的色彩具有前进、凸出、接近的效果；而冷色系和明度较低的色彩则具有后退、凹进、远离的效果。室内设计中常利用色彩的这些特点去改变空间的大小和高低。

（5）色彩的艳丽与素雅。一般认为：如果是单色，饱和度高，则色彩艳丽；饱和度低，给人素雅的感觉。除了饱和度，色彩的艳丽与素雅也与亮度也有一定的关系。不论什么颜色，亮度高时即使饱和度低，也给人以艳丽的感觉。综上所述，色彩是否艳丽、素雅，取决于色彩的饱和度，亮度尤为关键。高饱和度、高亮度的色彩显得艳丽。

混合色的艳丽与素雅取决于混合色中每一单色本身具有的特性及混合色各方的对比效果，所以对比是决定色彩艳丽与素雅的重要条件。此外，结合色彩心理因素，艳丽的色彩一般和动态、快活的感情关系密切，素雅与静态的抑郁感情紧密相连。

5）色彩的含义和象征性

除了上面讲述的色彩的几种特性之外，色彩的特性还包括联想及象征意义。人们对不同的色彩会表现出不同的好恶，这种心理反应，常常是因人们的生活经验、利害关系及由色彩引起的联想造成的，此外也与人的年龄、性格、素养、民族、习惯分不开。例如：看到红色，联想到太阳、万物生命之源，从而感到崇敬、伟大，也可以联想到血，感到不安、野蛮，等等；看到黄绿色，联想到植物发芽生长，感觉到春天的来临，于是黄绿色代表青春、活力、希望、发展、和平，等等；看到黑色，联想到黑夜、丧事中的黑纱，从而感到神秘、悲哀、不祥、绝望，等等；看到黄色，似阳光普照大地，感到明朗、活跃、兴奋。人们对色彩的这种由经验感觉到主观联想，再上升到理智的判断，既有普遍性，也有特殊性；既有共性，也有个性；既有必然性，也有偶然性，其虽有正确的一面，但并未被科学所证实。因此，在进行选择色彩作为某种象征和含义时，应该根据具体情况具体分析。

（1）红色。红色是所有色彩中视觉感觉最强烈和最有生气的色彩，它有强烈地促使人们注意和似乎凌驾于一切色彩之上的力量。它炽烈似火，壮丽似日，热情奔放如血，是生命崇高的象征。红色的象征意义包括热情、活泼、热闹、革命、温暖、幸福、吉祥、危险等。红色的这些特点主要表现在高纯度时的效果，当其明度增大转为粉红色时，就戏剧性地变成温柔、顺从和女性的性质。其与黑色相配，可形成豪华的气氛。

（2）橙色。橙色比三原色中的红色要柔和，但亮橙色仍然富有刺激性和兴奋性，浅橙色使人愉悦。橙色常象征活力、光明、华丽、兴奋、甜蜜、快乐等。

（3）黄色。黄色在色相环上是明度级最高的色彩，它光芒四射，轻盈明快，生机勃勃，具有温暖、愉悦、提神的效果。常为积极向上、进步、文明、光明、明朗、愉快、高贵、希望、发展、注意的象征，但当它浑浊时，就会显得病态和令人作呕。

（4）绿色。绿色是大自然中植物生长、生机盎然、清新宁静的生命力量和自然力量的象征。从心理上，绿色令人平静、松弛而得到休息。绿色具有新鲜、平静、安逸、和平、柔和、青春、安全、理想等象征意义。其与金黄、淡白搭配，产生优雅、舒适的气氛。

（5）蓝色。蓝色从各个方面都是红色的对立面：在外貌上，蓝色是透明的和潮湿的，红色是不透明的和干燥的；从心理上，蓝色是冷的、安静的，红色是暖的、兴奋的；在性格上，红色是粗犷的，蓝色是清高的。蓝色象征安静、清新、舒适、沉思、深远、永恒、沉静、理智、诚实、寒冷等。其与白色混合，能体现柔顺、淡雅、浪漫的气氛，给人平静、理智的感觉。

（6）紫色。紫色是红青色的混合，是一种冷红色和沉着的红色，它精致而富丽，高贵而迷人。偏红的紫色，华贵艳丽；偏蓝的紫色，沉着高雅，常象征尊严、孤傲或悲哀。紫罗兰色是紫色的较浅的阴面色，是一种纯光谱色相，紫色是混合色，两者在色相上有很大的不同。紫色象征优雅、高贵、魅力、自傲、轻率、神秘等。

（7）白色。在商业设计中，白色具有高级、科技的意象，通常需要与其他色彩搭配使用，纯白色会带给人寒冷、严峻的感觉。所以，在使用白色时，都会加入一些其他的色彩，如象牙白、米白、乳白、苹果白。白色代表纯洁、纯真、朴素、神圣、明快、柔弱、虚无等。

（8）黑色。黑色给人以沉重、庄严和肃穆的感觉，一般只作配色，不单独使用。黑色与其他色彩搭配，可以产生更加鲜明和明快的感觉。黑色象征崇高、严肃、刚健、坚实、粗莽、沉默、黑暗、罪恶、恐怖、绝望、死亡等。

在色彩的应用上没有规则和定式，但在搭配上应注意同类色、类似色、对比色、无彩色和有彩色的搭配。选择色彩的两个最基本的共同点是使用相关颜色的标准色样或对照色的标准色样。用于墙面、地面和天棚等背景面的颜色应选用主调色彩，为了强调装饰要素应选用对照色。阴暗或明亮的主调颜色通常用于家具或织物上。如果要表现强烈效果时，可采用单色处理房间内面，但是不应忘记色彩明暗的变化和浓淡的微妙调和之奇效。

客房的大小及形态是影响色彩选择的重要因素。充分应用明亮而清爽的色彩和色彩的对照技巧，会使狭小的客房空间显得宽敞一些；相反，明亮又宽敞的客房应采用亮而暖的颜色或者选用大图案和明亮颜色会好一些。要想使客房看起来高一些 就要强调垂直要素的效果。

在调和客房的形状、朝向与所在位置上的氛围方面，色彩的选择仍然很重要。橙色、黄色、红色等暖色与背阴的房间相配；蓝色、草绿色等冷色经常用于面向西和南的客房。

4. 家具

在客房布置中，家具的色彩同样起着举足轻重的作用。其一，家具除了具备贮藏物品的特殊功能外，优美的造型款式、悦目宜人的色彩，使人的脑力和体力的疲劳得到心理上的缓解；其二，家具有装饰空间的功能，故其又有审美价值，所以家具有着适用与装饰的双重功效。家具的选择与布置要与客房的装饰布置协调。在功能要求上，家具要注意实用舒适、质地坚实；在美观要求上，家具配备应造型优美，统一配套，做到风格统一、式样统一、色调统一。

家具是室内陈设艺术中的主要构成部分，它首先是因实用而存在的。随着时代的进步，家具在具有实用功能的前提下，其艺术性越来越为人们所重视。从家具的分类与构造上看，可分为两类：一类是实用性家具，包括坐卧性家具和贮存性家具，如床、沙发、衣柜等；另一类是观赏性家具，包括陈设架、屏风等。客房家具要根据室内功能、房间面积、家具数量、客房朝向、门窗位置等具体情况进行整体设计，做到既有规律又有变化，美观适用，使室内空间构图轻松活泼，产生亲切、恬静、典雅、舒适的生活气氛。

1）客房家具布置的基本手法

（1）对称与自由。对称与自由要根据客房家具数量、功能分区、家具造型等具体情况灵活掌握，要因地、因店、因分区功能不同而变化。例如：标准客房的两张床放在靠墙一面形成对称格局；会客室的两张小沙发和中间的长沙发互相配合，形成对称格局；书房的写字台、书架、电视机等根据房间形状而放在某一部位，相对比较自由，显得轻松活泼。

（2）分散与集中。客房家具设备因分区功能不同，采用分散与集中的艺术处理手法，可以更好地强调分区功能的作用，提高有限空间的利用效果。例如：卧室的睡眠区，床的面积最大，一般床、床头柜靠墙一面相对集中，而写字台、圈椅、行李架等就显得分散。这样，通过分散和集中的艺术处理，更好地为分区功能服务。

（3）高低起伏。客房家具用具较多，高低大小和家具造型各不相同。运用高低起伏的艺术处理手法，可以丰富室内空间构图形象，显得更加美观舒适。例如，卧室中高于床铺的床头柜放在两张床之间，再配上大床头板；梳妆台的框架镜面和座椅、台面也形成高低起伏的格局。

（4）对比和映衬。对比和映衬主要通过室内家具设备和生活用品的色彩、质地、触感、纹理等的变化来反映。各种家具用品在选好主色调的同时，要注意选用陪衬色调。例如，客房墙纸的色彩如果以淡色调为主，家具色彩就应以深一些为佳，地毯的颜色可以和家具颜色相衬托。

（5）掌握通道尺度。为了保证客人走动和使用方便，在运用布置手法时，还要掌握各种家具用具之间的通道尺度。例如，各种家具靠墙的一面，一般也应留出 5 ～ 10 cm 的距离。一般家具之间的最小通道尺度在 55 ～ 65 cm 之间，高家具之间的通道尺度在 65 ～ 85 cm 之间。如果一边是家具，一边是墙，中间的通道尺度则更宽，有的可在 90 ～ 105 cm 之间。

2）家具的布局

客房家具的摆放必须选择合理的布局，并解决平面和立面协调等问题。家具的布局有两种形式：一为规则式，二为自由式。不同的布局有其下同的特点。

规则式多以对称的形态出现，其特点是室内明显体现空间的轴线及其对称状态。规则式的格局给人以庄重、严肃和平稳的感觉。自由式是以一种既有变化，又有规律的不对称，均衡安排家具的形式。它是由一种不明显的空间轴线来支配室内各个部分布局的。这种布局给人的感觉是活泼、轻松而又亲切，往往能与室内空间相结合，有效地解决功能的问题，并适合当今建筑特点，现今客房的家具布置主要采用这一方式。

家具的平面布局不仅要注意视觉上的美观，更要注重使用功能上的便利，需要注意家具位置、进出线路、疏密有致、凹凸处理等方面。家具的立体布局要注意体现错落感及家具与门、窗、壁饰的关系等。

5. 陈设

客房室内陈设布置除家具外，还包括起装饰作用物品的陈设布置，如布件、装饰织物、艺术品、植物等。客房室内陈设布置的运用，要坚持以功能需要为主，做到舒适、美观、方便、亲切，具有家居气氛，形成功能和美感的统一。

1）室内陈设品在客房装饰布置中的作用

（1）烘托室内气氛，创造环境意境。气氛即内部空间环境给人的总体印象，如欢快热烈的喜庆气氛、亲切随和的轻松气氛、深沉凝重的庄严气氛、高雅清新的文化艺术气氛，等等。而意境则是内部环境所要集中体现的某种思想和主题。与气氛相比较，意境不仅被人感受，还能引人联想，给人启迪，是一种精神世界的享受。

（2）创造二次空间，丰富空间层次。由墙面、地面、顶面围合的空间称之为一次空间。由于它们的特性，一般情况下很难改变其形状，除非进行改建，但这是一件费时、费力、费钱的工程。而利用室内陈设物分隔空间就是首选的好办法。这种在一次空间中划分出的可变空间，被称为二次空间。在室内设计中利用家具、地毯、绿化等陈设创造出的二次空间，不仅使空间的使用功能更趋合理，更能为人所用，而且使室内空间更富层次感。作为织物类的地毯可以创造象征性的空间，也称“自发空间”。在同一室内，有无地毯或地毯质地、色彩不同的地面上方空间，便从视觉上和心理上划分了空间，形成了领域感。例如，豪华的总统套房往往在铺满地毯的上方，在会客的环境区域，再铺上精致的手工编织地毯，除了起到划分空间的作用，同时也形成室内的重点，或成为室内的重点。

（3）强化室内环境风格。陈设艺术的历史，是人类文化发展的缩影。不同时期的文化赋予了陈设艺术不同的内容，也造就了陈设艺术多姿多彩的艺术特性。室内空间有不同的风格，如古典风格、现代风格、中国传统风格、乡村风格、朴素大方的风格、豪华富丽的风格……陈设品的合理选择对室内环境风格起着强化的作用。因为陈设品本身的造型、色彩、图案、质感均具有一定的风格特征，所以它会进一步加强室内环境的风格。

(4) 柔化空间，调节环境色彩。植物、织物、观赏品等陈设品的介入，无疑使空间充满了柔和与生机、亲切和活力。如今，人们越来越重视“以人为本”的设计，注重与自然相结合。植物作为自然的一部分，被大量地运用到室内空间中。室内的绿化不仅能改善室内环境、气候，同时也是用来柔化空间、增添空间情趣的一种手段。例如，广州某宾馆的中庭，陈设了一组以“故乡水”为主题的室内山水，陈设中的山水与百舸争流的滔滔沙面水景，以及沙面园林绿化呼应协调，室内外空间环境与陈设交相结合、水乳交融。在这样的环境下，人们的心情得到了愉悦，满足了观赏者和使用者的心理需求，使人流连忘返，给人留下美好的印象。织物一般质地柔软，手感舒适，易于产生温暖感，使人亲近。天然纤维棉、毛、麻、丝等织物来源于自然，易于创造富于“人情味”的自然空间，从而缓和室内空间的生硬感，起到柔化空间的作用。同时也增添了室内空间的色彩。

室内环境的色彩是客房环境设计的灵魂，客房环境色彩对室内的空间感度、舒适度、环境气氛、使用效率及对人的心理和生理均有很大的影响。在一个固定的环境中，最先进入人们视觉感官的是色彩，而最具有感染力的也是色彩。不同的色彩可以引起不同的心理感受，好的色彩环境就是这些感觉的理想组合。人们从和谐悦目的色彩中产生美的遐想，化境为情，大大超越了室内空间的局限。

陈设品的色彩既作为主体色彩而存在，又作为点缀色彩而存在。可见室内环境的色彩有很大一部分是由陈设品决定的。室内色彩的处理，一般应进行总体控制与把握，即室内空间的色彩应统一协调，但过分统一又会使空间显得呆板、乏味。陈设品的运用，点缀了空间，丰富了色彩。陈设品千姿百态的造型和丰富的色彩赋予室内环境以生命力，使环境生动活泼起来。需要注意的是，切忌为了丰富色彩而选用过多的点缀色，这将使室内显得凌乱。应充分考虑在总体环境色协调的前提下适当地点缀，以便起到画龙点睛的作用。

(5) 反映民族特色，陶冶个人情操。中华民族具有自己的文化传统和艺术风格，同时其内部各个民族的心理特征与习惯、爱好等也有所差异，这一点在陈设品中应予以足够的重视。格调高雅、造型优美、具有一定文化内涵的陈设品使人怡情悦目，陶冶情操，这时陈设品已超越其本身的美学界限，而赋予室内空间以精神价值，如在客房中摆设根雕、国画、工艺品等。这些陈设品的放置，营造出一种文化氛围，使客人以在此休息为乐。

陈设品之于客房环境，犹如公园里的花草树木、山石、小溪、曲径、水榭，是赋予室内空间生机与精神价值的重要元素。室内空间如果没有陈设品，将显得乏味和缺乏活力，犹如仅有骨架而没有血肉的躯体一样，是不完善的空间。可见，室内陈设艺术在客房设计中占据重要的位置。

2）客房纺织品的配套设计

客房软环境的营造，是室内空间、家具摆设和纺织品综合配套设计的结果。它们的形态和功能虽然各具特点，但都共处一个室内空间，统一在整体的共性要求之中。在造型色调、布局等方面彼此协调、互为衬托。在客房环境设计中，任何一个因素发生偏差，都有可能影响客房装饰布置的整体效果。因此，在客房软环境设计中，要把各类纺织品组合为形、色、质等高度统一的整体。在这个统一体中，每个独立的部件都应在整体效果的需求下，充分发挥各自的优势。

目前，织物已渗透到客房环境设计的各个方面。在现代室内设计环境中，织物使用的多少，已成为衡量室内环境装饰水平的重要标志之一，它包括窗帘、床罩、地毯、帷幔等软性材料。这些物品数量品种多、覆盖面积大，既有实用价值，又具有装饰美化房间的作用。客房布件和装饰织物的陈设艺术，主要是通过它们的样式、色彩、质感、质地、花纹、触感等的对比和协调来增强室内环境艺术气氛，提高室内空间的构图形象的美感作用，为客人提供舒适的氛围。客房纺织品配套设计是通过色彩调和配套、主导产品的均衡配套、风格情调配套，使同一花型、同一色彩在客房内各种织物的图案或款式中或多或少地反复出现，在视觉上产生连贯性，这种连贯性使人在视觉中产生美的韵味及和谐的美感。这种强烈的艺术感染力所营造的客房环境的意境和气氛，在人的心灵上产生刺激性的美感及舒适宜人的视觉感、触觉感，这是单个的纺织品和其他硬质材质无法达到的装饰效果。由此可见，客房纺织品配套设计不仅已上升到了室内整体设计的高度，而且在配套的含义上更具备一定的深度和广度。也就是说，它不仅要求纺织品本身的每一个独立局部与整个系列相配套，而且必须与客房装饰布置的整体环境气氛相配套。客房纺织品的配套设计，通过各种配套法则，构筑了不同生活习惯与审美意识的人们所追求的各种生活环境。通过这样的设计，在室内创造了高雅、富丽、质朴、温馨、肃穆的环境气氛。客房纺织品配套设计从设计构思上要求从一般的单纯的图案题材选择、一般的气氛要求和一般的色彩情调上升到客房整体设计的艺术意境的构思，进而升华到艺术表现的一定高度。也就是说，通过客房纺织品的配套设计，创造出在使用功能前提下美的意境空间，以满足各种层次与需求的客人在不同阶段和不同环境中的审美和实用要求。

另外，客房纺织品的设计，除了在图案设计中需要考虑平面或立体的表现手法之外，还要考虑在整体款式设计中的配合，同时还要研究纺织品图案和款式的完美形态依附于环境及装饰实体后所产生的形态变异。如窗帘的设计，当它从窗架垂挂下来，在微风中所产生的飘逸感和那种自然悬垂的皱折，使原来的图案和款式的美感又得到了升华。

窗帘的作用在于遮光、遮掩、保温等，一般宜有两层。外层质地厚，遮挡光线，内层质地薄、透明，可调节光线，美化房间。窗帘一般有纱帘、绸帘、尼龙等多种。纱帘稀疏轻柔、薄如蝉翼，不仅可以丰富室内空间气氛，而且可以减弱室内明暗对比，使室内外景物互渗互借，气氛柔和含蓄，使客房更具浓厚和温暖亲切的生活气氛，一般适用于高档客房。绸帘以丝绸为原料，具有半透明性质，主要取其织纹稠密、纹样清晰、材质柔韧而无强烈反映的质地，一般以白色为主。尼龙帘的作用是保暖隔音好，可以更好地遮蔽光线。同时，尼龙帘纹理变化多、质感好、经久耐用，可以与纱帘、绸帘在质感上起对比作用。在客房卧室中，床罩占用面积较大，主要起装饰美化房间的作用。选择时要求面积大、质感好，色彩要与客房室内主色调相衬。地毯的选择要考虑图案与色彩，使之起到烘托空间气氛和集聚、组合室内陈设艺术的构图作用。植物引进客房环境中，不仅起到装饰的效果，还能给客房环境带来自然的气氛。要根据南北方气候的不同和植物的特性，在客房内放置不同的植物，这样可以起到净化空气、调节气候、组织空间、引导空间、美化环境、陶冶情操等作用。在手法上可以采用重点装饰、边角点缀、组成背景、形成对比、结合家具、陈设等方式布置绿化。工艺品包括绘画、雕刻、古玩等，在处理手法上，要重视其与客房整体装饰风格的和谐，使其造型、色彩、质感、视觉感等美感作用与墙面、地面、家具相适应，并注意掌握摆放的位置，增加客房的高雅气氛，提高客房的等级规格。

总之，陈设艺术的范畴非常广泛，内容极其丰富，形式也丰富多彩。陈设品作为室内环境的重要组成部分，在客房环境中占据着重要地位，也起着举足轻重的作用。

小资料

客房产品与服务的定制

饭店客人最基本的需求是住宿和饮食，因此客房产品与服务是饭店产品与服务的最重要组成部分。饭店如何通过为客人提供安全、清洁、美观、舒适、方便的客房产品和细心、周到的服务，在满足客人住宿与服务基本需求的同时满足客人的个性需求，让客人感受到客房的温馨，并有“家”的感觉呢?

定制化的目的和作用

不同的客人对住宿与服务的基本需求也许相同，但因不同的工作、生活和风俗习惯，还会有不同的个性需求。每个客人在住宿的时候，对客房的大小、风格、氛围、用品功能、休闲娱乐等方面要求和喜好各不相同。若能通过对客房产品与服务的定制，让客人选择自己喜欢的客房产品和服务，就能最大限度地满足客人的个性需求，最终使客人对住宿和服务感到满意。

在激烈的市场竞争中，饭店若能通过实施客房产品与服务的定制化策略，对不同的定制收取不同的房价，既可满足高消费、高档次客人的需求，又可满足低消费、低档次客人的需求，无疑可以扩大饭店在社会上的影响，促进客房销售，提高客房出租率。

实施客房产品与服务的定制化策略，要求饭店要有较先进的计算机网络预订系统、数量种类较多和较完备的各种客房用品、较快速的服务反应机制和跟进机制，以及较好的饭店内外协调能力。为确保客房产品与服务定制化策略的顺利实施，饭店势必要努力去创造实施的前提条件，满足定制化策略实施的各种硬件设施和软件服务的要求。在这个过程中，饭店的服务质量和管理水平会得到较大促进和提高。

定制化的具体内容

饭店可以为客人提供以下几个方面的定制内容，以营造温馨、舒适的家庭氛围。

(1) 灯光。根据客人的不同爱好，可以选择不同的灯光颜色和亮度及台灯灯具，这些在客人预订客房的时候或办理入住登记时，可以根据客人爱好进行定制。客人入住客房时，服务员已经为其摆放好定制的灯具或更换好灯泡，客人只要打开灯光按钮即可。如果客人对某一台灯的灯光还不满意的话，可以随时要求服务员更换。

(2) 壁画。饭店可以提供各种系列的壁画供客人选择，客人通过酒店提供的“壁画图册”或通过预订网络的计算机进行选择和定制。客人入住客房时，墙上已经挂上他所喜欢的壁画，若不满意还可以随时更换。

(3) 窗帘布。饭店提供各种图案、颜色、款式的窗帘布供客人选择，客人通过饭店提供的“窗帘布图册”，可以定制自己喜欢的窗帘布。

(4) 床上用品。饭店提供各种成套的床上用品，包括被套、床单、床罩、枕头、枕巾等供客人选择。客人可以选择色系、图案、质地、样式，同时考虑与房间内灯光、窗帘布的色调、风格相配套。

饭店还可以为客人定制安全、方便的“家庭”用具及用品。

(1) 电器用具。除电视为客房的必备配置外，客人还可以选择饭店配备的微型电器设备。新建三星级以上饭店及有条件的老饭店，应考虑为客人配备高清晰度的数字电视及机顶盒，方便客人收看、点播数字视频、数字电视节目及查看各种数字信息，包括客人入住的各种账单查询等。

(2) 电脑。饭店已经可以为每个客房配备全天24小时可以直接上网的宽带网接口和数字视频、信息接口，自带笔记本电脑的客人只要把线连上就可以直接上网，收看数字视频，查看数字信息，还可以进入饭店局域网提供的预订功能模块，在客房直接预订飞机票、车票、船票及订餐等。

(3) 迷你吧台用品。改变现有星级饭店统一为客房配备相同用品的做法，改由客人自己选择配备何种吧台用品。

(4) 洗漱用品。饭店提供各种品牌、各种系列的香皂、牙膏、牙刷、洗发液、淋浴液，洗脸的毛巾或洗澡用的浴巾，可以选择付费的一次性用品，也可以选择不另付费的由饭店统一配备的用品。拖鞋也可以有好几种款式供客人选择，有一次性付费的，也有一次性不付费的。

健康、休闲的“家庭”娱乐项目的定制

(1) 健身器材。客人可以根据个人需要在客房里选配一些小型、轻便的健身器材，也可以不选配健身器材。

(2) VOD点播。饭店提供菜单式的点播目录，有各种内容健康、明码标价的电影、纪录片、歌曲等，客人通过一个遥控器就可以进行点播。

(3) TV点播。客人根据个人需要点播当天某一时间、某一电视台的电视节目，只要时间一到，电视就自动转到客人点播的电视节目。如果因为忙，错过了收看某一电视节目，可以点播以前一个星期甚至一个月内的所有电视节目，使客人真正体会到点播TV就像点播VOD一样随心所欲。

(4) Radio点播。与TV点播类似，客人可以点播当天某一时间、某一广播电台播放的广播节目，也可以点播之前一星期甚至一个月内的各广播电台的广播节目。

定制贴身的管家服务

(1) 选择管“家”服务员。饭店可以挑选一批服务态度好、形象佳、业务工作能力强、综合素质高的男、女员工，担任管“家”服务员，身着标识制服，并佩戴管家服务员的标识徽章，以区别于饭店的其他服务人员。客人需要贴身管家服务时，可以挑选自己喜欢的服务员。

(2) 定制管“家”服务项目。除了传统的客房和贴身服务外，客人若需要其他服务，可随时与房务中心或贴身管家服务员联系，以增加服务项目。

(3) 确定管“家”服务的时间。客人可以选择全天候服务，或是某一时间段的服务，饭店根据服务项目多少及服务时间长短收取不同的服务费。

定制化的主要途径

电话语音提示会帮助客人完成整个预订过程，电脑也会自动把定制的内容记录下来，客人也可以选择人工服务，预订处服务员会帮助客人完成操作过程。

客人点击鼠标就可以很直观地通过网络进行客房产品与服务的定制。许多饭店已经把各种定制内容及项目输入计算机，客人定制完成后，计算机系统会报出综合报价，客人若不满意，还可以及时更改定制内容及项目。

饭店通过各种定制图册和在大堂放置的多媒体触摸屏，向客人展示定制内容及项目，客人选定后直接在办理 check-in 手续时定制自己喜欢的客房产品和服务。

定制化应遵循的几条原则

(1) 顾客为先的原则。饭店实施客房产品与服务定制化策略的主要目的是通过为客人提供个性服务，最终使客人感到满意，并能成为饭店的忠诚客人。因此，饭店在确定客房产品与服务定制内容和项目的时候，一切应从客人的角度出发，以方便客人、让客人满意为出发点。

(2) 量力而行原则。饭店实施定制化策略，需要投入大量的人、财、物力，还要求有较高的计算机信息技术，较好的服务协调能力和管理水平。各饭店应根据自身实际情况，量力而行，并由简单的定制开始，或仅在高档商务楼层实施客房产品与服务定制化策略。

(3) 物有所值原则。饭店实施客房产品与服务定制化策略后，对不同的定制收取不同的房价，但始终应围绕物有所值的原则进行定价，不能偏高，也不能偏低，应把握好一个“度”，对客人定制的项目与内容，能明码标价的应尽量明码标价，让客人消费得明明白白。

思考题

1. 客房有哪些种类？标准间的功能空间是如何划分的？
2. 客房功能设计的基本原则是什么？
3. 试述客房装饰布置的原则与基本手法。
4. 简述色彩在客房装饰布置中的应用。

第3章　客房卫生管理

学习目标

◎ 了解清洁剂及清洁保养知识。
◎ 熟悉客房清扫程序及要求。
◎了解客房计划卫生的内容及管理。
◎ 熟悉公共区域的清洁保养。
◎了解面层材料的清洁保养。
◎了解客房消毒和灭虫害工作。

客房部的工作重点是管理好饭店所有的客房及其设施设备，使之处于常新状态，这样才能保证客房周而复始地出租。清洁客房及楼层公共区域是客房服务员主要的日常工作，而加强对客房的卫生管理工作又是为宾客提供优质服务的必要保证。做好客房卫生管理，需掌握清洁剂及清洁保养知识。

3.1　清洁剂与清洁设备

做好客房的清洁保养工作，必须借助安全高效的清洁剂和现代化清洁器具。

3.1.1　清洁剂的种类及其用途

清洁剂的基本类型不外乎三种：酸性清洁剂、中性清洁剂和碱性清洁剂。

1. 酸性清洁剂

酸性清洁剂的PH值在1～6之间，通常为液体，也有少数为粉状。酸具有一定的杀菌除臭功能，主要用于卫生间的清洁；它还能中和尿碱、水泥等顽固斑垢。因此，一些强酸清洁剂可用于计划卫生。其缺点是有腐蚀性，且对使用者肌肤易造成损伤，所以在用量、用法上都需特别留意，一般可参照说明书使用。最好先做小面积试用，得到认可后才可推广使用。有些物体禁止使用酸性清洁剂，如地毯、石材、木器和金属器皿等。

2. 中性清洁剂

化学上把PH值等于7称为中性，而在商业上则把PH在6～8之间的清洁剂皆称为中性清洁剂。其配方温和，对物品腐蚀、损伤很少，有时还可起到保护被清洁物体的作用，因此在日常清洁卫生中被广泛运用。饭店广泛使用的多功能清洁剂即属此类。中性清洁剂有液体、粉状，也有膏状。中性清洁剂有一个缺点，即无法或很难去除积聚严重的污垢。为增强除污效果，提高清洁功效，生产厂家往往在中性清洁剂中增加一些其他化合物。其中最常用、最大量的为表面活性剂。表面活性剂是一种能有效减少溶剂表面张力，使得污垢与被清洁物结合力降低的一种物质。它的含量多少和质量高低形成了各种去污效果不同的清洁剂。

3. 碱性清洁剂

碱性清洁剂的PH值在8～14之间。碱性清洁剂对于清除油脂类脏垢和酸性污垢有较好的效果。但在使用前应稀释，用后应用清水漂清，否则时间长了会损坏被清洁物体的表面。碱性清洁剂既有液体、乳状，又有粉状、膏状。在碱性清洁剂中也可增加一些其他化合物，如漂白剂、泡沫稳定性剂、香精等。

3.1.2 清洁剂的使用

1. 饭店常用清洁剂

目前饭店常用的清洁剂大致有以下几种。

1）酸性清洁剂

（1）盐酸（PH=1）。盐酸主要用于清除基建时留下的污垢，如水泥、石灰等斑垢，效果明显。

（2）硫酸钠（PH=5）。硫酸钠能与尿碱起中和反应，可用于卫生间恭桶的清洁，但不能常用且必须少量，以防腐蚀物体表面。

（3）草酸（PH=2）。草酸的用途与盐酸、硫酸钠相同，只是清洁效果更强于硫酸钠，使用时要特别注意。

客房部可少量配备以上3种酸性清洁剂，主要用于清除顽固尘垢或计划卫生，但需妥善管理和使用。使用前必须将清洁剂稀释，不可将浓缩液直接倒在瓷器表面，否则会损伤被清洁物和使用者的皮肤。

（4）马桶清洁剂（1<PH<5）。马桶清洁剂呈酸性，但含合成抗酸剂，以增加安全系

数，有特殊的洗涤除臭和杀菌功效，主要用于清洁卫生间马桶、洗手盆等用具。使用时应先按说明书稀释，且注意必须倒在恭桶和便池内的清水中，不能直接倒在被清洁物表面，刷洗后须用清水冲净。在具体安排时，住客房应使用弱酸性清洁剂，如多功能清洁剂，走客房使用较强酸性恭桶清洁剂，这样既能保证清洁卫生质量，又可缓解强酸对用具表面的腐蚀。

（5）清毒剂（5 < PH < 9）。清毒剂主要呈酸性，可作为卫生间的消毒剂，又可用于消毒杯具，但用后一定要用水漂净。“八四”消毒液即为其中比较好的一种。

2）中性清洁剂

（1）多功能清洁剂（7 < PH < 8）。多功能清洁剂略呈碱性，含有表面活性剂。由于性质温和，对物体表面很少有损伤，可起到防止家具生霉的功效，因此宜用于日常卫生，但不能用于洗涤地毯，因而对特殊污垢作用不大。

（2）洗地毯剂。这是一种专门用于洗涤地毯的中性清洁剂，因含泡沫稳定剂的量有区别，可分为高泡和低泡两种。高泡用于干洗地毯，低泡一般用于湿洗地毯。用低泡洗地毯时宜用温水稀释，去污效果更好。

3）碱性清洁剂

（1）玻璃清洁剂（7 < PH < 10）。玻璃清洁剂一般是呈中性或碱性，有桶装和高压喷罐装两种。前者类似多功能清洁剂，主要功能是除污斑，使用时不可用抹布沾清洁剂直接擦拭，以免造成玻璃面发花。正确的使用方法是装在罐壶内对准脏迹喷一下，然后用干布立即擦拭即可光亮如新。后者内含挥发性溶剂、芳香剂等，可去除油垢，用后留有芳香味，同时在玻璃表面留下透明保护膜，更方便以后的清洁工作，省时省力，效果好，但价格较高。

（2）家具蜡（8 < PH < 9）。在日常客房清扫中，服务员只是用抹布对家具进行除尘，或用经稀释的多功能清洁剂去除家具表面的油污等，但长期使用多功能清洁剂会使家具表面失去光泽，因此还应定期使用家具蜡。家具蜡有乳液、喷雾型、膏状等几种，它具有清洁和上光双重功能，既可去除家具表面动物性和植物性油污，又可形成透明保护膜，防静电，防霉。使用方法是：倒适量家具蜡在干布或家具表面，擦拭一遍，这一遍是清洁家具；15 分钟后再用同样方法擦拭一遍，这一遍是上光，通常两次擦拭之后效果较好。

（3）起蜡水（10 < PH < 14）。用于需要再次打蜡的大理石和花岗岩等石质地面，起蜡水碱性强，可将陈蜡及脏垢浮起而达到去蜡功效。使用时应注意需反复漂清地面后才能再次上蜡。

4）上光剂

（1）擦铜水（省铜剂）。擦铜水多呈糊状，主要原理是氧化掉铜制品表面的铜锈而达到使铜制品清洁光亮的目的。应注意的是，擦铜水只用于纯铜制品，不能用于镀铜的制品，否则会将镀层氧化掉。

（2）金属上光剂。金属上光剂含轻微腐蚀剂、脂肪酸、溶剂和水，主要用于纯金属制品，如水龙头、卷纸架、浴帘杆、毛巾架、门锁把手、扶手等，可起到除锈、除污、上光的功效。

(3) 地面蜡。地面蜡有封蜡和面蜡之分。封蜡主要用于第一层底蜡，内含填充物，可堵塞地面表层的细孔，起光滑作用；面蜡主要是打磨上光，增加地面光洁度和反光强度，使地面更为美观。地面蜡有水基和油基两种，水基蜡一般用于大理石等石质地面，其主要成分是高分子聚合物，干燥后形成一层薄薄的保护膜；油基蜡主要成分是矿物石蜡，常用于木板地面，使用时，两者不能弄错。蜡的形态有固体、膏状、液体三种，比较常用的是后两种。

5) 溶剂类

溶剂为挥发性液体，主要用于去除怕水的被清洁物体的污渍。

(1) 地毯除渍剂。专门用于清除地毯上的特殊污渍，对怕水的羊毛地毯尤为合适。地毯除渍剂种类很多，如有清除果汁色斑的，有清除油脂类脏斑的，还有清除口香糖的。地毯上有脏斑应及时擦除，否则除渍效果不明显。

(2) 牵尘剂（静电水）。用于浸泡尘推，增强其吸附灰尘的能力，对免水拖地面如大理石、木板地面进行日常清洁和维护，增强地面清洁保养的效果。

(3) 杀虫剂。这里指喷罐装高效杀虫剂，如“必扑”、“雷达”等。使用杀虫剂非常方便，只需将杀虫剂均匀喷洒于虫类经过或藏匿之地，或直接射向目标，然后将房间密闭片刻，即可杀死蚊、蝇、蟑螂等爬虫和飞虫。喷洒时，切勿喷向食物，通常喷洒一次有一定的有效期，期满后再次喷射，即能彻底消灭各种虫类。但对老鼠则应购买专门的灭鼠药或请专业公司或配合社区的灭鼠活动进行灭鼠。

(4) 酒精（无水乙醇）。这里指的是药用酒精，主要用于电话的消毒。

(5) 空气清洁剂。空气清洁剂一般为高压罐装，含有杀菌的化学成分和香料，具有杀菌、去异味、使空气芳香的作用。其品种很多，产品质量的差距很大，辨别质量优劣的最简单的方法就是看留香时间的长短，留香时间长则质量较好。香型选择要考虑适合大众习惯。

2. 清洁剂的使用

为了有效地使用清洁剂，充分发挥其效能，减少浪费，提高清洁保养工作的安全性，应对饭店常用清洁剂进行严格的管理与控制。在使用过程中，应注意以下几点。

(1) 一般清洁剂皆为浓缩液，使用前必须严格按照使用说明进行稀释。若清洁剂溶液浓度高，既浪费清洁剂，又对被清洁物体有一定的损伤作用；若浓度过低，则达不到清洁效果，不能符合饭店清洁保养的要求，影响饭店服务质量。

(2) 不能使用粉状清洁剂。因粉状清洁剂多由非常细小的颗粒组成，对被清洁物表面尤其是卫生洁具表面有一定摩擦作用，会损伤物体的表层。同时，粉状清洁剂在溶解过程中易于沉淀，往往难以达到最佳的清洁效果。

(3) 应根据被清洁物体不同的化学性质、用途及清洁保养要求选择合适的清洁剂，达到饭店清洁保养的标准。

(4) 清洁剂在首次使用前，应先在小范围内进行试用，效果良好的才可以在大范围使用。

（5）应做好清洁剂的分配控制工作，减少不必要的浪费。

（6）高压罐装清洁剂、挥发溶剂清洁剂及强酸、强碱清洁剂在使用中都应特别注意安全问题。前两者属易燃易爆物品，后两者对人体肌肤易造成伤害。在日常工作中服务员应掌握正确的使用方法，配备并使用相应的防护工具，严禁在工作区域吸烟等。

（7）任何清洁剂一次使用过多都会对被清洁物体产生不同程度的副作用，甚至是损伤，因此不能养成平日不清洁，万不得已时再用大量清洁剂清洗的坏习惯。这种方法既费时费力，效果也不好，同时不能指望好的清洁剂对任何陈年脏垢都非常有效。

（8）饭店应根据各自的资金状况选择适合的清洁剂。

（9）各饭店选择清洁剂时应以实际有效成分含量及质量为标准，不能以颜色深浅、泡沫多寡来衡量，最好要求卖方做示范，并且应考虑到环保要求。在资金允许的情况下，尽量选择对环境污染较小的清洁剂，如无磷清洁剂等。

3.1.3 清洁器具的种类与用途

饭店建筑物不断地标新立异，内装修使用材料的多样化，无疑会给饭店的清洁工作带来新的问题。要适应变化，常常需要新的设备，比如专门清洁玻璃幕墙的清洁吊车等。饭店清洁器具既是文明操作的标志，也是质量和效率的保证。客房部所使用的清洁器具种类很多，一般可分成下述两类。

1. 清洁器具

随着工业的进步和大功率机器的出现，饭店以往许多古老的清洁方式已经有了很大的改变。但有些经过改良的古老工具在清洁过程中仍能发挥其独特的作用。

1）扫帚

扫帚的作用就是扫走大颗粒的脏物，主要用于清扫饭店室外或后台区域的地面。

2）簸箕

簸箕是用于撮起集中的垃圾，然后再倒入垃圾容器的清洁工具，应和扫帚同用。簸箕用金属或塑料制成，用后要及时倒净，并定时刷洗。有的簸箕附有长的手把和盖子，以防止垃圾撒掉。如在前台公共区域清扫时，最好使用提合式簸箕，较为美观和方便。

3）拖把

在清洁工作中除了使用各式各样已经定型的机器外，拖把仍然被普遍地使用。饭店中所用的拖把有圆头型和扁平型两种，主要用于清洁干燥平滑地面，其尺寸可大可小，取决于使用的场所和部位。拖把头应可以拆卸，以便换洗，最好能用机洗。使用过后要洗净晾干，挂放起来，以防霉、防滋生细菌。拖把在有损坏迹象时就要更新。

拖把亦称水拖把，与之相配套的器具有挤水器（拧拖布器）、地拖桶和地拖车。

（1）挤水器。其作用是拧干拖布，通常有滚轴式、下压式和边压式三种，其中以下压式较好。滚轴式容易损伤棉质拖布的纤维，所以较少使用。

（2）地拖桶。一般由金属、不锈钢或塑料制成。地拖桶可分为两个部分：一部分用于存放清洁剂，另一部分存放冲洗拖布用水。

（3）地拖车。由清洁桶、挤水器和车架组合而成，有单桶式和双桶式。通常挤水器可架在清洁桶沿上，清洁桶则安装在带有轮子的车上，也可将轮子直接安装于桶底。清洁桶内壁往往有定量刻度标志，以便配制清洁剂溶液时使用。

4）尘推

亦称尘拖、万向地推，主要用于光滑地面的清洁保养工作。尘推由尘推头、尘推架两个部分构成。尘推头有棉类和纸类两种。棉质尘推头价格稍贵，但可以洗涤且较耐用；纸类价格稍低，使用方便，但不耐用。

尘推架多为金属制成，长度可分为 45 cm、60 cm、90 cm 及 120 cm 几种；宽度有 7.5 cm、12.5 cm 两种。一个尘推架可以配备多个尘推头，尘推应根据所使用地面的情况选用相应的规格。

5）抹布

抹布是清洁家具设备及其他物品表面卫生的主要用具。根据清洁用途的不同，抹布应制成不同的尺寸，并选用不同质地和颜色的布料。如客房除尘和清洁卫生间的抹布应分开，清洁不同卫生洁具的抹布也应严格加以区别；擦拭玻璃、镜子不能用毛巾类的抹布，应用平纹布；擦拭电视机屏幕应选择柔软的干布如绒布等，这样既可防止抹布的交叉使用，又便于操作和提高清洁质量。

6）玻璃清洁器

擦玻璃是服务员清洁卫生工作中比较费时费力的一项，使用玻璃清洁器则可提高工作效率，而且安全可靠、简便易行。玻璃清洁器主要由伸缩杆、T形手柄、橡皮滚轴和其他配件构成。

7）油灰刀

用于去除黏固在地面上或其他地方的口香糖胶等难以清洁的污垢。

2. 清洁设备

饭店清洁保养虽然离不开人工操作，但在科技日新月异发展的时代，要不断提高饭店清洁保养的水准，还需借助现代化的清洁设备。根据设备是否需要电机驱动，饭店常用的清洁设备可分为一般清洁设备和机器清洁设备两大类。

1）一般清洁设备

饭店清洁保养工作中最常用的、不需要电机驱动的一般清洁设备主要是指房务工作车。房务工作车是客房服务员清扫客房时用来运载物品的工具车，多为三层，其大小应以能够存放一名服务员一天所负责打扫的客房全部所需用品和有关工具为宜。房务工作车配有用来存放客房替换下来的待洗布件的布件袋，及用来存放垃圾的袋子，顶部的许多小格可装客房日耗品。这样可省去工作中送取用品的时间，从而减轻劳动强度，提高工作效率。工作车通常安装两只定向轮，两只万向轮，便于转向移动。为防止房务工作车行进时碰伤墙纸、门面或留下痕迹，边框应有泡沫或包有橡胶条。另外，当房务工作车停在客房门口时，也可以成为“正在清扫房间”的标志。

2）机器清洁设备

（1）吸尘设备。饭店的吸尘设备主要是指吸尘器，全称为电动真空吸尘器，它是饭店日常清扫中不可缺少的清洁工具。吸尘器不但可以吸除其他清洁工具难以清除的灰尘，如缝隙、凹凸不平处、墙角及形状各异的各种摆设上的尘埃，而且不会使灰尘扩散和飞扬，清洁程度和效果都比较理想。因此，其应用范围很广，如地板、家具、帘帐、垫套和地毯等处都可使用吸尘器进行除尘。饭店中常用的吸尘器有直立式、筒式、混合式、两用式和背式等几种。

① 直立式吸尘器。直立式吸尘器是利用装在吸嘴内的电机推动旋转震动刷，将地毯的绒毛拨开，使深藏其中的尘土、污垢、砂粒等从绒毛中松脱出来，然后再把它吸走，吸尘效果较好。另外，用直立式吸尘器吸尘，使用者不用弯腰曲背，非常方便。但直立式吸尘器的吸嘴通常较为高阔，在清洁“矮脚”家具底下或楼梯部分，不如筒式吸尘器方便，噪声也往往也比筒式吸尘器大。因此，直立式吸尘器不适合在客房区域使用，一般在非营业时间清洁大面积的地毯或餐厅等公共区域，用直立式吸尘器效果最佳。

② 筒式吸尘器。筒式吸尘器是完全靠吸力去完成工作的。其款式有圆筒形、长筒形。由于没有电动旋转刷的辅助，清理地毯的效力不如直立式吸尘器显著，较适合于清理不太脏的地毯。由于筒式吸尘器具备强劲的吸力并有一些特别的配件，对清理地板、家具、帘帐、织物垫套等，效果很好。同时，因其备有“扁身”的吸管，有利于清理“矮脚”家具底下或其他浅窄的地方，比较适合在楼层客房内使用。

③ 混合式吸尘器。混合式吸尘器在外形方面与筒式大致相同，多采用圆筒形的设计，这类吸尘器在构造上集合了筒式和直立式的优点，除了具有强劲的吸力外，还备有电动震动清洁刷，可随时装上备用。因此，在清洁效能方面，可以同时发挥直立式吸尘器和筒式吸尘器的长处。

④ 吸水吸尘机。吸水吸尘机又称干湿两用吸尘器，机器内部既有储水桶，又有积尘袋，可根据需要灵活转换。其外形与筒式吸尘器相似，即可用做干湿两用吸尘器。但是它主要用于地板有水的情况，常常在地板有水的紧急情况下使用，可用来吸水或在潮湿的表面上使用。另外，当大面积的没铺地毯的地板需要去蜡层和清扫时，吸水吸尘机可去掉地板上的残水。使用效果较好。

⑤ 背式吸尘器。为方便登高吸尘或楼梯吸尘，可选用背式吸尘器。它通常体积小、重量轻。使用者把它背在背上，便可灵活地使用带有其他附件的手持棒，无须配置其他设备。背式吸尘器既可接电源，也可配蓄电池使用。

（2）洗地设备。饭店主要的洗地设备有以下几种。

① 洗地毯机。洗地毯机机身结构及配件用塑钢和不锈钢制成，一般采用泡沫清洗法和喷汽抽吸法。洗地毯机工作效率高、省时省力、节水节电，可清洗纯羊毛、化纤、混纺及植物纤维等地毯。洗地毯机的种类很多，但常用的有：喷汽抽吸式洗地毯机，这种洗地毯机在操作时将喷液、擦地、吸水三个动作同步进行，洗涤力特别强，去污效果也好，但操作起来较笨重，而且对地毯破坏性较大，所以不宜多用；干泡洗地毯机，主要有滚刷式和转刷式两种，干泡洗地毯的方法比较简便，对不脏的地毯和纯羊毛地毯清洗效果较佳，而且对地毯损伤较小，需要注意的是洗地毯前要将地毯彻底吸尘和去迹，才能达到良好的效果。

② 吸水机。吸水机外形有筒形和车厢形两种。机身由塑料或不锈钢材料制成。机身分为固定型和活动型两种。机身下有四个转轮，操作时灵活方便。吸水机除吸水功能外，还可与洗地毯机配套使用，用洗地毯机洗刷地毯后，其表面较干净，但地毯根部仍藏有污水和残渣，如不清理干净，对日后使用的地毯容易造成脏污和失去弹性。吸水机一般装有两个真空泵，吸力特别强大，能彻底抽除地毯根部任何顽固的残渣，达到彻底清洁地毯的效果。

③ 吹风机。为缩短地毯及其他地面的干燥时间，可使用吹风机加快特定区域内的空气流通，达到使地面快速干燥的目的，以提高清洁效率。

④ 洗地机。洗地机又称擦地吸水机，具有擦洗机和吸水机的功能和长处。这种洗地机装有双电动机，可集喷、擦、吸于一身，将擦洗地面的工作一步完成，适用于饭店的大厅、走廊、停车场等大面积的地方，是提高饭店清洁卫生质量必不可少的工具之一。

⑤ 打蜡机。打蜡机有单刷、双刷及三刷机，流行最广的是单刷机。单刷机按速度分又有四种：低速机（120～175转/分）、中速机（175～300转/分）、高速机（300～500转/分）和超高速机（1 000转/分）。其中前两种较适合于洗擦地板用，后两种多用于打蜡及喷磨工作。为节约资金及储存空间，有的饭店选用多用途的单盘式地板机，这种机器既可用来擦洗地板、去地板蜡层、清洗地毯，又可喷磨地板、抛光地板。但这种机器对保养维护要求较高。这种机器可调速配备不同的擦垫以适应不同的工作任务。通常洗地时，要求转速较低，底刷（刷盘）较硬；打蜡抛光时，要求转速高，底刷（刷盘）应细软。

⑥ 高压喷水机。这种机器往往有冷热水两种设计，给水压力可高达2～7 MPa。一般用于垃圾房、外墙、停车场、游泳池等处冲洗，也可加入清洁剂使用。附有加热器的喷水机水温可高达沸点，故更适用于清除有油污的场所。

3.1.4　清洁器具的使用及保养要求

1. 抹布的使用

（1）在使用时，要将抹布折叠起来，可多面使用，以提高工作效率，保证清洁质量。

（2）抹布最好由洗衣场负责洗涤、消毒，以确保抹布的清洁质量。若饭店不设洗衣场，所使用的抹布最好由专人进行集中洗涤。

(3) 抹布的数量应多准备一些，因其使用、周转和淘汰率都很高，应保证员工都能使用上符合标准的各类抹布。

2. 房务工作车的使用

(1) 房务工作车的布置应按饭店的规定进行，不能在车上随便堆放杂物。

(2) 推拉工作车时应注意万向轮在前，定向轮靠后，避免因硬拉而损坏工作车。

(3) 房务工作车应装有缓冲器或其他弹性防护装置，推拉时应掌握行进方向，以免撞伤墙面或撞坏其他物件。

(4) 房务工作车应经常擦拭，保持清洁。

(5) 定期对房务工作车车轮加油，进行润滑和消声。

3. 吸尘器的使用与保养

吸尘器是客房的主要清洁设备之一。一台好的吸尘器，会给清扫工作带来方便和效率。

1) 吸尘器的使用方法

(1) 首次使用前，应阅读使用说明书，按说明书所叙述的方法将吸尘器安装好备用。

(2) 每次使用前必须检查电线有无破损，插头有无破裂或松动，以免引起触电事故。

(3) 检查吸尘器能否正常运转。

(4) 拉吸尘器时要一手拿吸尘器吸管，一手拉着吸尘器的抓手，这样可方便拉动，避免碰撞其他物体。

(5) 吸尘时发现地毯上有体积较大的和尖利物体，如纸团、针尖、图钉等，应及时捡起，以免损坏内部机件和造成吸管堵塞。吸尘器堵塞时，不能继续使用，以免增加吸尘器的真空负荷。

(6) 如果不是干湿两用吸尘器，不能用来吸液体、黏性物、金属粉末等。

(7) 有集尘指示器的吸尘器，不能在满点上工作。若发现指示游标接近满点，应立即停机清理。

(8) 吸尘器在使用过程中应随时将刷子上的毛发及绒线头清理干净，若发现刷头磨损偏大，应及时更换，否则影响吸尘效果。

(9) 吸尘器若有漏电或电动机温度过高以及异常响声，应立即停机检查。

2) 吸尘器的保养方法

(1) 吸尘器每天使用完毕后，应先切断电源，整理好电线，然后清理尘袋，抹净机身，将配件清理干净收好，并清洁过滤网。

(2) 检查吸尘器轮子是否积聚杂物，如有应及时清理。

(3) 定期更换轴承润滑油。

(4) 检查机体和附件是否损坏，螺钉有无松动，若有损坏要及时报修，对松动螺钉则应立即紧固。

4. 其他清洁设备的使用与保养

（1）吸水机的使用与保养。吸水机在使用过程中，除应注意清洁设备的一般使用与保养事项外，还应特别注意以下两点：

① 使用完毕后，要将各种配件洗刷干净，晾干后装入配件箱内保管；

② 拆卸时动作要轻，做好吸水机的维护工作。

（2）洗地毯机、洗地机的使用与保养。洗地毯机、洗地机在使用过程中，应特别注意以下几点：

① 使用前先检查各个部件是否完好；

② 打开机器时，应注意水箱是否保持密封，以防污水、清洁液外流；

③ 清洗工作完毕，要将剩余清洁液抽至污水箱内，然后倾倒干净；

④ 使用完毕后，应擦净机身，并把各种配件清洗干净，晾干后妥善保存。

3.2　客房的日常清扫整理

3.2.1　客房清扫的准备

为了保证客房清扫整理工作的效率和质量，负责客房清扫整理的服务员在清扫整理客房之前，必须充分做好各项准备工作。这些准备工作可以分为两个部分，即到岗前的准备工作和到岗后的准备工作。

1. 岗前的准备工作

服务员进入楼层之前，通常需要做好下列几项工作。

（1）更换工作服。与饭店其他服务员一样，客房服务员来到饭店后，首先必须到服务员更衣室更换工作服。具体要求是换上工作服，并按规定穿着：佩戴好工牌，整理仪表仪容，将私人物品存放在自己的更衣柜内。

（2）接受检查。更衣后到规定的地方，接受值班经理或主管的检查。目前在很多饭店时兴的做法是由一名值班经理或主管在上下班时间问候服务员，在问候的同时，实际上也在检查，这种方法更容易被员工接受。值班经理或主管对上班服务员的检查内容主要是仪表仪容。如果服务员的仪表仪容不符合要求是不可以进入工作岗位的。

（3）签到。经值班经理或主管检查认可后，服务员即可签到，也就是登记上班时间，签到的方式包括手工签到和机器打卡，大多数饭店采用的是机器打卡。

(4) 接受任务。服务员签到后，值班经理或主管要给每位服务员分配具体的工作任务。分配任务的方法包括书面和口头两种。给客房服务员分配任务主要是用书面形式，通常是给每位服务员一张工作单。工作单由客房中心联络员提前填好，上面注明服务员的姓名、当班楼层、负责打扫哪些客房、客房状况、特殊要求和当日的其他工作任务等。填好的工作单经值班经理或主管检查后发给有关服务员。另外，很多饭店都有各部门分别召开班前会的要求，这实际上也是总结安排工作的一种形式。

(5) 领取钥匙和呼叫机。服务员要在离开客房中心之前领取所在楼层的工作钥匙和呼叫机等。客房部的工作钥匙和呼叫机等通常都由客房中心联络员保管和收发。收发时必须履行规定的手续，一般是填表签字（见表 3－1），即当事人必须在专用表格上填写有关内容并签名，也有的饭店规定客房服务员必须用自己更衣柜的钥匙交换工作钥匙。

(6) 进入楼层。以上几项任务完成后，客房服务员即可进入各自的客房楼层。进入楼层必须乘工作电梯或通过楼梯步行，而不能乘客用电梯。

表 3－1　客房清扫日报表

楼层：　　区域：　　服务员：　　领班：　　月　　日

清扫客房				撤换布件数量						补充日耗品数量													
房号	房态	时间		床单	枕套	浴巾	面巾	地巾	方巾	购物袋	信封	信笺	茶叶	针线包	擦鞋纸	洗衣袋	沐浴液	洗发液	牙具	香皂	梳子	卫生纸	面巾纸
		进	出																				
计划卫生：								维修要求：								备注：							

2. 到岗后的准备工作

服务员进入楼层后，除了要做好有关工作外，还要为清扫整理客房做必要的准备，具体内容有以下几项。

(1) 准备器具用品。清扫整理客房，必须有相应的器具和用品。常用的器具和用品主要有以下几种。

① 工作车。正常情况下，工作车都在用后整理布置，因此此时的工作车应该是已经布置好的，但服务员还应检查用品是否齐全、整理布置是否符合要求。工作车的整理布置必须做到以下要求：一是清洁整齐，工作车要擦拭干净，用品摆放整齐；二是物品摆放有序，工作车上的各种物品要按重物在下、轻物在上的原则摆放，以保证使用方便和工作车的平稳

性；三是重要物品不能过于暴露，要有一定的隐秘性，通常放在专门用的盒子里，防止别人顺手牵羊，以减少物品的流失；四是将布件袋挂牢，套上垃圾袋。如果用品不全或不足，要补充补足，如果工作车整理布置得不合要求，要重新整理布置。

② 吸尘器。服务员要检查吸尘器是否清洁，电线及插头是否完好，集尘袋是否倒空或换过，附件是否齐全完好，同时要把电线绕好，不可散乱。

③ 清洁桶。清洁桶是用于存放清洁卫生间所需的工具和清洁剂的小型提桶，包括便器刷、脸盆浴缸刷、专用抹布、洁厕剂等。清洁桶必须里外清洁，工具和清洁剂要摆放整齐有序。清洁便器的工具应和其他工具分开摆放。

④ 其他工具和清洁剂。清扫整理房间所需的工具和清洁剂除了上述几种外，还有其他一些，如专用抹布、小刷子、多功能清洁剂、玻璃清洁剂、空气清新剂等。

⑤ 布件。清扫整理客房所需的布件一般包括床单、枕套、被套、“四巾”、浴衣等。布件的品种要齐全、数量要充足，折叠要整齐。通常一辆工作车所配置的布件要足够用于更换补充，以免工作中间添加而浪费时间，影响工作效率。

⑥ 消耗物品。工作车要备齐备足多种消耗物品，并按规定的标准和要求摆放。

⑦ 其他物品。有时，客房里的一些客房固定物品等可能缺少或损坏，需要更换和补充，工作车上也应有适当配置，如烟灰碟、衣架等。

（2）了解核实客房状态。服务员在清扫整理客房之前，必须了解和核实每间客房的状况，包括住客和总台的特殊要求，以便合理安排客房的清扫整理顺序，确定清扫整理的标准。了解核实客房状况的方法是看工作单和实地查房。通常工作单上已经标明每间客房的状况，服务员只要看工作单就可以了解。在饭店里，需要清洁整理的客房可以分成如下几种状态：

① 住人房（Occupied，OCC）：即客人正在住用的房间；

② 走客房（Check Out，C/O）：表示客人已结账并已离开客房；

③ 空房（Vacant，V）：昨日暂无人租用房间；

④ 未清扫房（Vacant Dirty，VD）：表示该客房为没有经过打扫的空房；

⑤ 外宿房（Sleep Out，S/O）：表示该客房已被租用，但住客昨夜未归，为了防止发生逃账等意外情况，客房都应将此种客房状况通知总台；

⑥ 维修房或称待修房（Out of Order，OOO）：亦称坏房，表示该客房因设施设备发生故障，暂不能出租；

⑦ 已清扫房（Vacant Clean，VC）：表示该客房已清扫完毕，可以重新出租，亦称OK房；

⑧ 请勿打扰房（Do Not Disturb，DND）：表示该客房的客人因睡眠或其他原因而不愿服务人员打扰；

⑨ 贵宾房（Very Important Person，VIP）：表示该客房住客是饭店的重要客人；

⑩ 常住客（Long Staying Guest，LSG）：即长期由客人包租的房间，又称“长包房”；

⑪ 请即打扫房（Make Up Room，MUR）：表示该客房住客因会客或其他原因需要服务员立即打扫；

⑫ 轻便行李房（Light Baggage，L/B）：表示住客行李很少的房间，为了防止逃账，客房部应及时通知总台；

⑬ 无行李房（No Baggage，N/B）：表示该房间的住客没有行李，应及时通知总台；

⑭ 准备退房（Expected Departure，E/D）：表示该客房住客应在当天中午 12 点以前退房，但现在还未退房；

⑮ 加床（Extra Bed，E）：表示该客房有加床。

（3）确定客房清扫整理的顺序。客房服务员在了解和掌握每间客房的状况及总台和住客的要求后，就应该合理地安排清扫整理的先后顺序。确定其顺序时，应考虑以下几点因素：一是满足住客的需要；二是有利于客房的销售，提高客房的出租率；三是方便工作、提高效率；四是有利于客房设备用品的维护保养。由于要综合考虑以上四点，客房清扫整理的顺序也就没有绝对的标准，往往是根据具体情况临时制定、灵活调整。一般情况下，可以参考下列安排。

（1）请即打扫房。一般情况下，如果住客要求"请即打扫"，应优先安排清扫整理，满足客人的要求。

（2）干净的空房。由于这种房间随时会被出租，所以为了防止出现质量问题，要对这种房间进行检查。如有必要，应做简单的清扫整理，特别对较长时间没有出租的干净空房，更应注意。

（3）脏的空房。任何时候，脏的空房都应及时予以清扫整理，尤其是在住客率很高、可供出租的空房很少时。一方面是为了提高客房的出租率，另一方面是因为让客房长时间处于 VD 状态，不利于设备用品的清洁和保养。

（4）总台急需房。总台有时因排房需要，会指定某间客房在什么时候必须清扫整理好，对此，服务员必须遵照执行。

（5）续住房。对普通的续住房，服务员要尽早安排清扫整理，争取在客人外出回来之前清扫整理好。如果住客是 VIP，其房间可优先安排清扫整理。

3.2.2 走客房的清扫程序

对客人刚结账退房的房间进行清扫，称为走客房的清扫，其清扫程序可概括为九个字，即九字决，它们是：进、撤、铺、抹、洗、补、吸、检、登。

1. 进

（1）做房前检查布件车上的备品是否齐全，布件车应备 4 间房的布件和杯具，5 条抹布，1 只清洁篮和 1 块小垫毯，并系好布件袋和垃圾袋。

（2）将布件车停放在待清洁房间一侧的房门口，吸尘器放在布件车一侧。

（3）轻轻敲门 2 次，每次隔 3 秒钟，每次敲击三下，并按门铃 1 次，报称“HOUSE-KEEPING”，声音要准确。

（4）确认房间无人，缓缓把房门推开，并报称“HOUSEKEEPING”，随手把“正在清洁房间”牌挂在房门把手上。

（5）在“房间清洁日报表”上填写所要清洁房号的进房时间。

2. 撤

（1）带上清洁篮和小垫毯，小垫毯摆放在卫生间门口外的地板上，以保护卫生间门外的房间地毯。

（2）将清洁篮摆放卫生间靠门口一侧的云石台面上，并在面盆、浴缸、马桶三缸上均匀地喷洒清洁剂，同时要把面盆和浴缸的活塞提起关上。

（3）将卫生间内客人使用过的，并确认是饭店的各类毛巾收出，卷成一团与垃圾袋一起放在卫生间门口一侧的地板上，注意不要把客人有用的物品收出。

（4）将客人使用过的备品，如洗发液、香皂等及纸盒收出（住房除 VIP 外，香皂以使用至饭店标志模糊时进行更换）。

（5）面巾纸以使用至 1/4 和卷纸使用至 1/3 为标准进行撤换。

（6）进房撤物品时，首先要把房间空调的风速调至最大，温度调至最冷的位置，以加速房间空气的循环流通。

（7）检查房间的衣柜、组合柜抽屉及边角位置是否有客人的遗留物品，如发现有遗留物品应第一时间报告并上交。

（8）把房间的窗帘、窗纱全部拉开，采集充足的光线，以利于房间清洁工作的需要。

（9）撤床上物品，从 B 床做起（靠卫生间一侧的床称为 A 床，而另一张床则为 B 床），首先用双手把床垫（软硬垫一起）拉离床头板约 50 公分，然后在撤床单、枕套时要逐张进行，收出使用过的浴衣时要检查口袋，以防客人的东西夹带布件一起收出（住房客人如有要求不更换床单或毛巾类，可不撤换，但要整理并做好记录）。

（10）如住房客人放了一些衣服和物品在床上，则先将物品移到椅子上。

（11）把收集的脏杯子、垃圾袋及脏布件一起收出，按要求分放在布件车上。注意脏杯内的水和杂物要倒掉；所有垃圾杂物要倒入垃圾袋内，垃圾不能超出垃圾袋口；脏布件放到布件袋内且不能超出布件袋口。

（12）房间撤出的餐具或鲜花、水果等物品必须整齐分放至楼层指定的回收位置，不得摆放在布件车上。另外，客人的遗留物随发现随上交，不得在布件车上停留摆放。

（13）把脏布件、脏杯和垃圾收出后的房间呈待清洁状态，A 床的床上物品，如毛毯、枕芯放在 B 床上，而 B 床上的物品及凌乱的棉被则放在靠 B 床一侧的椅子上。

3. 铺

（1）在进行铺床前，凌乱的棉被按要求折叠（折叠前必须确认棉被套无污渍，否则立即更换），具体操作是先把棉被抖松，让被套与被芯分布均匀，然后进行外三折。

（2）外三折完成后进行内三折，注意要平整。

（3）折叠好的棉被要平整、对齐。

（4）把折叠好的两张棉被平整地摆放在电视柜最底层的抽屉里，或放在壁橱内，注意平整、对齐。

（5）铺床前首先要检查软垫是否对齐，并整理好保护垫，注意如发现污渍和破损要立即清洁或更换。

（6）从A床开始铺床，站在床头中间进行操作，甩第一张床单（底单）前注意床单的正面和中线，身体向前靠，一只手拿着床单的两条边线一端的顶点，而另一端用手散开且呈直线型抛到床尾，然后双手各执床单头两条边线的点抬起并利用手腕力向外均匀地甩单，使床单向前扬起张开覆盖在床垫上，要求中线对中，不得偏离。

（7）床单甩开到位后，按照先内后外的要求把床头露出的部分床单塞进床的软硬垫内，同时将床头的两个床角包成直角型。

（8）完成后的底单床头包角要平整、紧贴。

（9）甩第二张单（托单）前要选好反面，注意中线，其操作要求与第一张单的操作方法相同，且单头要拉至与硬垫的底端平衡的位置。

（10）选好毛毯的正面（毛毯的商标朝上且在床尾），站在床头双手拿着毛毯一端，然后把毛毯拿起向床尾方向甩出，使毛毯张开平稳自然地落在床垫上，同时把毛毯的顶端拉至离床头20厘米的位置，不得偏离。

（11）甩第三张单（面单）时要选好正面，注意中线，其操作要求与第一张单的操作方法相同，但单头位置与毛毯的顶端相吻合。

（12）以毛毯的顶端为对折位，将托单多出部分翻至面单上，注意三线合一及床面平整，托单复折部分的尺寸标准为60厘米，然后站在床头的两侧，分别用左右手交换，一只手固定床头部分，而另一只手把床的侧面托单覆盖部分塞进床的软硬垫之间。

（13）完成塞单后的床头部分要求平滑、紧括。

（14）站在床尾的两侧，先把床尾的床单和毛毯塞入软硬垫之间，紧贴床垫，然后左右手转换拿起，以床尾向内30°角的床侧床单和毛毯并平衡靠在床侧，把剩余的床单和毛毯塞入软硬垫内。

（15）把靠近床尾两侧的部分床单和毛毯自然放下，一只手理顺尾角的顶部，另一只手把同一侧的床单和毛毯塞入床的软硬垫内形成直角。

（16）完成后的床尾两个包角要求平滑、紧括并且是直角。

（17）完成塞单包角后的床面和床侧要求是平滑、紧括且三线对中和四个统一为90°的直角。

(18) 铺床罩。将床罩打开至两角与床尾的两角正对。

(19) 床罩打开后的裙脚自然下垂，并将床头部分的床罩复折至离床头 20 厘米的位置，要求床罩的线条对齐且床罩对中。

(20) 套枕套。用双手撑开枕套，将枕芯套进去，并把枕套多余部分向内折进。

(21) 套好的枕头要求外形平整挺括、四角饱满、枕芯不外露，两个枕头重叠摆放在床头中间位置，枕头开口处与床头柜方向相反。

(22) 把复折的床罩覆盖后，线条要对齐，两边要均匀。

(23) 整理床头两侧的床罩，一只手以对称于床罩塞入枕头的部分将侧面的床罩理顺，而另一只手则同时把上方枕头轻轻托起成角。

(24) 将床推回至靠床头板位置，完成后的床铺要求整齐，美观平滑和饱满。

(25) 将客人原来放在床上的物品整齐地摆放在原位，衣服要叠好。

(26) 铺 B 床的操作方法与 A 床操作程序相同，整理后的两床要求正对床头板，床罩平整对中，床脚裙自然下垂。

目前已有不少饭店的客房已经用被子替代毛毯。因此做床时，先铺好第一张床单（垫单），接着将被子用被套套好，平铺在床上，放好枕头，罩在床罩即可（有的饭店则不用床罩，直接用被子替代）。套被套的方法是：先将被套反面朝外平放在床上，再把被子放在被套上；应注意上下对齐，然后从被套开口处将手伸进，抓住被套和被子其中的两角，顺势将被套连同被子一起翻转，使被套正面朝外，套好。

4. 抹

(1) 在九成干的抹布上喷家具清洁保养蜡，并把抹布轻揉几下以使蜡水均匀分布在抹布上，用于抹家具和物品，并带入一条干抹布，用于电视荧光屏的清洁。

(2) 按自上而下，从左到右，环形清扫的原则，先抹门铃和门框，注意在操作过程中要暗记所要补充的物品。

(3) 分别使用清洁保养蜡和干抹布抹空调柜门、衣柜门、百叶板和玻璃镜，要彻底地逐一认真擦抹。

(4) 抹衣柜内的格层板木条、挂衣杆及衣架等。

(5) 抹衣柜内的杂物层架，包括保险箱柜、抽屉等物品的清洁。

(6) 抹电视柜。用干布抹电视荧光屏，顺便打开电视机检查遥控器的使用和电视机频道是否正常，并把电视机调至所要求的频道和音量后关上，同时检查电视机转盘摆动是否正常。

(7) 抹电视机柜抽屉及电视柜饰板和脚线。

(8) 用干布抹梳妆镜玻璃、镜框，从上至下清洁干净。

(9) 用带有清洁保养蜡的抹布擦抹书桌的木器部分，并清洁文具夹、电话机，同时检查文具夹及夹内物品的耗用情况。

（10）抹梳妆椅。

（11）抹酒水柜云石台面及层架。

（12）检查酒水有否耗用。

（13）清洁冰箱。从内到外清洁，并检查冰箱各类酒水是否齐全完整。

（14）清洁窗台木板和百页板条，注意逐一认真细抹。

（15）抹落地灯并注意用干布抹灯泡，然后把灯开亮。

（16）用干布抹茶几。

（17）抹两张圈椅，注意要把椅垫掀起清洁。

（18）抹地脚线。

（19）抹床头板、床头柜（从内到外）、床头灯，清洁电话机，注意检查房间音响设备是否正常，检查房内电灯照明。

（20）抹房间挂画。

（21）抹卫生间门框及门板。

5. 洗

（1）清洁卫生间，先戴上面盆、浴缸专用手套，把清洁剂均匀喷洒在“三缸”上。

（2）先清洁面盆，要用清洁刷由里到外进行擦洗，同时擦洗云石台面及皂碟，然后用清水将面盆、云石台面及皂碟冲洗干净。

（3）洗浴缸，用清洁刷洗浴缸侧面墙壁、皂盒、浴缸底部及浴缸内外壁，擦洗时注意要到位和用力均匀。

（4）使用专用清洁刷擦洗浴缸防滑垫的面部和底部。

（5）用花洒头冲洗浴缸和墙壁瓷砖，同时冲洗浴帘，注意浴帘的脚部要用手轻揉清洗，洗好后拧干并挂放在浴缸的内侧。

（6）用干布把防滑垫的水吸干，以防发霉。

（7）注意清洁卫生间的植物，并适当地浇水，保持清绿诱人的效果。

（8）用清洁抹布抹备用品漆盘、皂碟及云石台面。

（9）对客人放在卫生间的私人用品在原位做适当的清洁整理工作。

（10）用干抹布由上至下抹玻璃镜，使之明亮照人。

（11）用干布把卫生间的小五金擦干净，确保其明亮发光。

（12）把卫生间电话挂机及墙壁抹干净。

（13）用抹布抹干浴帘的水渍。

（14）脱下清洁面盆、浴缸的专用手套，然后戴上清洁马桶的专用手套。

（15）使用专用长毛刷和清洁剂由上而下清洗水箱、马桶面盖、座板和马桶外壁，然后用清水冲洗干净。

（16）使用专用抹布依次抹马桶座板、面盖、水箱和马桶外壁，注意边角的清洁；然后将地面抹干净，注意边角的清洁；最后脱去清洁马桶的专用手套。

（17）把清洁篮和小垫毯撤离卫生间。

6. 补

（1）补充卫生间的“四巾”及备品，并按规格标准摆放好。

（2）将卫生间卷纸折叠成三角形状，面巾纸折叠成梯形状。

（3）补充房间物品并按规格标准摆放好。

（4）如住房客人使用了房间的易耗品要及时做好更换和补充。

7. 吸

（1）房间地毯吸尘，先从窗台处开始，注意把吸尘器的耙头调整至毛刷凸出，以免磨花地板及损坏耙头。

（2）在房间地毯吸尘时，要注意统一方向，理顺地毯毛，不要忽视边角位及床底的吸尘。

（3）吸卫生间地板的毛发及尘粒，注意先把吸尘器的耙头调整至毛刷凸出，以免磨花地板及损坏耙头。

（4）完成吸尘后，要注意电源线理顺绕好并摆放整齐。

8. 检

（1）喷空气清新剂，注意朝出风口向上喷洒。

（2）把窗纱拉合。

（3）住客房要根据客人的习惯把放在房内的鞋子整齐地成双摆放，并把报纸、杂志整理摆放好。

（4）把空调调至规定的位置上，并环视一周检查房间、卫生间的整理情况。

（5）关闭房间总开关，取走“正在清洁房间”挂牌并将房间轻轻锁上。

9. 登

登记进离房的时间和做房的内容。

3.2.3　住客房的清扫

住客房清扫一般要求先清理房间，后清理卫生间，这是因为住客可能回来，甚至带来访客。所以，应先将房间整理好，使房间外观整洁，给客人以舒适感。这时服务员在清理卫生间，也不会有互相干扰之嫌。具体程序如下：（1）进房；（2）撤床；（3）整理器皿；

(4) 收拾垃圾；(5) 铺床；(6) 抹尘；(7) 补充房间用品；(8) 清理卫生间；(9) 吸尘；(10) 检查；(11) 关灯、关门；(12) 登记客房清洁整理情况。在清扫住客房时应特别的注意事项有以下几个方面。

1. 住客在房间时

(1) 礼貌问好，询问客人是否可以清扫房间。

(2) 操作要轻，程序要熟练，不能与客人长谈。

(3) 若遇到有来访客人，应询问是否继续。

(4) 清洁完毕，向客人致歉，并询问是否有其他吩咐，然后向客人行礼，退出房间，关房门。

2. 客人中途回房

(1) 应征求客人意见，是否继续打扫清洁。可以说："先生，您好，请问可以打扫房间吗?"。如未获允许应立即离开，待客人外出后再继续进行清扫。

(2) 若客人同意，应迅速地将房间清扫好，离开时，对客人说："对不起，打扰您了，谢谢。"

3. 房间电话

在清洁过程中，如电话铃响了，也不应该接听。

4. 损坏客人的物品

不小心损坏客人的物品，应如实反映，向客人赔礼道歉。

3.2.4 空房的清扫

空房一般只需擦拭家具，检查各类用品是否齐全即可。其程序如下：

(1) 每天进房开窗、开空调进行通风换气；

(2) 每天用干布除去家具、设备及物品上的浮灰；

(3) 浴缸、面盆、恭桶每天要放水一两分钟；

(4) 连续空着的客房，隔几天要用吸尘器吸尘一次；

(5) 检查房间有无异常情况，卫生间"四巾"是否因干燥而失去弹性和柔软度。如果有不符合要求的情况，要在客人入住前换好。设施设备如果有故障，应及时报修。不能修复时，应及时通知前厅部。

3.2.5　房间小整理服务

客房的小整理一般都是对住客房而言的。在很多档次较高的饭店里，住客房除了每天一次的全面清扫整理之外，还要进行小整理，就是在每次客人外出后，服务员发现房内不够清洁整齐，就进行简单的收拾整理，使之恢复清洁整齐的状态。如果住客每次外出归来都能发现其房间被重新整理过，必然感到很满意。这种做法对于充分体现饭店客房服务工作的水准有着一定的积极意义，但也有一定的负面影响，主要是增加了劳动成本和物品的消耗。因此，并非所有饭店都必须这么做。

通常，客房的小整理主要包括下列内容。

（1）整理床铺。一般对于客人用过的床要重新整理好，不更换床单、枕套等床上用品。如果住客是特别重要的贵宾，或者床上用品脏了，才予以更换。

（2）除尘除迹。将房内家具设备上的灰尘、污渍清除干净。

（3）清除垃圾。将房间的垃圾杂物清除干净。

（4）更换茶杯和烟灰缸。将用过的茶杯和烟灰缸撤出，换上干净的。

（5）换水。如果水瓶里的水已不多，可换上装满开水的热水瓶。

（6）整理卫生间。如果卫生间被用过，则进行简单的清洁整理，使之干净整洁。一般不需更换毛巾。

（7）添补消耗品。如果房内的客用消耗品已被用完，或者所剩不多，可能不够当天使用，则予以添补。

（8）调节空调。调节空调开关，使客房内保持理想的温湿度。

3.2.6　客房清扫的规定和报告事项

1. 客房清扫规定

（1）在客房内作业时，必须将房门开着。

（2）不得使用或接听住客房内的电话。

（3）不得翻阅客人的书报杂志和文件及翻动住客的抽屉和行李。

（4）不得随便挪动客人的化妆品及触动客人的贵重物品。

（5）不得使用房内设备，如卫生间、床、椅子等，不得在客房内休息。

（6）不能让闲杂人员进入客房。

（7）不许在客房更衣、吸烟、吃东西、看书报杂志及用客人的食品、饮料。

（8）不得将客用布件当做抹布使用。

（9）不宜与客人长谈。

2. 发现下列问题需立即报告

(1) 客人损坏设施、设备和用具。
(2) 客人的遗留物品。
(3) 已通知是走房，但房间内留有行李。
(4) 客人生病。
(5) 水电设备发生故障。
(6) 房内有异常情况。
(7) 房间内发现有害虫和鼠类。
(8) 客人携带违禁物品。
(9) 客人开了房但未使用过。
(10) 空房有人住过。
(11) 损坏了客人的物品。
(12) 住客人数、性别等和入住记录不符。
(13) “请勿打扰”房超过下午2时。

3.3 客房的计划卫生

3.3.1 计划卫生的意义

客房的计划卫生是指在日常做客房的清洁卫生的基础上，拟定一个周期性清洁计划，采取定期循环的方式，将客房中平时不易清扫或清扫不彻底的地方全部清扫一遍。

(1) 保证客房的清洁卫生质量。客房服务员每天的清洁整理工作，一般工作量都比较大。例如，一个卫生班服务员的工作量，每天平均10～12间，到了旅游旺季，甚至更多，所以对客房的某些部位，像通风口、排气扇、天花板、门窗玻璃、窗帘、床罩等，不可能每天清扫或彻底清扫。为了坚持清洁卫生的质量标准，使客人不仅对客房那些易接触部位的卫生感到满意，而且对客房的每一处卫生都放心，同时又不致造成人力浪费或时间的紧张，客房部必须通过定期对清洁卫生死角或容易忽视部位进行彻底的清扫整理，来保证客房内外环境的卫生质量。

(2) 维持客房设施设备的良好状态。不论客房楼层还是公共区域，有些家具设备不需要每天都进行清扫整理，但又必须定期进行清洁保养。例如，电冰箱除霜一般是半个月进行一次，每季度对地毯的彻底清洗，等等，以维持客房设备家具的良好状态，保证客房的正常运转。

3.3.2　客房计划卫生的内容

计划卫生的内容及时间安排，各饭店要根据自己的设施设备情况和淡旺季进行合理的安排。

1. 计划卫生的分类

（1）除日常的清扫整理工作外，规定每天对某一部位或区域进行彻底的大扫除。例如，客房清洁员在其所负责的 12 间客房中，每天彻底大扫除 1 间客房，12 天即可完成其负责的所有客房的清洁打扫。也可以采取每天对 12 个房间的某一个部位进行彻底清扫的办法。例如，对日常清扫不到的地方排定日程，每天或隔天清扫一部分，经过若干天的对不同部位的彻底清扫，也可以完成全部房间的大扫除。其日程安排可参考表 3－2。

表 3－2　客房计划卫生日程表

星期	一	二	三	四	五	六
日程安排	门窗玻璃	墙角	天花板	阳台	卫生间	其他

（2）季节性大扫除或年度性大扫除。这种大扫除不仅包括家具，还包括设备和床上用品。一个楼层通常要进行一个星期，因而只能在淡季进行。客房部应和前厅部、工程部取得联系，以便对某一楼层实行封房，维修人员对设备进行定期检查和维修保养。

2. 楼层周期性计划卫生项目

下面介绍某饭店楼层计划卫生项目及时间安排（见表 3－3）。

表 3－3　楼层计划卫生项目及时间安排表

每天	3 天	5 天
1. 清洁地毯、墙纸污迹。 2. 清洁冰箱，清洁灯罩。 3. （空房）放水。	1. 地漏喷药（长住逢五）。 2. 用玻璃清洁剂清洁阳台、房间窗玻璃和卫生间镜子。 3. 用鸡毛掸清洁壁画。	1. 清洁卫生间抽风机机罩。 2. 清洁（水洗）吸尘机真空器保护罩。 3. 职工卫生间水箱、磨洗地面。
10 天	**15 天**	**20 天**
1. 空房马桶水箱。 2. 清洁走廊出风口。 3. 清洁卫生间抽风主机网。	1. 清洁热水器、洗杯机。 2. 冰箱除霜。 3. 用酒精球清洁电话机。 4. 清洁空调出风口、百叶窗。	1. 清洁房间回风过滤网。 2. 用 BRASSC 擦铜水擦铜家具、烟灰缸、房间指示牌。

续表

25天	30天	一季度
1. 清洁制冰机。 2. 清洁阳台地板和阳台内侧喷塑面。 3. 墙纸、遮光帘吸尘。	1. 翻床垫。 2. 抹拭消防水龙带和喷水枪及胶管。 3. 清洁被套（12月至次年3月，每15天洗一次，4月至11月一季度洗一次）。	1. 干洗地毯、沙发、床头板。 2. 干（湿）洗毛毯。 3. 吸尘机加油（保养班负责完成）。
半年	一年	
1. 清洁窗沙、灯罩、床罩。△ 2. 清洁保护垫。△	1. 清洁遮光布。△ 2. 红木家具打蜡。 3. 湿洗地毯（2、3项由保养班负责完成）。	注：有△项目由财产主管具体计划，组织财管班完成，注意与楼层主管在实际工作中协调。

3.3.3 计划卫生的管理

计划卫生涉及范围广，一般又以高空作业居多，因此客房部必须加强对计划卫生的管理。

（1）做好计划卫生的安排和检查记录。客房部拟定好客房的计划卫生后，应做好计划卫生的落实和检查工作（见表3－4）。

表3－4 客房计划卫生项目检查记分表

房间

项　　目	得分
门（面、框、锁眼、房号、把手、窥视镜、防火通道图）无积灰和污迹	6
门吸无积灰	2
鞋篓、小酒篮无灰尘	6
过道顶板无灰尘	4
新风口无灰尘	6
冰箱柜内外无积灰和杂物	4
组合柜抽屉内外无积灰和杂物	6
电视机及转盘无积灰	4
窗玻璃、窗帘无灰尘污迹	4
垃圾桶内外无污垢、斑迹	4

续表

项　　　　目	得　分
茶具、茶叶缸底部无污垢、斑迹	6
家具缝、沙发缝内清洁无杂物	8
地毯边缘（含家具四周）无积灰	12
墙纸、地毯无斑迹	4
床底无灰尘、杂物	8
窗帘整齐、不脱钩，床脚无积灰	4
壁橱顶无积灰	2

卫生间

项　　　　目	得　分
门（面、框、锁眼、把手）无积灰和污迹	6
皂碟无污迹	8
金属器（晾衣绳盒、龙头、开关）无污迹和水渍	12
马桶内外无污迹	12
水箱内部无泥沙，外部无斑迹	8
镜框除锈、上油	6
浴帘无污迹，边缘无破损	8
天花板无黄迹	6
取暖灯无斑迹	8
装饰板无斑迹	14
人体秤套无灰迹、斑迹	6
垃圾桶内外无污垢、斑迹	6

① 将客房的周期性清洁卫生计划表贴在楼层工作间的告示栏内或门背后。楼层领班还可在服务员做房报告表上每天写上计划卫生的项目，以便督促服务员完成当天的计划卫生任务。

② 服务员每完成一个项目或房间后，填上完成的日期和本人的签名（见表 3－5）。

③ 领班等根据此表予以检查，以保证质量。

④ 客房服务中心根据各楼层计划卫生的完成情况绘制柱形图，显示各楼层状况，以引起各楼层和客房部管理人员的重视。

表3-5 计划卫生工作表

	项 目	工 具	质量要求	注意事项
房间部分	吸房间边角位置	吸尘器、抹布、毛刷	地毯疏松无杂物	边脚位吸完后，暴露部分也要吸一遍后出房，不能用扫把扫地毯。
	清洁电话并消毒	万能洗涤剂、抹布、酒精棉球	清洁无污迹、无异味	注意抹电话线，不要把电话筒绕电话机一周放置，易损坏电话（线不外露）。
	擦窗户及窗台外	擦窗器、抹布、毛刷	玻璃明亮无水渍、窗台框无尘	不要站在窗台上抹玻璃、挂窗帘钩，水珠不要往地毯上刮。
	除墙面、天花板浮尘	尘扫	无尘、无蛛网	无明显污迹（如口水、痰、字迹、黑印等）
	刷洗冰箱	水桶、中性洗洁剂、百洁布、抹布	干净无异味	先断电源；退房、空房应把开关拧至“OFF”位；汽水、啤酒的温度是5℃，5℃以下易炸裂。
	抹空调	湿抹布	无黑灰	注意每个小孔都要清洁，出风口经常检查，注意有无隐藏物品。
	翻床垫		2周1次或1周1次	安排与清理房间同时进行，要有记录备查。
	擦电线插座	万能洗涤剂、抹布	洁白、无污渍	切断总电源，冰箱、电视机电线不外露。防潮，开关要灵活。
	擦床头灯铜器部分	抹布、铜水（半干抹布）	发亮无污迹	
	抹地脚线	抹布	干净、无尘	安排与清理房间同时进行，组合柜后及门边也要抹。
卫生间	抹抽风机	抹布、刷子	干净无尘无污	先关机。
	刷马桶污渍	百洁布、万能洗涤剂、酸性洗涤剂	无水痕、无锈渍	先关水，把水位降低到最底部，以免影响清洁剂浓度，每层盖缝、马桶外部、底座都要干净。
	洗马桶水箱	万能洗涤剂、百洁布、毛球刷	干净无黄迹、无沉淀物	水箱盖一定要放到安全地方以免打烂，要小心洗刷，以免损坏内部机件。
	刷洗浴缸污迹	百洁布、洗涤剂	洁净无水迹、无污迹	空房也要清洁。
	刷洗卫生间瓷砖墙面	牙刷、百洁布、酸性洗涤剂、抹布	界线洁白、无水渍、无皂渍	先把界线刷白、用清水冲洗并抹干，注意各部分交界边缝。
	地板	牙刷、万能洗涤剂、酸性洗涤剂、抹布	界线洁白、无污迹、无皂渍	注意马桶后的地板及地漏、洗脸台下的地板的清洁。
	擦铜器	洗钢水、抹布	光亮无手印	浴帘杆、毛巾架、浴巾架、浴缸扶手、水龙头

（2）注意安全。客房的计划卫生中，有许多工作是需要高空作业的项目，如通风口、玻璃窗、天花板等。因此，清扫天花板、墙角、通风口、窗帘盒或其他高处物体，要用脚手架或凳子；站在窗台上擦外层玻璃要系好安全带。总之，要处处注意安全，防止事故发生。

（3）准备好清洁工具和清洁剂。要做好客房的计划卫生，就要重视清洁工具及清洁剂的准备工作。如果这一环节没抓好，不仅会浪费清洁剂和降低工作效率，而且往往达不到预期的清洁、保养效果，甚至带来额外的麻烦。例如，给木质地板上蜡，本应用油性蜡，如误用水性地面蜡，不仅不美观，而且会给木质地板造成损坏。因此，根据计划卫生的内容，选择适合的清洁工具和清洁剂是搞好计划卫生的重要一环。

3.4 公共区域的清洁保养

饭店是一个小社会。除了住房之外，前来用餐、开会、购物乃至参观游览的客人络绎不绝。他们往往只停留于公共活动区域，却理所当然地把它作为衡量整个饭店的标准。比起客房来，公共区域所面临的评判者更多，因而，做好公共区域的清洁保养工作是至关重要的。

3.4.1 公共区域的概念和特点

凡是公众共有共享的活动区域都可以称之为公共区域。通常，人们又习惯把饭店的公共区域分为室外与室内。室外又称之为外围，它包括外墙、花园、前后门广场及停车场等。室内公共区域又进而分为前台和后台。前台区域是指专供客人活动而设计的场所，如大厅、休息室、康乐中心、餐厅、舞厅和客用洗手间等；后台区域即为饭店员工而划出的工作和生活区域，如员工更衣室、员工餐厅、员工活动室、倒班宿舍等。

公共区域因在饭店中所处的位置不同，所使用的对象不同，故其清洁保养的要求也有所不同。一般来说，公共区域大多有如下特点：

（1）众人瞩目，要求高，影响大；

（2）活动频繁，环境多变；

（3）人员复杂，难以控制。

3.4.2 公共区域的清洁任务及要求

一般来说，客房部负责除厨房以外的所有公共区域的清洁保养。这可以节省一些人力及有利于统一控制整个饭店的清洁质量与标准。但也有些饭店为了缩短战线、保证前台质量，往往将其后台区域划归其他部门负责。因为后台区域的清洁任务及要求可参照前台，故这里只对一些基本问题进行讨论。

1. 大厅

大厅几乎没有休息的时候，所以需要得到日夜不停的清洁保养。大量的过往客人和短暂停留者不时地带来尘土、足迹、烟灰烟蒂、糖果纸屑等，而每一位新来的客人又都在这里得到至关重要的第一印象。因此，这里是饭店的门面。

通常，负责大厅清洁的服务员所做的事有三件：倒烟灰、整理座位和除尘（抹尘和推尘）。如果厅内有水池，服务员还应用夹子清除池中的垃圾、杂物。在活动频繁的白天，服务员要能及时地、不易被人察觉地不断重复着以上的工作。遇上雨雪天气，不仅要在门口放上存伞架，还应在大门内外铺上踏垫和小地毯；服务员则需更为频繁地清除地面上的泥沙和水迹，并在必要时更换地上的踏垫或小地毯。否则，不仅有损大厅的整洁，还可能给整个饭店的地面清洁保养带来麻烦，甚至灾难。

那些在营业高峰期间不便做的工作，往往都安排在客人活动较少的夜晚或清晨，如吸尘、洗地、抛光打磨、清洁烟灰缸、彻底清洁家具、墙面除迹、设备维修等。

2. 电梯和自动扶梯

与大厅一样，电梯与自动扶梯也都不断有客人在使用。通常，现代饭店所用的自动电梯比起由电梯员操作的老式电梯，其清洁保养的难度要大一些。电梯里的地毯特别容易脏，四壁也会留下指印和磕碰的痕迹，这些在封闭的环境里特别惹人注目。因此，服务员应对电梯进行定时清洁，管理人员应对此多加注意。

电梯的全面清洁是在夜班进行的。电梯地毯应多备几块，以便定期或临时清洁与更换。有些饭店还订做了精致的星期地毯。这对于有条件的饭店来说，确实是个值得仿效的做法。

自动扶梯一般也在晚间做彻底清洁。玻璃护板要擦亮，金属件要除渍保养，踏板槽里往往有一些脏物嵌在上面，一定要细心地清除掉。清洁保养得法，才能显示出设施本身的魅力。

3. 餐厅、舞厅和多功能厅

这些地方需要仔细的清洁。客人落座之后，难免会左顾右盼。他们对于桌椅和地面的清洁状况有时是很挑剔的。因而，在开餐之前要进行仔细的检查。餐厅经理可以在这方面给予不少帮助。

鉴于餐厅营业时间长短不一，客房部要妥善安排好各餐厅的清扫时间并主动争取餐厅员工的积极配合。在餐厅营业时间内有清洁需要时，必须及时地予以处理，如汤汁食物等倾洒于地上等。否则，不仅有碍观瞻，而且可能造成硬地打滑或地毯上的污迹不易清除等情况的发生。不少饭店考虑到工作的迅捷和方便，往往要求在营业期间的清洁问题由餐厅自行解决。对此，客房部应予积极配合，如工作用品的配备和清洁方法的指导等。

餐厅的全面清洁保养一般在夜晚停业之后至次日开餐之前进行。由于餐厅的陈设布置差别很大，故难以一一详述其清洁项目。但通常的工作内容有：

（1）清除餐椅上的食物碎屑及污迹；

（2）清洁桌椅腿、窗沿及通风口等；

（3）清洁咨客台、账台及电话机等；

（4）擦亮金属器件；

（5）地面吸尘或磨光；

（6）有计划地为家具、灯具等清洁打蜡；

（7）有计划地分批进行座椅和墙面的清洗。

舞厅和多功能厅的清洁任务和要求基本上与餐厅相同，只是舞厅常安排在上午清扫，而多功能厅的清洁工作往往在活动前后进行。有时多功能厅的活动会比较紧凑，如会议、晚宴和演出连续进行，这就要求有事先周密的计划安排和现场有效的指挥和协调，至于多功能厅的座位布置，一般由营业部提出要求并检查验收。

4. 洗手间

在一些高级饭店或宾馆中，洗手间有专职服务员负责随时进行清洁和为客人放洗手水、递毛巾、开门等工作，这无疑是一种高规格的服务模式。实际上，客人对于洗手间的清洁卫生要求一向都很高，如果有异味或不清洁会带来不良的影响，以至最后失去客人；但在大多数饭店里要安排专职服务员显然很困难。

通常，饭店要根据自己的档次、客流量的大小和洗手间的设备状况确定一个清扫频率，以保证最基本的规格水准。这个频率可根据一天中使用情况的不同而有所不同。一般的清扫无非是抹水迹、擦镀铬件和镜子及补充一些用品，基本不影响客人的行动。若需进行全面彻底的清洁，那就必须在洗手间门外竖立一块牌子，说明关闭原因并指出临近洗手间的所在位置。为了保证洗手间的清洁卫生，这种大清洁除在夜班安排一次外，至少还应在白天客人活动低峰期进行一次，如下午三四点钟左右。需要说明的是：即使一些饭店平时并不安排专人在洗手间服务，但遇重大活动时也可做临时的安排和调节。有服务员在场不仅可提高洗手间的周转率，还可以防止或减少客人财物丢失的现象，后者在女用洗手间尤为重要。

洗手间的清洁卫生固然应予重视，而其保养完好也不可忽略。洗手时的功能设计是有其科学依据的，如罗马尼亚对饭店洗手间的一般规定是，每100位男宾设两个小便池及一个座厕，每100位女宾设三个座厕。可想而知，如果洗手间设备因损坏而不能使用或将座厕封闭起来作工具间，都将构成对客人利益的损害。

5. 吊灯

吊灯在饭店里的位置往往是十分显要的，它甚至成了饭店豪华程度的象征。但大型吊灯的清洁保养却是一件令人头痛的事情。许多大厅的吊灯有成百上千件饰物，拆洗起来麻烦又不安全。因而，如果它不是明显脏的话，一般很少去清洗它。当然，现在有些饭店在灯饰的设计选用上已经注意到其清洁保养问题，如安装了滑轮组以便进行升降等。升降梯或升降平台是进行高空作业所必不可少的工作设备。

吊灯的清洁工作又苦又累又费时，甚至造成损坏都很难修配。为此，美国一家饭店的员工想出一条妙计：他们把配制好的清洁剂溶液装入一只压力喷壶，用它在高梯上对吊灯饰件进行喷雾清洗，吊灯下面的地上用雨布张起了一个如漏斗状的积水容器。这样，整个工作过程比原先快了好多倍，而且安全省力。

6. 不锈钢和铜器

不锈钢和铜器在现代化的饭店里被普遍采用，它给饭店增添了色彩。通常，这些器件都必须每天清洁，否则就会失去光泽或沾上污迹。如果保养不当，其表面还可能变色或出现细微的划痕，从而破坏了原设计的效果。

擦洗不锈钢和铜器都有专门的清洁剂，若用其他的清洁剂取代则危害较大。即使用同一品名的清洁剂，其品质、功用也不尽相同，此外因不锈钢或铜制品的品质等也有差异，所以清洁剂的选用非常关键。对于那些镀铬、镀铜件，通常只需用抹布擦净即可，以免“损财又破相”。

3.4.3 制订清洁保养制度

1. 日常清洁保养

根据各区域的活动特点和保洁要求，列出所有责任区域的日常清洁基本标准，以便进行工作安排和检查对照。其一般形式与主要内容如下所述。

（1）大厅及走廊。随时保持整洁，早中班每小时进行一遍地面推尘、倒烟灰、座位整理、扶手与平台抹尘、清除地毯及水中垃圾。夜班进行全面清洁。

（2）客用电梯。早中班每4小时清扫一次，夜班进行全面清洁。

（3）客用洗手间。早中班每1～2小时进行一次整理。下午及后半夜各做一次全面清洁。

（4）餐厅和舞厅。每日营业结束后进行全面清洁保养。

（5）多功能厅。每日清洁一次，需要时可随时清洁。

（6）行政办公室。每日下班后清洁一次。

（7）员工更衣室。每日早中班各清洁一次。

（8）员工通道与电梯。每班清洁一次。

（9）外围。每日早晚清扫两遍，其他时间由外围服务员随时保持其整洁。

2. 服务员分工负责

根据日常清洁标准，将各项工作落实到早、中、夜三个班次；再根据工作量多少确定各班次所需要的人员并为服务员划分责任区。为了保证工作的实施及便于检查效果，应制订出早中班各责任区服务员的工作流程和时间分配方法，而夜班通常只需列出其工作内容即可。

3. 分期清洁保养计划

公共区域范围广、项目多，不少饭店从节约成本和控制质量的角度出发，把客房地毯及沙发的洗涤工作包给了公共事务部。这样，如果没有一个分散分批逐级保养的计划，则日常工作会显得手忙脚乱、无从着手。

制订分期清洁保养计划类似于客房的计划卫生，但公共区域分块多，各处的使用情况有别，环境要求也不同，所以这一计划以各区分列为宜。

下面以某饭店的大厅清洁保养计划为例来做介绍。

(1) 每天进行抹尘、吸尘、拖地、抛光、擦亮不锈钢扶手、标牌等，擦洗大门、台面玻璃，清除地面、墙面、座椅污迹，更换踏脚垫，花卉浇水等例行事务。

(2) 每周进行台面打蜡、电话机消毒及电话间墙面清洗，门窗的框、沟、闭门器和地脚线清洁，百叶门、窗清洁打蜡，天花板通风口清洁，硬地用喷洁蜡清洁保养。

(3) 每月进行软家具、软墙体与门、帷帘的清洁除尘，壁灯、台灯座等装饰物件的清洁打蜡。走廊吊灯和吸顶灯清洁，金属、石料或木质家具及墙面的清洁打蜡，所有透明玻璃制品的彻底清洁（大吊灯除外），地面起蜡和打蜡，用干泡法清洗休息处的地毯。

(4) 每季进行（或视需要）座椅的坐垫、靠背与扶手的清洗，帷帘与软墙体的清洗，大洗地毯。

3.4.4 制订公共区域清洁保养质量标准

1. 大厅清洁保养的标准

1）门窗卫生

门面、门框、把手等清洁完好，做到无污迹、无灰尘，门窗开启自如。窗帘不能有破损、脱钩现象，窗轨、窗帘上不能有灰尘和其他污迹。

2）天花板、墙面与地面卫生

天花板、墙面及地面应保持平整、光洁、无破损、无变形，要求无漏水、无水印、无油漆脱落和墙纸起翘现象，不能有污迹、灰尘和蛛网，更不能有卫生死角，大厅地面保持光亮。

3）灯具卫生

灯具每天擦拭，做到光洁明亮、无灰尘。

4）家具、用具卫生

各种家具、用具每天擦拭，始终保持干净、整洁，做到无灰尘、污迹、手印等，摆放在饭店规定位置，以方便客人使用。

5）总台及其他设备

总台及其他设备应每天擦拭，始终保持干净、整洁，做到无灰尘、无污迹等。

6）微小气候与定量卫生

① 要求大厅冬季温度不低于17℃，夏季不高于26℃。

② 相对湿度为40%～60%，风速为0.3～0.4 m/s。

③ 一氧化碳含量不超过6 mg/m^3，二氧化碳含量不超过0.15%。

④ 可吸入颗粒物不超过0.15 mg/m^3，细菌总数不超过4 000 个/m^3。

⑤ 新风量不低于160 m^3/人·小时，噪声最高不超过50 dB。

⑥ 自然采光照度不低于90 lx，灯光照明不低于45 lx，要求光线充足、均匀、不炫目。

2. 公共卫生间清洁保养的标准

1）门

卫生间门每天擦拭，门面、门框、门锁把手完好无破损，并保持整洁，不能有灰尘和其他污迹。

2）天花、墙面及地面卫生

卫生间天花、墙面、地面要求做到平整光洁、无灰尘、无污迹、无水印、无蛛网、无积水。

3）排风扇

通风设备要求完好、有效、噪声低。

4）梳妆台面、面盆

梳妆台面、面盆、水龙头、镜子等及时擦洗，做到表面光洁明亮，不能留有水渍、皂迹或毛发，水管和水龙头不能堵塞、滴漏。盥洗用品在客人用后应及时补充并保持用品干净、整洁，按照饭店的规定进行摆放。

5）恭桶、便池

恭桶、便池保持表面光洁无水渍和印迹，四壁不能有污迹，不能有异味产生。

6）灯具、电源插座

灯具、电源插座应保持完好、有效、安全，不能有破损，亦不能积有灰尘或其他污迹。

7）客用品卫生

方巾在客人用后应及时更换，按规定洗涤消毒，做到无破损、无毛边、无异味。卫生用品在客人用后应及时补充，始终保持完好、卫生。

8）卫生间空气与微小气候

可参照客房卫生间的有关标准。

3. 其他区域清洁保养的标准

1）饭店外公共区域清洁保养标准

饭店外公共区域主要是指庭院、花园、停车场、建筑物等，其清洁保养标准主要是保持干净整洁，做到无垃圾、无灰尘、无污迹、无异味。

2）饭店内其他区域清洁保养标准

饭店内其他区域清洁保养标准可参照客房或前厅的有关要求。

3.4.5　检查督导

与楼层工作一样，检查是保证工作水准的一项必要措施。虽然所有工作区域的规定项目都要检查，但也应注意重点与次序。一般说来，公共区域的检查以客人活动区域为重点，其顺序可以是从前往后、自下而上地进行。客房检查中所采用顺时针或逆时针式的检查路线在此同样适用。

负责公共区域的主管和领班不仅仅是工作检查者，更应该是工作的协商和组织指导者。他们除了检查日常工作的完成情况外，要更多地了解员工的工作状态和操作细节，其中是否正确使用清洁剂和清洁工具就是一项重要内容。如果这一环节没有抓好，不仅会浪费清洁剂和降低工作效率，而且往往达不到应有的清洁保养效果，甚至带来额外的麻烦。例如，洗地打蜡而不立警示牌或拉隔离线，擦玻璃时不带抹布，清洁洗手间面盆时使用座厕清洁剂等。

为了检查和控制公共区域的工作质量，往往要求有书面检查记录和业绩评估。这些将作为奖金分配或培训需求的分析依据（见表 3－6、表 3－7）。

表 3－6　工作检查表

姓　　名	岗　　位	时　　间	检查情况

表 3－7　厅堂组、洗手间卫生检查记分表

地点 项目（得分）	一M A	一M P	一L A	一L P	二M A	二M P	二L A	二L P	三M A	三M P	三L A	三L P
1. 地面、墙角无积灰、杂物、污渍（15）												
2. 马桶、小便池内外干净无污迹（15）												
3. 四壁瓷砖无污迹、积灰（10）												
4. 大、小各扇门无灰尘、污渍（5）												
5. 马桶底座无积灰、污渍（5）												
6. 间隔墙顶无积灰、杂物（5）												
7. 脸盆四周及水龙头清洁无水迹（5）												
8. 脸盆下水口、溢水口无污迹（5）												
9. 各小垃圾箱或烟缸内外清洁（5）												
10. 水池下弯管无积灰、污渍（3）												
11. 托盘无污渍、皂盘无水迹（3）												
12. 镜面无水迹、镜框无锈迹（3）												
13. 大理石台面无灰尘（2）												
14. 踢脚板无积灰（2）												
15. 镜框顶无杂物、积灰（2）												
16. 水箱内无大沉淀物、外无污渍（2）												
17. 风口无积灰（2）												
18. 壁画、卷纸架无积灰（2）												
19. 梳子、衣刷上无头发、污渍（3）												
20. 工作间、物品归位整洁（6）												
总　分												

年　　月　　日　　　　领班检查：________　主管：________

3.5 面层材料的清洁保养

3.5.1 面层材料的种类及其特性

1. 织物类材料及其特性

饭店使用织物类材料的地方主要包括地毯、沙发、软面椅和墙面软包等处。以下主要介绍地毯的清洁保养。

地毯因具有美观、安全、舒适、清洁、吸音、保温等特点，除了在客房内铺满地毯外，还被广泛地用于餐厅、会议室等场所。地毯也因其纤维、构造等方面的不同，在价格、使用区域、美观实用性、耐久性等方面有较大差异。

根据纺织纤维的不同材料，饭店常用的地毯主要有三类，即化纤地毯、羊毛地毯和混纺地毯。饭店除了一些易积水的公共区域外，一般不铺设低档化纤地毯，原则上要求饭店选用羊毛地毯或混纺地毯。

2. 木质材料及其特性

木质地面由软木材料（如松木、杉木等）和硬木材料（如杨木、枫木、榆木、橡木等）加工而成。其特点是：有一定的使用耐久性，重量轻、导热性能低、有弹性、较舒适等；但木质地面最容易随空气中温度、湿度的变化或长时间水清洁而导致裂缝、翘曲、破损、腐烂；同时，因木材纤维易破裂，故木质地面易磨损，而且它的耐火性很差。

3. 石质材料及其特性

饭店公共区域常用石质类材料主要有以下几种。

1）混凝土地面（水泥地）

混凝土地面在饭店内属基础设施性地面。其特点是坚硬、牢固、平整、造价便宜，属耐久性地面，一般不是很光滑，色彩较单一，但可用油漆的方法加以弥补。一般饭店外围、地下室、停车场，都用此地面材料。

2）水磨石地面

水磨石地面以水泥和彩色石屑拌和，经成型、养护、研磨、抛光等工艺制成。其特点是强度高、美观、施工简便、花纹耐久、抗风化，耐火性、防潮性都很好。加工精细的地面光洁度很好，一般用于员工食堂、员工通道、厨房等后台区域。

3）人造大理石

由于制作人造大理石的材料、质地和加工工艺的不同，人造大理石可分为水泥型人造大理石、聚酯型人造大理石、复合型人造大理石和烧结型人造大理石四种。尽管它们各自有其不同的特点，但总的来讲，人造大理石表面光洁度很高，其花色可模仿天然大理石或花岗岩自行设计，美观大方，装饰性强，耐久性较好，可加工性、表面抗油污性也很好；对唇膏、墨水、紫药水、红药水、食用油、鞋油等不着色或轻微着色；清洁保养较容易，价格也大大低于天然大理石。

4）天然大理石

天然大理石是石灰岩经过地壳内高温高压作用形成的，主要成分有 50% 以上碳酸钙。大理石产地不同，色彩不同，其构造和价格也有很大差异。天然大理石主要用在饭店大厅地面、墙面的装饰和高档豪华客房卫生间地面的铺设。因其含有杂质，碳酸钙易受二氧化碳、硫化物、水气的作用而容易风化和溶蚀，而使表面失去光泽，故不宜用做室外材料铺设。

5）天然花岗石

天然花岗石是一种火成岩，经研磨抛光而成为装饰石材。天然花岗石表面平整光滑，颜色多为粉红底黑点、花皮、白底黑点、灰白、纯黑等。它不易风化变质，外观色泽可保持百年以上，而且坚硬耐磨，故饭店可用于大厅地面、建筑物外墙等处的装饰。

6）地面砖

地面砖材料种类很多，可分为陶、瓷两大类。地面砖均以黏土为主要原料，经配料、制坯、干燥、熔烧而制成。地面砖有施釉和不施釉两种，其表面光滑、不吸湿、不透气，主要用于卫生间地面的铺设。但地面砖易破碎、热胀冷缩，拼接缝较宽，不利于清洁保养工作的开展。

3.5.2 面层材料的清洁保养

1. 织物类材料的清洁保养程序

1）地毯的清洁保养

地毯的更新周期一般为 5 ～ 7 年，其是否保养得当，直接影响到饭店的经济效益。为此，饭店运行中绝不能忽视对地毯的保养。地毯的清洁保养程序如下所述。

（1）吸尘。彻底吸尘是保养地毯最重要的工作。吸尘不但可除去地毯表面积聚的尘埃，还可吸除深藏在地毯底部的沙砾，避免在人来人往时在地毯纤维根部产生摩擦而割断纤维，而且经常吸尘可以减少地毯清洗次数，保持地毯的弹性和柔软度，延长使用寿命。

① 地毯吸尘，一般在客房区域要求每日一次；客人活动频繁的区域（如大厅、餐厅、商场等）每日不得少于三次，平时吸尘可用普通吸尘器，但应定期使用直立式吸尘器彻底吸除地毯根部的杂质、沙砾等。

② 吸尘前，先清除区域内大的垃圾和尖利物品。

③ 吸尘时，客房或公共区域的角落、墙边等处应选用合适的吸尘器配件。

④ 吸尘时，应采用由里向外的方法进行，并按一定的顺序，以免遗漏。

⑤ 吸尘应采用推拉方式。推时应逆毛、拉时应顺毛，保证吸过尘的地毯纤维倒向一致，踩后地毯不会出现阴阳面。

（2）除渍。在日常工作中，发现地毯出现污渍，应立即加以清除。不同的污渍应用不同的方法，否则渗透扩散后会留下永远无法清除的脏迹。饭店地毯常见污渍的处理方法如下所述。

① 黄油。将落在地毯上的黄油彻底刮掉，用海绵蘸上地毯干洗溶液擦拭，然后吸干。如清除不彻底，可重复进行，直到彻底去除为止。

② 奶油。先把地毯上的奶油用抹布、纸巾等彻底吸干，再用海绵蘸上清洁剂溶液擦拭，把溶液吸干，然后再用海绵蘸上温水擦拭，吸干水分即可。

③ 咖啡、可乐、果汁、茶水。将地毯上的咖啡液、可乐汁、果汁、茶水用纸巾、抹布彻底吸干，用海绵蘸上清洁剂溶液擦拭，再用纸巾、抹布吸干溶液，然后用海绵蘸清水擦拭，用同样的方法吸干水分。如果污渍是以前沾上的，可用带微量漂白剂的专用溶液除去，吸干溶液后再用海绵蘸上清水擦拭并吸干水分即可。如果是茶渍，最后还应用海绵蘸上专用弱酸性溶液擦拭并把溶液吸干。

④ 呕吐物。发现地毯上有呕吐物时，应立即刮去并吸干脏物，用海绵蘸上清洁剂溶液擦拭，把溶液用抹布或纸巾吸干，再用海绵蘸上清水擦拭，然后把水分吸干。

⑤ 口香糖。先用小刀小心地把口香糖彻底刮去（如口香糖已结成硬块状时，最好先用冰块冷敷一下，使其发脆后用刀刮去），用海绵蘸上地毯干洗剂擦拭，然后用纱布吸干；如口香糖较多时，可用同样方法反复进行，也可使用专用的香口胶喷剂去除。

⑥ 唇膏。先用小刀把地毯上的唇膏轻轻刮去，用海绵蘸上醋酸或清洁剂溶液擦拭，然后用抹布把溶液吸干。如果使用清洁剂，则还应再用海绵蘸上清水擦拭，再把水分吸干。

⑦ 指甲油。如发现客人不小心把指甲油沾到地毯上，应先用小刀轻轻刮干净，然后用海绵蘸上醋酸或指甲油去除剂擦拭，用抹布吸干，再用海绵蘸上地毯干洗剂擦拭，吸干。指甲油较多时，可重复以上的清洁方法。

⑧ 血迹。对地毯上的血迹，可用纸巾吸干后用蘸上冷水的海绵擦拭，把水分吸干后再用海绵蘸上清洁剂溶液擦拭，用抹布吸干溶液，最后用海绵蘸上清水擦拭，把水分吸干。

⑨ 烧焦痕迹。被燃烧的烟火毁伤的地毯，可小心地将地毯上簇绒烧焦的一端剪去，再加以擦拭。然后，用海绵蘸上清洁剂进行擦拭。对毯绒很短的地毯，有时可采用砂纸擦拭，消除烧焦处的痕迹。

（3）清洗。清洗地毯是一项技术要求极高的工作，饭店应配备专职地毯清洗工，并经过严格培训后才能独立操作。一般饭店要求彻底清洗地毯的时间不得超过半年，平时应根据地毯使用的频率灵活掌握洗涤周期。为了尽可能避免对地毯造成损坏，使地毯变形，最好采用干泡法对地毯进行清洗，当干泡法不能彻底清洁时可采用湿洗法。清洗地毯的程序如下所述。

① 清洗地毯前，应先将待洗区域地毯上的家具、物品撤除或移开。

② 将待洗地毯彻底吸尘。

③ 检查地毯有无污渍，若有应先除渍。

④ 检查清洁剂是否符合要求，应避免使用含油质或残余物的清洁剂，以免再积成油污。测试的方法是将清洁剂进行蒸发，查看其残余物是否可被吸尘器吸取，（若可以吸取，则说明该清洁剂不会积聚脏污）或先将清洁剂在小块地毯上试用。

⑤ 将清洁剂按使用说明配制后，装入洗地毯机的储液器内。

⑥ 清洗地毯时严格按机器使用说明或要求操作，并按从里到外的次序设计清洗路线，以免遗漏。

⑦ 湿洗时，洗地毯机刷洗完毕后，用吸水机吸遍地毯，将污水彻底吸净，使地毯容易干燥。

⑧ 用刷子逆毛将地毯纤维刷起，使之干后富有弹性。

⑨ 地毯干之前不可留有车轮印或脚印。可将清洗区域内空调的风量开到最大或使用吹风机，使地毯中的水分蒸发。地毯干后，用吸尘器彻底吸尘，除去残余物，理顺地毯纤维倒向，并将彻底清洗后的区域恢复到原来状态。

2）沙发、软面椅、床头板、墙面软包的清洁保养程序

饭店要求内部所有织物装饰的包面应经常清洁，以保持柔软无污迹，符合饭店清洁保养的质量标准。

（1）每天清扫时，用吸尘器吸去沙发面上、坐垫上及织物上的浮灰及碎屑。

（2）发现污渍及时去除，一般用稀释的清洁剂（许多饭店采用地毯清洗剂），先用刷子蘸上一点清洁剂在污渍处刷洗，然后用干净的抹布擦去泡沫晾干即可。

（3）清洗前先准备好清洁剂、清洁桶、刷子和抹布，方法与除渍基本相同。定期进行清洗，资金雄厚的饭店可配置专用清洗沙发机，以达到彻底清洗的效果。若饭店资金较紧张，可采用手工方法清洗。

2. 木质地面的清洁保养

1）木质地板的最初保养

（1）新的木质地板在使用前先进行砂擦、吸尘、打蜡抛光。

（2）在木质地板上打蜡，一般需上三层，而且每一层都须抛光。

2）日常清洁保养程序

（1）在铺设木地板的区域出入口处铺上一块尼龙地毯垫，每天清理更换，以减少客人出入时带进砂粒。

（2）用喷上静电除尘水的拖把除尘或尘推推尘，也可使用吸尘器吸尘，保持地面光亮无灰尘。

（3）用油灰刀、细砂纸、抹布等去除地面上的小斑迹，并根据情况补蜡。

(4) 蜡面局部有脏迹，可用抛光机喷蜡，局部擦洗，待其干后，进行补蜡并且抛光。

(5) 客人活动频繁区域，如多功能厅、舞厅等处，需每天抛光。

3) 彻底清洁保养程序

木质地面的彻底清洁保养程序基本与大理石地面相同，但也有下述几点区别。

(1) 清洗木质地面污垢不宜用洗地机，只能用拖把和稀释过的中性清洁剂进行保养。

(2) 对木质地面再次打蜡前去除陈蜡的方法是：用磨砂机干磨，而后用吸尘器吸去陈物。磨砂机可用洗地机和抛光机替代，只需换上钢丝绒软垫即可。

(3) 木质地面的表面有气孔，需上封蜡渗透填充来增加光洁度，最好上两层封蜡。

(4) 木质地面所用的封蜡和面蜡应为油基蜡。

除木质地面外，饭店还有木质墙面，其装饰多用夹板做成，特点和清洁保养要求与木质地面的情况基本相同。

3. 石质材料的清洁保养程序

1) 混凝土地面（水泥地）

混凝土地面清洁保养程序如下：

(1) 水泥地面铺好后除去垃圾、杂物，清除地面上的各种污渍；

(2) 水泥地面应用聚氨酯、环氧树脂涂料或酚醛清漆进行预处理工作；

(3) 每天用扫帚或处理过的拖把清扫，以清除地面上的垃圾、杂物和灰尘；

(4) 发现地面有污渍可用抹布、纸巾等擦拭，较顽固的污垢可用小灰刀轻轻刮去；

(5) 彻底清洁时，可用拖把或机器进行，应使用稀释的中性清洁剂，洗涤后用清水冲净，让其彻底干燥后，可用水性蜡抛光。

2) 水磨石地面

水磨石地面的清洁保养程序如下所述。

(1) 最初保养。

① 水磨石地面使用前应彻底封蜡，一般可先施以丙烯酸酯涂料起保护作用，再打上水性蜡以利于日常清洁与防滑。

② 最初的几个月里，必须每天拖地，以清除地面上的矿物质。

(2) 日常清洁保养。

① 每天用尘推推尘或用吸尘器吸尘，保持地面的整洁。

② 隔天对水磨石地面用合成抛光剂进行抛光。抛光时，应使用合成纤维垫，不能用钢丝绒，因为钢丝绒屑可能会损坏地面，并使地面褪色。

③ 人流过往频繁处应每天进行抛光。

(3) 定期清洗。

水磨石可用湿拖或机器刷擦，其程序和方法与其他石质地面的清洗基本相同。

3）人造大理石

清洁保养较容易，价格也大大低于天然大理石。

4）天然大理石、天然花岗石

大理石、花岗石地面的清洁保养程序如下所述。

（1）日常清洁。

① 推尘。推尘是利用尘推与地面摩擦产生的静电将灰尘吸起，达到除尘的目的。推尘的正确姿势应是握杆的手靠在腹部，尽量保持直线向前，从一头开始推进，平行地来回往复。行进中尘推紧贴地面，不能抬起，以免灰尘飞扬；拐弯时，尘推应做180°转向，始终保持将尘土往前推；当尘土积到一定程度时，应将尘土推至一边，并用吸尘器将其除去；尘推积尘过多应及时更换，以达到较好的推尘效果；尘推用完后应拿到工作间及时处理干净，推头向上挂放。

② 喷磨。对推尘去除不掉的蜡面局部脏迹和一些走动较多的、有磨损印或鞋印的地面，喷上蜡后，用单擦机加粗细合适的尼龙百洁刷盘进行喷磨。它可以将落下的面蜡屑带入百洁刷盘内，而且喷磨后，会在地面上留下一层薄薄的新蜡，起到光洁地面的作用。喷磨时，操作人员先对机器前方地面喷蜡，然后再用机器磨。注意调节好喷嘴，不要将蜡喷得太远，以免机器磨到时，蜡已干掉。还需注意不要喷到墙上、家具上，一般喷至离墙、家具70 cm的地方即可。在进行喷磨时，当百洁刷盘沾满脏物时，应及时更换或翻转刷盘。喷磨完成后，用尘推将被磨散的蜡屑或灰尘推走，在工作间对刷盘进行彻底冲洗。若刷盘有重污或已变硬，可将其浸泡在去蜡水溶液中洗涤，洗涤干净后晾干备用。

（2）定期清洗、打蜡。当推尘和喷磨无法去除地面的脏迹和磨损，或不能使地面恢复光滑的状态时，可进行彻底的清洗和打蜡。地面洗涤周期一般应不超过半年，但主要应视脏的程度而定。

① 清洗地面前，将所有物件撤离，准备好适用的清洁器具和清洁剂，并拉警示线或竖立警示牌，提醒客人注意安全。清洗时间通常在夜间23:00以后或下半夜，以不影响客人的活动为宜。潮湿天气不宜打蜡。

② 推尘除去地面浮尘。

③ 除去旧蜡。先用拖把将起蜡水均匀涂抹于待洗地面，再用洗地机擦洗。擦洗后应迅速用吸水机或拖把将起蜡溶液吸走。否则，地上溶液会很快变干，而且去除难度相当于重新起蜡。因此，若洗涤面积较大，可分区域起蜡。注意起蜡水不可过量使用，或停留时间过长以使其碱性破坏地面的颜色或溶液渗入，使地面受损。旧蜡必须完全清除，可采用侧面对着光线查看法进行。若有斑迹，可使用点清洁方式而不必再大面积去蜡。如用钢丝绒擦除墙角边陈蜡。地面旧蜡完全清除后，地面上仍留有一层薄薄的清洁剂，要用清水反复漂洗过清地面后用吸水机或拖把吸走，从而为打蜡提供真正干净的地面。

④ 打蜡、抛光。大理石、花岗石地面所用的封蜡和面蜡应为水基蜡。待地面完全干透后（否则蜡上会出现水泡印，蜡面光泽不好，容易起皮），用干净的棉拖或专用的落蜡工具

将第一层蜡（封蜡）均匀涂于地面。操作中应避免前后动作，以免使蜡起泡，影响蜡面美观。最好使用压水器，挤压蜡拖，使蜡面薄而均匀；等蜡层风干20～30分钟后，用抛光机轻度打磨，使蜡面平滑牢固；等其完全干透（需4小时左右），再上第二层蜡（通常为面蜡）；在第二层蜡干透（需4～8小时左右）后上第三层蜡并抛光（面蜡）。打蜡抛光过程中应注意：必须等第一层蜡完全干透后再上第二层，否则可能使第一层蜡再浮化，轻则使地面色泽暗淡，严重时地面会起泡或变成粉状。刚上过蜡的地面不宜立即踩踏，最好在上完最后一层面蜡两小时后再让人行走。可能的话，最好过12小时后再进行抛光，这样效果更好。地面打蜡后要防止水的溅滴或冲洗。日常情况只能用溶剂型清洁剂。全部完成后一天左右，撤除防滑警示牌，家具物件复位。及时检查并清洁各种清洁器具，妥善存放以备用。

（3）晶面处理。打蜡对于石质地面有较好的保护作用，但对于沙砾、硬质鞋底等难以抵御，蜡层也会随着日常的清洁和磨损而消失。因此，大理石及花岗石地面在其未被磨损前进行晶面处理是一种较有效的保养方法，它弥补了普遍打蜡的不足，可使地面变得更平滑、光洁，对地面抵御坚硬物质的磨损、防止酸碱物质的侵蚀有很大的保护作用。晶面处理即通过机械将化学剂加热浓缩并压缩成结晶膜铺在地面上，这层透明的无色薄膜光亮、坚固，其处理程序是：

① 先除去地面旧蜡并清洗干净，待地面完全干透；

② 将选择好的晶面处理剂倒入机器的相应装置内，开启机器；

③ 使处理剂均匀喷涂在地面上，而高速转动的钢丝垫迅即进行抛光，地面很快形成一层透明薄膜，牢固地附着在地面表层，约两小时后即可在上面行走。

晶面处理时应注意：必须防止灰尘、沙砾进入工作场地；晶面处理剂在使用时须摇匀，如不小心撒在地面上，应迅速擦干净；生锈的钢丝垫不能使用；地面表层凹凸不平时，应先用特殊的钢丝垫对不平处进行研磨和砂磨，待地面恢复平滑后再进行晶面处理。

5）*地面砖*

地面砖的清洁保养如下所述。

（1）最初保养。

① 地面砖铺好两天内不要沾水，必须让混凝土凝固。

② 用无碱合成清洁剂洗刷，要求刷洗并冲净表面的尘土、垃圾，清除水泥等斑迹，并使其干燥。

③ 地面可打蜡保养。

（2）日常清洁保养。

① 每天用刷子、抹布或除尘拖把清扫地面。

② 湿拖地面。每天可用湿拖把或湿抹布拖擦地面。根据地面卫生情况，间隔一定周期后，可用清洁剂湿拖或用洗地机清洗，用拖把或吸水机吸去溶液，并用清水洗净地面并拖干，以免残留的水或清洁剂留下斑痕。

③ 前台区域的地面砖，应用水性蜡上蜡并抛光。

卫生间的地面砖一般很少上蜡或抛光。地面砖应尽量少用清洁剂清洗，因清洁剂可使水泥浆松脱；亦不能用肥皂清洁，因肥皂往往会形成滑膜。

4. 其他材料的清洁保养

1）金属类材料（不锈钢器和黄铜制品）

（1）日常清洁保养。

① 每天经常用干抹布擦拭，去除灰尘。

② 发现铜、不锈钢器具上有污渍、印迹，应及时去渍。

③ 严禁使用强酸、强碱等腐蚀性清洁剂或具有磨损性的粉粒状清洁剂，以免使其表面受损。

（2）彻底清洁保养。

① 铜、不锈钢器具一般 2 ～ 4 周彻底清洁一次，清洁前先准备好所需的清洁剂（擦铜油、不锈钢清洁剂）和抹布（柔软平纹布）。

② 将抹布叠四折。

③ 将清洁剂轻轻摇动，使之均匀无沉淀。

④ 将清洁剂适量均匀地涂抹在叠好的抹布上，立即均匀地用力擦拭铜、不锈钢器具表面。不能等清洁剂干燥后再擦。

⑤ 用干净的抹布将器具上的清洁剂擦净。若器具表面太脏，可用涂有清洁剂的抹布反复用力擦拭，直到擦净为止。

⑥ 器具表面擦净后，再用干净的抹布快速反复用力擦拭器具，直到光亮为止。

2）玻璃、镜面清洁程序

（1）每日清洁。

① 用柔软洁净的抹布按一定顺序从上到下抹去玻璃或镜面上的浮灰。

② 若有斑迹，可用抹布蘸上一点清水擦拭，再用干抹布擦干擦亮。

③ 若用清水无法清除，可喷射或用抹布蘸一点玻璃清洁剂再擦拭，然后用干抹布擦净、擦亮玻璃或镜面。

④ 若仍清除不掉，可用剃须刀片轻轻刮去，但应注意力度，切勿刮伤镜面。

（2）定期清洗。

① 清洗前先准备好各种工具：提桶两只（一只盛配制好的清洁剂溶液，一只盛清水）、小铲刀（刀刃必须很锋利）或剃须刀片、玻璃清洁剂、抹布（应选用柔软、不会掉丝的平纹布）、海绵、玻璃抹水器、玻璃刮水器（带伸缩杆）等。

② 清洁程序：按使用说明要求的比例在提桶内配置好玻璃清洁剂溶液，并准备好一桶清水。用玻璃抹水器蘸上玻璃清洁剂从上部开始不断地从左至右擦洗；然后反过来从右到左，一直往下擦洗至底部。横向擦洗之后，再从左边起上下擦洗直至右边，若大块玻璃或镜面则将玻璃抹水器伸缩杆拉长，按在玻璃顶端从上往下垂直擦洗。用玻璃刮水器将玻璃上的

溶液刮净，可采用左右横向刮擦的方法，先把橡皮刮放在玻璃左上方，向右刮擦，在半途停下，再用同样方法从右往左刮擦，并用这种方法刮至玻璃底部。若是大块玻璃或镜面，则用橡皮刮从玻璃顶端从上向下垂直刮去水分。刮擦时应注意及时用抹布除去刮把上的水分，并将玻璃表面未刮净或边框上的水迹抹净。如仍有斑迹可在局部用清洁剂重新擦洗，也可用小铲刀或剃须刀片轻轻刮去，注意不可刮伤玻璃表面。若是小块玻璃或镜面，可用海绵替代抹水器，用抹布替代刮水器，具体清洗方法同上；凡使用清洁剂或人工合成清洁剂时，应先参阅使用说明书，仔细研究后再开始清洁工作。

3）*枝形吊灯的清洁*

枝形吊灯的清洁，一般应定期进行。

（1）准备清洁工具和备用品。清洁枝形吊灯时先要准备专用的登高工作台或高空台架和长梯、备用灯泡、清洁剂和清水、抹布（用柔软的平纹布）、海绵、提桶两只。

（2）清洗程序：根据使用说明要求的比例在一只提桶内配制清洁剂溶液，用另一只提桶准备好清洗用的清水。装配好长梯、高空台架或登高工作台，切断电源，撤下用过的灯泡。用海绵蘸上少量清洁剂逐一擦洗吊灯的水晶饰品及灯座、灯管等。用抹布将清洁剂溶液擦掉，再用海绵蘸上少量清水逐一擦拭吊灯各个部位。然后，用抹布把吊灯上的水迹擦干，用干抹布把吊灯各处逐一擦亮，全部换上新的灯泡（所有的灯泡一次性更换比每天晚间搭台去换一两个烧坏的灯泡要省事和经济，换下来的未烧坏的灯泡可再利用）。接通电源，检查灯泡是否都完好。若有故障，应及时更换或维修。吊灯各处清洁完毕后不能留有任何印迹。最后，清理好各种工具和设备，妥善加以保存。

现在，许多新式枝形吊灯的吊装结构已有改进，可以凭借升降结构使吊灯升降，大大方便了灯具的清洁保养工作。

3.6　客房消毒和灭虫害工作

3.6.1　客房消毒工作

消毒是饭店清洁卫生工作的一项重要内容，是预防各种疾病流行、确保客人健康的有效措施。在客房的消毒工作中，每位员工必须明确消毒的目的，掌握基本的消毒方法和操作程序。

1. 客房消毒的要求

1）*房间*

房间应定期进行预防性消毒，以保持房间的卫生，防止疾病的传播。

(1) 每天进行通风换气、日光照射。

(2) 定期进行紫外线或其他化学消毒剂灭菌和灭虫害。

(3) 遇到特殊情况，如住客患病或死亡应及时进行消毒。

2) 卫生间

卫生间的设备用具易沾染病菌，因此卫生间必须做到每天彻底清扫，定期消毒，保持整洁。

(1) 卫生洁具每换一位住客必须进行严格消毒。

(2) 清洁卫生间的用具应和清洁房间的用具分开；清洁卫生间不同洁具和清洁地面的用具也应分开。

3) 杯具

(1) 客房内用过的杯具应每日一换，送楼层消毒间进行严格的洗涤消毒。严禁服务人员私自删略消毒过程。

(2) 楼层应配备消毒设备和用具。

(3) 杯具消毒后取出放入柜内，套上杯套或用消过毒的干净布巾覆盖，防止二次污染。

4) 其他客房用品

(1) 床单、枕套及卫生间“四巾”在洗涤过程中应按规定进行消毒。

(2) 其他客房用品要求无污迹、无污染或密封包装。

5) 客房工作人员

(1) 严格实行上下班更换工作服制度。

(2) 清扫客房时，双手应尽量少触摸物品，尤其是茶水杯具、酒具、各类布件等经过严格消毒的物品。

(3) 清理卫生间时，应戴好胶皮手套。

(4) 注意个人卫生。

(5) 定期检查身体，防止疾病传染。

6) 清洁用具

各种抹布最好送洗衣场洗涤、消毒。

2. 客房消毒的基本方法

1) 房间的消毒方法

(1) 通风与日照。

① 室外日光消毒。利用阳光的紫外线作用，可以杀死一些病菌，如定期翻晒床罩、床垫、被褥等。这既可起到消毒作用，又可使其松软舒适。

② 室内采光。室内采光是指让阳光通过门窗照射到地面，以杀死病菌。例如，冬季3小时日照，夏季2小时日照，即可杀死空气中大部分致病微生物。

③ 通风。通风可以改善空气环境，还可以防止细菌、螨虫等滋生。因此，在客房清扫

时，应开窗、开房门，使房内空气对流，达到消毒的效果。

（2）擦拭消毒法。服务员清扫完客房后，可定期用化学消毒溶液擦拭客房家具设备，例如用10%浓度的碳酸水溶液或2%浓度的来苏水溶液擦拭房间家具设备。消毒完毕，紧闭门窗约2小时，然后进行通风，即可达到消毒目的。

（3）喷洒消毒法。为避免对人体肌肤的损伤，有时可采用喷洒的方法消毒，例如用浓度为1%～5%的漂白粉溶液对房间死角进行消毒，或用空气清新剂、“杰雪”消毒剂进行喷洒（“杰雪”的有效成分是戊二醛，无刺激气味，不腐蚀金属，对皮肤无刺激，能迅速杀死甲肝、乙肝等病菌）。

2）卫生间的消毒方法

（1）通风。每次清洁卫生间时，一定要打开换气扇，改善卫生间的空气环境，防止细菌和螨虫等滋生。

（2）紫外线消毒法。一般在卫生间内安装30 W紫外线灯管一支，距离地面2.5 m左右，每次照射2小时，可使空气中微生物减少50%～70%，甚至可达90%以上。

（3）擦拭消毒法。

① 用浓度为2%～3%的来苏水或“八四”消毒液擦拭卫生洁具。消毒完毕，紧闭门窗约2小时，然后进行通风。

② 在日常工作中，用含消毒功效的清洁剂擦洗卫生洁具，用清水冲净，然后用干净的专用抹布擦干，亦可达到消毒的目的。

（4）喷洒消毒法。用浓度1%～5%的漂白粉溶液对卫生间进行喷洒消毒，但禁止漂白粉与酸性清洁剂同时使用，以免发生氯气中毒。

3）杯具的消毒方法

（1）高温消毒法。

① 煮沸消毒法。将洗涤干净的杯具置于100℃的沸水中，煮15～30分钟即可。此法适合于瓷器，但不适合玻璃器皿。

② 蒸汽消毒法。将洗涤干净的杯具放在蒸汽箱中，一般蒸15分钟即可达到消毒的目的。此方法既适合瓷器，又适合玻璃器皿。

（2）干热消毒法。干热消毒法主要是通过氯化破坏细胞原生质，致使微生物死亡的消毒法。目前，客房楼层常用的消毒柜多属此类。操作程序是将洗涤干净的水杯酒具放入消毒柜，将温度调至120℃，时间调为30分钟即可。

（3）浸泡消毒法。使用浸泡的方法消毒，必须把化学消毒剂溶解，同时严格按比例调制好，才能发挥效用。浸泡消毒的操作方法是：将杯具用洗涤剂洗刷干净后，放入消毒溶液中浸泡5分钟，再用清水冲洗干净并沥干或擦干即可。擦拭时，应注意使用干净并经过消毒的布巾，服务人员的双手不能碰到杯子。

常用的化学消毒溶剂有：①氯亚明，配制浓度为3‰，配好的溶液只能使用一天，对金属器皿有褪色或腐蚀作用；②漂白粉，配制浓度为3‰，搅拌均匀后使用；③高锰酸钾，配制浓度为0.5%，水溶液为紫红色，如果溶液变成黄褐色，则应更换新液，可用于水杯、酒具和水果消毒；④“八四”消毒液，配制浓度为0.2%～0.5%，能快速杀死甲（乙）型肝炎、脊髓炎病毒和细菌芽孢等各类病菌；⑤ TC－101，配制浓度为0.2%～0.5%（每千克水放2片TC－101），须浸泡15～20分钟才可达到消毒的目的。

3.6.2 客房灭虫害工作

防治客房虫害是关系到客人和饭店员工身体健康的一件大事，也是饭店，尤其是客房部的一项不容忽视的工作。

1. 饭店害虫的类别

一般饭店常见的害虫有3类：

（1）昆虫类——苍蝇、蚊子、蟑螂、臭虫、跳蚤、蠹虫、虱子、螨虫、甲虫、白蚁等；

（2）啮齿类——老鼠等；

（3）菌类——霉菌等。

2. 产生虫害的原因

1）内部原因

几乎所有害虫的生存环境都需要两个基本条件，即一定的温度和一定的湿度，而食物和水又是其生存繁衍的必要条件。如果饭店内有通风不佳、环境潮湿、残羹剩饭乱倒、垃圾清理不及时、新鲜食物控制不当等现象，就会给害虫的滋生蔓延创造条件。

2）外部原因

一些外界因素也能给饭店造成虫害。比如，附近有建筑物拆迁和公共设施整修、每天有各种车辆和物资进出、房间装修、人员流动等，都可能带来害虫。客房卫生因为备受管理人员的重视而总能窗明几净，但内部仍可能有害虫，如苍蝇、蚊子、蟑螂、螨虫、甲虫和蠹虫等，所以客房虫害的防治工作同样不容忽视。国际饭店专家建议对客房应进行每月一次的害虫控制和处理工作。

3. 虫害的防治

了解了产生虫害的原因，就可以有针对性地采取防治措施。由于这是一项专业性很强的工作，需要在专业人员的指导下，采用适当的药饵、器具和方法进行杀灭工作。同时，要认识到，虽然灭虫害的新药剂和新方法不断问世，对于抑制虫害起了很大的作用，但并不能一劳永逸，所以客房部应认真搞好饭店的环境卫生，控制好各个环节，消灭卫生死角。

饭店可以从预防虫害的发生入手，如货物必须经过检查；吃剩的食物不许乱丢，要放进垃圾袋统一存放；垃圾房要严格管理，定期消毒；地下室、库房、阳台等角落必须保持整洁通风并搞好计划卫生；搞好后台区域的室内环境卫生，包括办公室、员工食堂、宿舍、更衣室等；要注意员工的个人卫生。

以下是几种常见虫害的防治方法。

1）苍蝇

苍蝇活动范围广，食性杂，飞返于污物和食物之间，不仅造成食物污染，还会传播疾病，如腹泻、胃肠炎、伤寒、痢疾、霍乱等。假如有苍蝇飞入室内，定会扰乱客人的心情，影响宾客的休息。

苍蝇控制的一般方法有：

（1）经常开启的窗户要安装纱窗；

（2）及时处理残剩的食品包装物；

（3）垃圾桶要盖严并经常彻底清理；

（4）经常喷洒杀虫剂，安装电子灭蝇灯；

（5）夏秋季节要特别注意垃圾房、垃圾桶（泔水桶）和饭店外围环境卫生，定期清洁消毒，消灭或破坏苍蝇的滋生条件和生存环境。

2）蚊子

蚊子喜欢停留在阴暗潮湿、不通风、无烟熏的地方，床下、柜后也是其藏匿之所。它们不仅叮人吸血，扰人休息，还可传播流行性乙型脑炎、疟疾等疾病。

蚊子控制的一般方法有：

（1）保持室内外环境清洁，消灭蚊子滋生的死角，如废旧容器、臭水沟等；

（2）安装纱门、纱窗；

（3）定期喷洒杀虫剂；

（4）在室内外合适地点安置灭蚊灯，诱杀成蚊。

3）老鼠

老鼠繁殖力极强，饭店内外较多见的褐家鼠和小家鼠一年四季均可繁殖，孕期只有3周，每胎可产4～8只或6～10只。老鼠的活动高峰是在早晚；喜欢以松土、垃圾、废纸、草茎等建巢；会啃坏木制品、塑料制品、管道和电缆等；还偷吃和污染食物，散布疾病，如引起食物中毒、斑疹伤寒、流行性出血热和鼠疫等。

老鼠控制的一般方法有：

（1）堵塞所有可供其出入的洞口；

（2）及时清除所有能供其筑巢的废料、垃圾；

（3）保持环境卫生，尤其厨房要对食品妥善存放；

（4）投放鼠药——鼠药种类多，效力和后果相差很多，应请专业人士指导或与饭店所在社区配合，共同做好灭鼠工作。

4）蟑螂

蟑螂通常是躲在盒子、食品或行李中进入客房的。喜欢温湿的环境，如卫生间、厨房、水管附近等。食性杂，吃几乎所有的食物，而其排泄物又会使食物变质。它们不仅散发臭味，还会带来食物中毒和其他一些疾病。

蟑螂控制的一般方法有：

(1) 保持环境清洁，食物要收藏好，死角要定期打扫；

(2) 向有蟑螂出没的地方，如管道口、水池等处喷洒专门杀虫剂；

(3) 请有经验的专家指导或委托专业公司布放药物、诱饵。

5) 甲虫

常见的有地毯甲虫和家具甲虫。地毯甲虫的危害及防治方法与蠹虫类相似。家具甲虫的幼虫常被称为蛀虫。蛀虫是随货物包装、木料、旧家具等进入饭店的，幼虫 3 年之后化作成虫离开，但会在家具上留下一条条洞径，可能还留下了后代，继续啃食家具木料，加速其朽蚀。

甲虫控制的一般方法有：

(1) 保持家具及其他木制品表面清洁，并对其进行油漆、打蜡；

(2) 用专门杀虫剂喷涂所有可能发生虫害的地方，如底座、背面和抽屉内壁等；如已有蛀洞，要用杀虫剂灌满；

(3) 定期使用有杀虫、防虫作用的抛光蜡剂。

6) 蠹虫

蠹虫喜欢以羊毛、毛皮、毛发和革制品等为食物，常常造成织物表面及干果类的蛀洞。不干净的毛毯、衣物、皮革、干果及软木类制品都可能招引蠹虫。

蠹虫控制的一般方法有：

(1) 保持衣物、布料、床上用品、皮革制品及软木制品等干净无异味；

(2) 储存以上物品时，要将其密封于聚乙烯口袋中，并存放在衣橱或抽屉等阴凉处；

(3) 在储存物中放入樟脑球、精萘等防蛀药物，或在衣橱等处挂放驱虫药盒或药带；

(4) 经常清洁地毯，并定期在地毯边缘和家具底下喷洒灭虫药剂；

(5) 对新买的地毯进行防蛀处理（纯化纤地毯不需要）。

7) 螨虫

螨虫只有 1 ～ 2 毫米大，除非聚集了相当数量，否则是难以察觉的。螨虫喜欢生活在有食物、皮屑而且潮湿的地方，如褥下、衣柜里。螨虫不仅可以使食物变质，装饰物轻度损坏，还能引起人体的过敏性疾病，如哮喘病等。

螨虫控制的一般方法有：

(1) 改善室内通风效果；

(2) 及时处理废弃食物及包装物；

(3) 保持家具和床上用品的清洁，定期翻晒床垫等；

(4) 定期喷洒杀虫剂。

8）白蚁

白蚁喜欢在阴暗潮湿和不通风的地方生活，会严重危害竹、木制品，动植物织品，皮革制品，纸制品，化纤塑料制品等。家白蚁，一个群体可多达数 10 万只。白蚁发展快，危害极大。因此，一旦有迹象产生，要立即请专业人士指导防治。

白蚁控制的一般方法有：

（1）平时及时清除旧木料、建筑材料等，苫垫木料应涂防蚁油；

（2）库房定期喷洒专门杀虫剂或“来蚁灵”等。

9）蜘蛛

蜘蛛一般并不构成对人的危害，但其存在也会影响饭店的清洁卫生。

蜘蛛控制的一般方法有：

（1）定期、全面、彻底地清扫饭店每一区域；

（2）随时清除蛛网，并在蜘蛛喜欢出没之处喷洒杀虫剂。

10）霉菌

霉菌喜生存于潮湿环境。造成菌害的主要原因是饭店设计施工时质量有问题，或维修保养不佳，如天花板漏水、墙壁渗水等。霉菌会造成墙纸变形或起翘、墙面涂料剥落或褪色、墙面上砖头或泥灰有盐花析出、物体长出绒毛状物来。防治菌害的有效方法是降低饭店的湿度，尽量控制在规定的标准之内。

☞ 案例分析

褥垫上的污渍

北京某四星级饭店的客房部这几天接待一个洽谈会团体，客人非常多，所以客房服务员清扫房间的任务很大。某实习生正在一间走客房内做床，他急急忙忙撤下单子，发现褥垫上有块污渍，因为还有许多间房要做，也顾不得把褥垫翻转过来。于是就把干净单子往上一铺，包好了事。没想到这间房正巧是饭店接待 VIP 客人的特用房，客房部经理亲自来检查房间，发现褥垫上有污渍，十分生气。他说：“不管是什么样的客人住这间房，若发现床单下铺着有污渍的褥垫，都会影响客人的情绪，休息也不会安心，影响舒适与安全感，很可能使其在北京的整个旅程不愉快，甚至会拒付房费。失去客人，饭店还要蒙受损失，这后果是严重的。”于是立即责成楼层领班、主管派人撤换褥垫，并追查责任人，还要求该责任人必须做出深刻检查，认真认识此事，并给予处罚。

✍点评

(1) 客房清洁卫生是住店客人最敏感的问题。客房的许多设施与用品都是直接与客人身体接触的，必须保证清洁卫生，才能保障客人的身体健康。所有客人在住店期间，都希望有一个清洁卫生、美观舒适的环境，客房服务员清扫房间时一定要认真仔细地打扫，以保证该房间的整洁如新。

(2) 为满足客人住宿的求洁心理，服务员在清扫房间时，必须严格按清扫程序和卫生标准来操作，不允许有一丝一毫的马虎，更不允许偷工减料，擅自减少清扫程序。若只做表面文章，而不彻底清扫整理，一旦客人发现不清洁的地方，就会出现像经理所分析的结果，危害是严重的。

(3) 此案例中的实习生，因为工作忙而未按规定标准来操作，是错误的。再忙也不能不按规定标准操作。按该饭店做床的要求，对褥垫的规定标准是：撤掉脏单后，要检查褥垫，若褥垫没有污渍，可按规范做床；若褥垫上有污渍，应将褥垫翻面，再铺单做床；若褥垫两面都有污渍，则应将这个褥垫撤掉换新的。该实习生做床时少了这个程序，所做的床未达标准，从而使整个房间成了次品房，因此受到处罚是应该的。

通过上述案例我们可以看到，客房清洁整理工作中的标准化、程序化是极其重要的。每位员工只有以高度负责的态度，严格按标准操作，才能保证每个房间达标，也才能使客人安心、满意。

思考题

1. 试述饭店清洁剂的种类及其用途。
2. 试述饭店清洁器具的种类与用途。
3. 客房的房态有哪些表示方法?
4. 试述走客房的清扫程序。
5. 公共区域的概念和特点分别是什么?
6. 试述地毯的清洁保养方法。
7. 客房消毒的基本方法有哪些?
8. 试述客房几种常见虫害的防治方法。

第 4 章　对客服务及管理

学习目标

◎ 熟悉客房部对客服务的模式。
◎ 掌握对客服务的程序规范。
◎ 熟悉客房常规服务项目。
◎ 熟悉宾客突发事件的处理。
◎ 掌握宾客投诉的处理。
◎ 了解客房针对性服务标准及规范。

4.1　对客服务的模式

客房对客服务是饭店对客服务工作的重要组成部分，服务工作讲究效率和效果。客房对客服务工作能否做到高效、优质，取决于多方面的因素，其中，服务的模式是一个极为重要的因素。目前，国内的饭店客房对客服务的模式主要有三种：一是设立楼层服务台；二是设立客房服务中心；三是既设立楼层服务台，又设立客房服务中心。

4.1.1　设立楼层服务台

所谓设立楼层服务台就是在客房楼层的适当位置（如电梯厅出入口等处）设置专门的服务台，配备专职的服务员值台，负责本楼层的各项对客服务工作。这是我国饭店客房服务的一种特色。现在，不仅一些普通的老饭店仍然保留这种模式，而且一些高档饭店也在改进创新地采用这种模式，使之成为吸引客人的闪光点。例如，一些饭店设立行政楼层、商务楼层，在这些楼层设立多功能服务台，为客人提供多种类、全方位的服务，包括办理客人的进店、离店、结账手续，为客人提供商务服务和贴身管家服务等。采用这样一种服务模式，服务员能够及时地、直接地了解客人的需求，为客人提供规范性与针对性相结合的面对面服务，使服务工作快捷高效，富有人情味，有利于加强客房楼层的安全管理。但由于楼层服务台需要专人照看，人力投入就会较多，而且对专职值台员素质要求也很高，他们必须能够胜任楼层的各项服务工作。

4.1.2 设立客房服务中心

目前，国内很多饭店，尤其是高档饭店不设客房楼层服务台，而是设立客房服务中心。这种模式可减少客房服务人员的编制，降低劳动力成本支出，有利于对客房对客服务工作进行集中统一调控，强化客房管理。但采用这种模式，使得面对面的服务相对减少，随机性服务差，服务缺乏亲切感和针对性。

客房服务中心配备专职联络员，负责客房对服务工作的联络协调。客人需要服务时，可用客房内的内线电话通知客房服务中心，联络员进行详细记录，并迅速将客人的需求通知有关楼层的服务员，服务员则根据有关要求和标准完成对客服务工作。必要时，联络员可以跟踪、了解、观察服务员服务工作的效率和质量如何。客房服务中心大多24小时运行。如果夜间客房楼层没有服务员，可以安排专职夜班服务员，负责夜间的对客服务工作，从而保证全天24小时的对客服务。客房服务中心的联络员必须知识全面、反应敏捷，能熟练地处理各种情况。

饭店要设立客房服务中心，必须具备一定的硬件条件和软件条件。

（1）客房楼层要有很好的安全保障。一方面，客房楼层需与其他区域分开；另一方面，楼层出入口等关键部位应有安全监控设备。

（2）客房内的设备用品配置要方便客人进行自我服务，一般问题客人可以自行解决，如烧开水等。

（3）服务指南上要把各种服务设施和服务项目详细说明，以便客人联系和安排。

（4）客房中心要有先进的通信联络设备，一般至少具备同时接听两个以上电话的能力，最好具有小型交换机的功能，以保证信息的畅通。在对内联络方面，要求有快速灵便的传呼系统，因而建立一个独立的BP机寻呼系统是许多现代化大中型饭店所采用的有效方法。

4.1.3 既设立客房服务中心，又设立楼层服务台

既设立客房服务中心，又设立楼层服务台，这种模式可以吸取前两种模式的优点，克服前两种模式的部分缺点。其具体的做法有以下两种。

（1）在客人活动的高峰时间安排专职的楼层值台员负责对客服务。客人外出或夜间休息时，对客服务工作相对较少，可以不安排专职楼层值台员，否则会出现人力浪费现象。客人需要服务时，可通过客房服务中心安排。

（2）在部分楼层设立服务台，安排专职值台员负责对客服务工作。这些楼层主要用于接待内宾或需要特别关照的客人，其他楼层的对客服务工作由客房中心统一调控。

由于客房对客服务的模式与饭店经营管理的指导思想及饭店的设施设备、人力，饭店的客源结构等多方面的条件有直接的关系，因而饭店在选择确定客房对客服务模式时，不能盲目行动、简单照搬，必须根据自身条件，综合分析各种利弊，做出正确选择。

4.2　对客服务的程序规范

4.2.1　楼层服务的基本要求

客房的接待服务是饭店服务的主体。客人入住饭店后，绝大部分的接待服务工作是在楼层完成的。楼层接待服务，不仅要用整洁、舒适、安全和具有魅力的客房迎接客人，而且还要随时提供主动、热情、耐心和周到的服务，使客人“高兴而来，满意而归”。

(1) 主动。即服务员在服务过程中，要主动为客人提供方便，及时满足客人的要求。主动服务需要服务员的细心，需要服务员善于察言观色，善于掌握客人的需求心理，不等客人开口便主动为其服务，这能令客人感到服务员对他（她）的细心和体贴，能得到意外的惊喜和满足，从而产生“宾至如归”之感。具体来说，在服务工作中要做到“十主动”：主动问好打招呼；主动迎送提行李；主动引路；主动开门；主动送香巾、茶水；主动介绍情况；主动照顾老弱病残；主动擦皮鞋；主动征求意见；主动按电梯。

(2) 热情。所谓热情服务，就是客到热情欢迎，客住热情服务，客走热情欢送。服务员热情、亲切的服务态度，能消除客人到外地的陌生和不适应，增强对服务员的信赖，又为客房楼层的工作得到客人的支持和谅解打下基础。热情服务要做到“四到”，即微笑到、敬语到、茶到、香巾到。

(3) 耐心。即对客人的主动、热情服务能持之以恒，不能一阵风，不能因个人私事影响工作情绪，影响对客服务态度。

(4) 周到。周到服务即为客人考虑周全，面面俱到，无所疏漏。周到服务要求服务员熟悉各类客人的基本需求和特殊需求，掌握住客心理，尽量为客人创造宁静的住宿环境，满足他们的各类需求。

4.2.2　宾客需求的几种心理

1. 求干净的心理

住客对自己所租用的房间的卫生状况是极为关心的，因为饭店的客房为成千上万的人所使用，在此当中各种人都有，可能有的客人患有传染病。客人希望饭店客房的用具是清洁卫生的，特别是容易传染疾病的用具，如茶杯、马桶等，他们都希望能严格消毒，保证干净。

2. 求方便的心理

宾客因各种原因远离家乡，来到一个陌生的地方，环境、气候、生活习惯的改变令他们有生疏感和不适感，他们希望饭店的客房能让他们感到舒适、惬意，从而产生“家外之家”的轻松感。

3. 求舒适的心理

宾客在饭店客房住下后，都希望生活上十分方便，要求饭店设备齐全，服务项目完善。需要洗衣只要填张单并将衣物放进洗衣袋；有什么问题要打听一下，只需向服务台打个电话就行；需要什么打个电话就能送到房间，一切都像在家中一样方便。

4. 求安全的心理

宾客住进客房，希望能保障他（她）的财产以及人身的安全，不希望自己的钱财丢失、被盗；不希望自己在饭店的一些秘密被泄露出去；不希望发生火灾等意外事故。万一出现火灾则希望服务员能及时采取措施保障其人身安全。客人还希望在自己喝醉酒、生病或出现危险情况时，服务员能及时采取措施，保障自己的人身安全，不出危险。

5. 求尊重的心理

宾客希望自己是受饭店和服务员欢迎的人，希望见到服务员热情的笑脸，希望自己被尊重，希望服务员能尊重自己的人格，尊重自己对房间的使用权，尊重自己的意愿，尊重自己的朋友、客人，尊重自己的生活习俗、信仰等。

4.2.3 楼层接待程序

楼层接待工作主要是由楼层台班服务员完成的，一般分为4个环节，即迎客准备工作、客人入住时的迎接工作、住客的服务工作、客人退房的服务工作。

1. 迎客准备工作

宾客到达前的准备工作是接待服务过程的第一环节，准备工作充分，才能为整个楼层接待工作的顺利进行奠定良好的基础。

(1) 楼层服务台接到前台开房（预订房）通知单后，当班人员要做到“七知”、“四了解”：知道客人到店的时间，知道客人国籍和身份、人数和团体的名称，知道客人生活标准和收费办法，知道其接待单位；了解客人意见和要求，了解客人的风俗习惯和生活特点，了解客人的活动日程，了解客人退房、离店的时间。

（2）清理好房间，为客人准备好各种生活用品，对贵宾房还应按接待规格，准备相应的鲜花、水果及总经理名片等。

（3）检查房内设备和用品。设备用品如有故障或破损应及时报修和调换，以保证客人居住期间设备工作正常，用品完整无缺。还要注意调试室温、冰箱内温度，保证水龙头出水清澈。

2. 迎客服务

普通客人入住时，客房楼层服务员通常只在楼层迎接，也无需专门恭候。如果客人由行李员或其他人员陪同进入楼层，客房楼层服务员遇到客人时，面带微笑，热情问候和欢迎即可。如果客人独自进入楼层，服务员除了问候和欢迎外，还应主动帮助客人提行李，引领客人进房。在引领客人进房时，要注意以下几点。

（1）问清房号，请客人出示房卡。

（2）询问客人是否可以帮其提行李。行走时，应走在客人的侧前方，距客人 1.5 米左右。

（3）适当交谈。

（4）严格按照进房程序进房。

（5）如果发现客房有不妥之处，应请客人稍等，并立即报告总台。

服务员将客人领进客房后，先将行李妥善地放置好。如果客人是第一次入住本饭店，应适当地向客人介绍客房内的设备、用品的位置和使用方法，提醒客人有关注意事项。服务员不宜在房内久留，以免影响客人休息，引起客人反感。离开客房时，应询问客人有什么吩咐，并祝愿客人在店期间过得愉快。

如果是贵宾入住，当贵宾在有关人员的陪同下到达楼层时，客房部的经理或主管、领班、楼层服务员应在电梯口迎接，并随时做好必要的服务工作，如送茶、送毛巾等。

3. 住客的服务工作

（见 4.3 客房的常规服务）

4. 客人退房的服务工作

客人退房时的服务主要包括退房前的准备、离开时的送别、离开后的检查等 3 个环节。

1）退房前的准备

服务员要根据“当日进房、走客通知单”，了解当天有哪些客人将要退房离店。在客人退房前，要做好以下几项工作：

（1）认真仔细地检查客人委托的代办事项是否都已办妥。

（2）客人的有关费用是否结清，账单是否都已转送总台收款处。

（3）询问客人需要什么帮助和服务。

（4）关注客人的动态。

2）客人离开时的送别

当客人要离开时，服务员应热情地将客人送至电梯口，为客人按电梯钮，将客人送进电梯，以敬语向客人告别，祝客人旅途愉快并欢迎客人再次光临。

3）客人离开后的检查

当客人离开房间后，服务员要立即进房检查，查看是否有设备物品的缺少或损坏、是否有客人的遗留物品、是否带走了小酒吧的酒水饮料和食品等。如有上述情况，要立即通知总台。

如果楼层不设立服务台，没有专职值台员，一般客人退房离店时，服务员难以看到，也不会专门送别，而是由总台通知。在这种情况下，服务员的主要任务就是接到通知后立即查房，并及时将检查结果报告总台。

4.3 客房的常规服务

为使客人住得满意，必须保证客房的舒适、洁净和提供多种的客房服务，令客人有“宾至如归”之感。同时，在日常接待中提供方便和一流的标准服务。

4.3.1 洗衣服务

为住客提供洗衣服务是一项比较细致的工作，有关员工必须认真对待，不能因缺乏常识或粗心大意而出现差错。洗衣服务的要点如下所述。

（1）当客人要求收取湿洗、干洗或熨衣时，楼层服务员应马上到房间收取，注意检查有否洗衣单（见表4－1、表4－2），有洗衣单的应请客人自己填写。

（2）服务员要认真核对衣物的件数，检查衣物口袋内是否有物品，纽扣有无脱落，有无严重污渍或破损，能否按客人的要求洗烫，客人在洗衣单上填写的内容与衣物是否相符等。有问题时，应当面向客人说明，并在洗衣单上加以注明，免去不必要的麻烦。

（3）如发现口袋里有遗留物品应马上送回给客人，如客人不在房间，可把遗留物品放在梳妆台上，如是贵重物品或现金，应马上送到客房部办公室。

（4）如洗衣单上没有填上洗涤要求，则应做普通洗衣。

（5）服务员要填写洗衣记录，内容包括房号、数量、名字、时间等。

（6）送回衣物。上午10时前收的衣服，通常在晚上7时前送回。超过上午10时交洗的如要当天送回，则按加急处理且加收 50% 的费用。这些要向客人解释清楚，以免误会。送回客人衣物时，应将衣物放在房内显眼处。如果客人在房内，应请客人当面检查。如遇门外有“请勿打扰”标志，可将洗衣通知单从门缝塞进房内，通知客人衣物已洗烫好，并请客人在洗衣账单上签字。

（7）如不接收客人的洗衣时，要将意见书连同衣物放回到房间。

（8）如有洗衣投诉，要通知主管并与洗衣房做好协调工作。

（9）洗衣账单应及时转交前台收银处，记入客人的总账单内统一结算。

表 4-1 湿洗衣单

LAUNDRY LIST

客人姓名 日期

NAME: ______________ DATE: ______________

客人签名 房号

GUEST SIGNATURE: ______________ ROOM NO.: ______________

特别指示 SPECIAL INSTRUCTIONS: 登记编号 MARK NO.

请在适当位置作［√］号

Please（√）to indicate：（ ）正常服务 Regular（ ）快洗服务（50% 额外收费）Rush（50% Extra Charge）

正常服务——在上午 10 时前所收取客人的衣物，将于同日送还到客房。

Regular service —All laundry collected before 10：00 a. m. will be returned on the same day.

快洗服务——在上午 10 时至下行 3 时收取客人的衣物，将于同日送还到客房。

Rush service —All laundry collected before 10：00 a. m. and 3：00 p. m. will be returned on the same day.

恤衫/手帕需要浆洗 Shirts/handkerchiefs starched ☐ Yes ☐ No

There will be an additional charge for any extra work, such as hand-washing, etc.

客人数量 Guest Count	饭店数量 Hotel Count	女装 Ladies	单价 Price（单位）	账目 FEC ¥	客人数量 Guest Count	饭店数量 Hotel Count	男装 Gentlemen's	单价 Price（单位）	账目 FEC ¥
		女恤 Blouse	4.00				宴会恤衫 Dress Shirt	4.00	
		半截裙 Skirt（Plain）	6.00				普通恤衫 Normal Shirt	3.50	
		半截裙（百褶）(Skirt Full Pleats)	12.00				运动恤 Sport shirt	4.50	
		裙（棉质）Dress（Cotton）	4.00				运动套装 Trained Suit（2 pcs）	8.00	
		长裙 Dress（Long）	6.00				牛仔裤 Jeans	6.00	

续表

客人数量 Guest Count	饭店数量 Hotel Count	女装 Ladies	单价 Price（单位）	账目 FEC ¥	客人数量 Guest Count	饭店数量 Hotel Count	男装 Gentlemen's	单价 Price（单位）	账目 FEC ¥
		毛衣 Sweater	6.00				内裤 Panties	2.50	
		长裤 Slacks	5.00				内衣 Panties	3.00	
		外套 Jacket	7.00				内裤（羊毛） Panties（wool）	3.00	
		太空服 Down jacket	14.00				内衣（羊毛） Undershirt（wool）	3.00	
		围巾 Scarf	2.70				袜（双） Socks（pair）	1.50	
		牛仔裤 Jeans	6.00				手帕 Handkerchief	1.20	
		牛仔衣 Jeans Jacket	8.00				睡衣（套） Pajamas（set）	5.00	
		内裤 Panties	2.50				睡袍 Dressing Gown	6.00	
		内衣 Undershirt	3.00				衬衣 Shirt	6.00	
		衬裙 Slip	2.00				短裤 Shorts	3.00	
		丝袜 Stockings（pair）	2.00				长裤 Trousers	5.00	
		手帕 Handkerchief	1.20				西裤 Trousers	5.00	
		睡袍 Dressing Gown	6.00				毛衣 Sweater	5.00	
		运动衫（套） Sport-Suits（set）	8.00				外套 Jacket	10.00	
		短裤 Shorts	2.50				总数 Total		

续表

客人数量 Guest Count	饭店数量 Hotel Count	女装 Ladies	单价 Price（单位）	账目 FEC ¥	客人数量 Guest Count	饭店数量 Hotel Count	男装 Gentlemen's	单价 Price（单位）	账目 FEC ¥
		文胸 Waist	2. 50						
		时装套裙 Women's Suit	15. 00						
另加 15% 服务费 Plus 15% service charge					总数 FEC ¥ Total Charge				

表 4 –2　干洗/净熨衣单

DRY-CLEAN & PRESSING LIST

客人姓名　　　　　　　　　　　　日期

NAME: ________________　　DATE: ________________

客人签名　　　　　　　　　　　　房号

GUEST SIGNATURE: ________________　　ROOM NO.: ________________

特别指示 SPECIAL INSTRUCTIONS:　　登记编号 MARK NO.

请在适当位置作［√］号

Please（√）to indicate:（　）正常服务 Regular（　）快洗服务（50% 额外收费）Rush（50% Extra Charge）

正常服务——在上午 10 时前所收取客人的衣物，将于同日送还到客房。

Regular service —All laundry collected before 10:00 a. m. will be returned on the same day.

快洗服务——在上午 10 时至下行 3 时收取客人的衣物，将于同日送还到客房。

Rush service —All laundry collected before 10:00 a. m. and 3:00 p. m. will be returned on the same day.

恤衫/手帕需要浆洗 是（　）否（　）Shirts/handkerchiefs starched Yes.（　）No（　）

There will be an additional charge for any extra work, such as hand-washing, etc.

客人数量 Guest Count	饭店数量 Hotel Count	女装 Ladies	单价 Price（单位）	账目 FEC ¥	客人数量 Guest Count	饭店数量 Hotel Count	男装 Gentlemen's	单价 Price（单位）	账目 FEC ¥
		女恤 Blouse	4. 00				宴会恤衫 Dress Shirt	4. 00	
		半截裙 Skirt（plain）	6. 00				普通恤衫 Normal Shirt	3. 50	
		半截裙（百褶）（Skirt Full Pleats）	12. 00				运动恤 Sport Shirt	4. 50	

续表

客人数量 Guest Count	饭店数量 Hotel Count	女装 Ladies	单价 Price （单位）	账目 FEC ¥	客人数量 Guest Count	饭店数量 Hotel Count	男装 Gentlemen's	单价 Price （单位）	账目 FEC ¥
		裙（棉质） Dress（cotton）	4.00				运动套装 Trained Suit（2 pcs）	8.00	
		长裙 Dress（long）	6.00				牛仔裤 Jeans	6.00	
		毛衣 Sweater	6.00				内裤 Panties	2.50	
		长裤 Slacks	5.00				内衣 Panties	3.00	
		外套 Jacket	7.00				内裤（羊毛） Panties（wool）	3.00	
		太空服 Down Jacket	14.00				内衣（羊毛） Undershirt（wool）	3.00	
		围巾 Scarf	2.70				袜（双） Socks（pair）	1.50	
		牛仔裤 Jeans	6.00				手帕 Handkerchief	1.20	
		牛仔衣 Jeans Jacket	8.00				睡衣（套） Pajamas（set）	5.00	
		内裤 Panties	2.50				睡袍 Dressing Gown	6.00	
		内衣 Undershirt	3.00				衬衣 Shirt	6.00	
		衬裙 Slip	2.00				短裤 Shorts	3.00	
		丝袜 Stockings（pair）	2.00				长裤 Trousers	5.00	
		手帕 Handkerchief	1.20				西裤 Trousers	5.00	
		睡袍 Dressing Gown	6.00				毛衣 Sweater	5.00	

续表

客人数量 Guest Count	饭店数量 Hotel Count	女装 Ladies	单价 Price (单位)	账目 FEC ¥	客人数量 Guest Count	饭店数量 Hotel Count	男装 Gentlemen's	单价 Price (单位)	账目 FEC ¥
		运动衫（套）Sport-Suits	8.00				外套 Jacket	10.00	
		短裤 Shorts	2.50				总数 Total		
		文胸 Waist	2.50						
		时装套裙 Women's Suit	15.00						
另加 15% 服务费 Plus 15% service charge					总数 FEC ¥ Total Charge				

4.3.2　客房小酒吧服务

为了方便住客在客房饮用酒、饮料和食用小食品，较高档的饭店都在客房内设有小酒吧(mini-bar)，按规定的品种及数量配备烈酒、啤酒、汽水、果汁及佐酒的小食品等，还提供配套的酒杯、水杯、开瓶器、调酒棒、纸巾等用具用品。里面还要放上饮料账单（见表4－3、表4－4)，账单上列出所供应的饮料食品的品种、额定存量、价格及小酒吧的管理说明。

小酒吧的管理一般由台班服务员负责。每天须定时清点，及时补充。检查时要认真仔细，以免出差错。检查后将客人的耗用量填在核查单上，并按规定的品种和数量补齐补足，用过的杯子及其他用品应撤换，并放上新账单。

表 4－3　客房小酒吧点算单

MINI-BAR CHARGE VOUCHER

亲爱的贵宾：　　　　第一联：客房中心

希望您能尽情享用房内小酒吧的饮品。

客房部服务员将每日核对您所饮用的饮品数量，并把清单送到会计部转入您的账目内。如您需要其他特别饮品服务，请拨内线电话 2167。

为了能准确地计算您的账目，请您在结账离店时，将此单带到收款处。谢谢！

Dear Guest:

Please feel free to enjoy the facility of your Mini-bar provided for your convenience.

Your room attendant will collect this voucher daily from your Mini-bar and take it down to the Front Office Cashier for billing to your account. If you require any additional service, please call Room Service on Exit. 2167.

Should you have some drinks on the day of your departure, please hand in your last voucher to the Front Office Cashier at check out time. Thank you.

房号 Room No. 日期 Date

品类 Items	点存 Inventory	耗量 Consumed	单价 Price	小计 Sub. Total
人头马 VSOP Remy Martin Vsop	1		40.00	
人头马特级 Club de Remy Martin	1		45.00	
君度（COINTREAU） 威雀苏格兰威士忌 Famous Grouse Scotch	1 1		44.00	
健尼路金酒 Greenall Gin	1		45.00	
芬兰伏特加 Finlandia Vodks	1		40.00	
加利亚诺力娇酒 Galliano	1		35.00	
占边美国威士忌 Jim Beam	1		36.00	
青岛啤酒 Qingstao Beer	1		30.00	
可口可乐 Coke	2		8.00	
矿泉水 Mineral Water	2		8.00	
粒粒橙 Snappy-orange Juice	2		6.00	
椰子汁 Coconut Juice	2		8.00	
果茶 Fruit Tea	2		8.00	

续表

品类 Items	点存 Inventory	耗量 Consumed	单价 Price	小计 Sub. Total
健力宝 Lemon（Jian Li Bao）	2		6.00	
八宝粥 Eight-Treasure Porridge	2		8.00	
合计 TOTAL				
10%服务费 10%SERVICE CHARGE				
总计 GRAND TOTAL				

表4-4 小酒吧日消耗单

领班 ____________

楼层 ____________

	粒粒橙	青岛啤酒	矿泉水	贝克啤酒	欧咔咖啡	八宝粥	椰子汁	红牌威士忌	白兰地	可口可乐	黑牌威士忌	进口矿泉水	番茄汁	雪碧	杏仁露
01															
02															
03															
04															
05															
06															
07															
08															
09															
10															
11															
12															
13															
14															
15															
16															
17															

续表

	粒粒橙	青岛啤酒	矿泉水	贝克啤酒	欧咔咖啡	八宝粥	椰子汁	红牌威士忌	白兰地	可口可乐	黑牌威士忌	进口矿泉水	番茄汁	雪碧	杏仁露
18															
上午															
下午															
小计															

4.3.3 留言服务

客人外出时，通常会有关于他们行踪去向的留言，以让来访者及时做好记录，在交接班时要交代清楚。若是由前台询问处记录的留言（见表4－5），应尽快放入房间明显的位置上，如梳妆台上。当客人回来时还应口头提醒一下客人，以表示重视。

表4－5 ××饭店留言单

日期 时间
Date ______________ Time ______________
先生/女士/小姐
Mr. /Mrs. /Miss ______________
房号
Room No. ______________
Please be advised that ______________
Mr. /Mrs. /Miss
先生/女士/小姐 ______________
Call by phone/in Person □Will call again
曾电访/到访 将再电访/到访
□ Please call back
请复电话

Please contact reception counter

请与接待处联络有关：

☐ Room change　换房　　☐ Parcel collection　收取包裹

☐ Departure date　退房　　☐ Others　其他

☐ Letter/Telex/Cable collection　收取信件/电传/电报

____

____

____

____

____

RECEPTION COPY　　Clerk 经办职员

NO.

4.3.4　来访服务

来访服务直接影响客人（包括访客）对饭店服务水准的看法，而且客人会根据来访服务的好坏，决定是否成为饭店的"回头客"。客房服务员对此项服务必须热情有礼，并引起足够的重视。

访客来访，先在楼层服务台办理来访登记手续。在接待来访客人时，要特别注意如下几点：

（1）未经住客同意，不可将来访者引进客房，同时不得随便将住客的姓名、房号告诉来访者；

（2）根据来访人数，可提供茶水和座椅服务，使访客和住客都满意；

（3）如果客人不在房间，应请访客留言或到饭店大堂等候，不可让访客在楼层逗留，未经住客同意，访客不能在房间等候；

（4）来访期间，服务员应勤巡视楼层，检查有否异常情况，并注意访客是否在没有住客陪同下带走贵重物品；

（5）探访时间超过饭店规定，要让访客离开住客房间；

（6）要做好访客进离店的时间记录（见表 4－6）。

表 4－6　××饭店来访人员登记表

2004 年×月×日

来访人姓名	性别	年龄	工作单位或住址	证件名称	证件号码
王小兵	男	30	广州市同泰路 1111 号广东省旅游学校	身份证	×××××

续表

<table>
<tr><td>被访者姓名</td><td colspan="2">徐 刚</td><td>房号</td><td>518</td><td colspan="2">与来访人关系</td><td>朋　　友</td></tr>
<tr><td>来访时间</td><td>19 时 05 分</td><td></td><td colspan="2">来访值班服务员</td><td>林 玲</td><td>备注</td><td>来时带一水果篮</td></tr>
<tr><td>离访时间</td><td>22 时 15 分</td><td></td><td colspan="2">离访值班服务员</td><td>林 玲</td><td></td><td>空　手</td></tr>
</table>

4. 3. 5　借用物品服务

一些饭店免费向客人租借用品，如电吹风、电动剃须刀、万能插座、熨斗、熨衣板、各类文具用品，等等。在客人借用电器时，须向客人说明本饭店使用的是 220 V 的电压，并请客人使用完后归还。此外，还免费提供应急用的婴儿纸尿片及女宾卫生巾、婴儿床、热水袋、椅子、全国电话簿，等等。

外借物品的规程是：客人外借物品由客房部办公室登记清楚后交给楼层服务员送至客人房间。登记的内容包括外借物品名称、编号、借出时间、房号、经手人及归还的时间，等等（见表 4－7）。客人用完所借物品后或在离店的当天，楼层服务员应在下班时将其交还办公室注销，以免积压在楼层，影响物品的周转。

有的客人还会因特别需要借用毛巾、毛毯、枕头等物品，台班服务员应做好登记和交班记录，查房时多加留意。

表 4－7　××饭店物品借用登记表

日期
房号
客人姓名
物品名称
客人签名
归还日期
接受人
客人所借的上述物品，如果离开时仍未交还，饭店将会向客人索取与物品价值等同的费用。

4. 3. 6　加床服务

客人若需加床时，请客人到前台办理加床手续，然后按通知（见表 4－8）要求为客人提供加床服务。加床服务需注意以下问题：

（1）加床的同时，须按床位数配套增加毛巾、浴巾、方巾、洗发液、洗浴液、香皂、杯具、茶叶、牙具等物品；

（2）如果客人临时取消加床，要立即通知客房服务中心及前台，并在交班本上作好记录。

表4－8 ××饭店加床通知单

日期：

房 号	数 量	管家员	接待员

填表人：

4.3.7 看护婴儿服务

入住饭店期间，有些客人不方便带婴儿外出，要求客房部看护婴儿。如客人有这个要求，一般要提前3小时通知客房服务中心，并领取和填写有关表格（表4－9）。具体的看护工作由当值主管根据工作需要做适当的调整安排。

看护婴儿的服务员在工作中务必小心谨慎，注意客人的有关吩咐，不随便给小孩吃东西，不把小孩带离指定的地方，以确保小孩安全。同时，服务员必须有责任心，认真做好看护婴儿的工作，让客人放心。

表4－9 婴儿照看申请单

BABY SITTER REQUEST

Guest Name ____________

Dear Guest：

As requested by you，we have arranged for：

Name of Baby Sitter ________ to report to you

From __________ to __________ on __________

Tick（√）the appropriate

Breakfast Yes □ Lunch Yes □ Dinner Yes □

No □ No □ No □

Kindly note that there is a minimum charge of FEC ¥ ________ for the first 2 hours of babysitting. A fee of FEC ¥ ________ is charged for each additional hour. If you release the babysitter after 11：00 p. m.，please pay her a fee of FEC ¥ ________ for taxi fare. A payment should be made direct to the hotel Cashier. Under no circumstances shall our hotel be liable to compensate the hotel guest for any accident，negligence caused by the babysitter on purpose.

I fully accept the above term and conditions

Signature ____________　　　　Signature ____________

HOUSEKEEPER　　　　GUEST

4.3.8 电子保险箱服务

有些客房内设有电子保险箱，是免费为客人提供的。使用时客人可任意输入4个数字的密码，如果保险柜发生故障或客人一时忘记密码，可通知值班经理协助解决。

4.3.9 擦鞋服务

擦皮鞋这项服务在大多数饭店是免费提供的。一般在房间内放有擦鞋服务的鞋篮，若客人需要就会把鞋置放于鞋篮之上，或把鞋放于房间门外。台班服务员发现之后应在第一时间取回工作间，并通知副班服务员或主管安排人员把鞋擦干净，尽量在客人回来之前把鞋放于房间适当的位置。切忌在服务台附近帮客人擦皮鞋。

4.3.10 送餐服务

客房送餐服务是按客人预订要求，将餐食送进房间的一种服务。这种服务体现了饭店的档次、等级及豪华的程度。饭店设立“钟仔房”，即“客房餐饮服务部”（Room Service）。

如果客人需要在房内用餐，只需打电话到“钟仔房”就可以了。如果宾客把早餐牌（见表4－10）挂在房门外把手上，客房服务员应及时收取，并检查有否填写上房号、姓名、食品种类、日期等。将收集到的早餐牌，做好记录后，统一交到客房服务中心转送到“钟仔房”。客人用餐完毕，客房服务员应主动地协助“钟仔房”做好客房用餐的善后工作。

表4－10　××饭店送餐服务菜单

××Hotel Room Service Menu

（早上9:00至深夜1:30）

1. 热鲜奶麦皮 Hot Oatmeal/Porridge	$22
2. 粟米片（配鲜奶） Corn Flakes With Milk	$22
3. 煎双蛋（配香肠、火腿、烟肉） Two Fresh Eggs (Ham, Bacon Or Sausage)	$24
4. 奄列配（配芝士、火腿、白菌） Omelette (Cheese, Ham, Mushroom)	$25

续表

5. 法国洋葱汤
Fresh Onion Soup ………………………………… $22
6. 周打鱼忌廉汤
Fish Chouder Soup ………………………………… $22
7. 葡国青菜汤
Cal do Verde Soup ………………………………… $22
8. 美国西冷（白汁）
Grill Sirloin U. S. Hush Room Sauce ………………………………… $58
9. 纽西兰牛柳（芥末）
Grill Tenderloin N. Z. French Hush Room Sauce ………………………………… $58
10. 肉酱意粉
Spaghetti Bolognaise ………………………………… $60
11. 黑椒牛柳丝炒面
Black Pepper Beef Julienne Fried Noodle ………………………………… $38
12. 干炒牛河
Slice Beef Fried Rice Noodles ………………………………… $30
13. 星洲炒米
Fried Rice Noodles "Singapore" Style ………………………………… $38
14. 马介休炒饭
Portuguese Bacalhau Frice Rice ………………………………… $38
15. 印尼炒饭
Indonesian Nasi Goring ………………………………… $35
16. 扬州炒饭
Fried Rice "Young Chow" Style ………………………………… $35
17. 鸡丝粥
Slice Chicken Congee ………………………………… $25
18. 肉片粥
Slice Pork Congee ………………………………… $22
19. 牛肉粥
Slice Beef Congee ………………………………… $22
20. 白粥
White Congee ………………………………… $10
21. 云吞汤面
"Windon" Noodles in Soup ………………………………… $25
22. 法兰西多士
French Toast ………………………………… $20
23. 各式三文治
Open Face Sandwich ………………………………… $30
24. 鲜橙汁

续表

Fresh Orange Juice	$20
25. 菠萝汁	
Pineapple Juice	$20
26. 咖啡或奶茶	
Coffee or Tea	$18

4.3.11　夜床服务

在三星或三星级以上的饭店都会向宾客提供这项服务，以保持饭店豪华的等级标准。夜床服务包括三项工作：房间的整理、开夜床、卫生间的整理。最佳时间是晚上6点至8点。

1. 进房

（1）敲门，报称"Housekeeping"，同时应按门铃数次，确保客人听到。

（2）见到客人应先问好，并征询意见，如说："晚上好，请问我可以进来整理房间吗?(Good evening, may I come in and clean your room now.)。"如果客人不需要，要在报表上记录。挂有DND（请勿打扰）牌的房间，不要骚扰客人，可从门下塞进一个"夜床服务卡"，待客人提出要求时再马上替客人整理。

2. 房间的整理

（1）拿报纸和热水瓶进房，报纸整齐摆放于文具夹旁边，把热水瓶和用过的茶杯、水杯撤出，并给予补充。

（2）用抹布将房间柜面的污渍、水渍抹干净，将家具、物品摆整齐（尽量放回原位），绝对不可触摸客人的物品，倒垃圾也要看清楚是否有贵重物品或较有价值的物品，若发现应征询当班主管意见。

3. 做夜床

根据住客人数开床，标准房住一人时，一般情况下开靠卫生间的A床。大床房，睡两人时左右两边开，也可以同方向开。有的客人行李物品较多，会提出不做夜床，如果客人不需要做夜床，需在做夜床报告表上记录。

（1）轻拉开床罩，将床罩折好后放到规定位置。

（2）将床罩、毛毯一起向后折成一个三角形，呈30°角，像"雪糕筒"形状。开床时要注意床铺平整美观，枕头摆放整齐，发现床单有污渍或破损时要及时更换。

（3）将拖鞋放在规定的地方。

（4）将早餐牌放在枕头上方，拉上窗帘，关上衣柜门。

4. 卫生间的整理

（1）将客人使用过的“三缸”用布抹干净，遇到较脏的应重新擦洗。

（2）将客人使用过的“四巾”、杯具更换，VIP 宾客用过的香皂要更换，补充物品，并按规格摆放整齐。

（3）清倒垃圾，抹干地板，放好脚垫巾。

（4）关灯，卫生间门半掩。

最后，除夜灯、廊灯外，其余灯应全部关上。如是套房，客厅灯应开着，其卧室与标准房要求相同。退出房间前，还应自我检查一遍，确认无不妥之处，将房门关上并锁好。若客人在房内，离开时，应向客人表示谢意，并祝客人晚安，然后退出房门，将门轻轻关上。

5. 夜床服务注意事项

（1）尽量选择客人外出时提供服务。

（2）如果客人在床上放了较多衣物或贵重物品，可暂时不予提供开床服务。

（3）是否应提供开夜床服务现在业界有不同看法。

4.4　宾客突发事件的处理

4.4.1　客人遗失物品的处理

1. 在房间内遗失物品的处理

（1）马上向领班汇报；及时安慰客人，并帮助客人回忆丢失物品的可能过程。

（2）查询电脑，掌握客人资料及开门记录，如无电脑开门记录，则检查服务员清洁报告上进出房时间。

（3）大堂副理和保安员一起查看门锁是否有问题或查看被盗房间迹象，并填写一份遗失报告。

（4）询问客人是否有任何线索可提供，如他到过的其他地方、有没有收拾过行李、有没有人来访过、有没有可能无意中遗失到什么地方，等等。

（5）征求客人是否愿意饭店人员帮他再在房内寻找。如客人同意，大堂副理、保安主管、楼层领班一起当着客人的面在房间内查找。寻找时注意床垫、床底、椅垫、衣柜、洗手间、垃圾桶甚至于房务车上的垃圾袋等地方。有时客人会收藏在自己的行李里，如衣服内口袋、行李箱底层等。

(6) 如果客人财物不能找到，询问客人是否愿意报警。如果客人同意，让保安员陪同客人去最近的派出所报案。

(7) 如果客人在房内遗失的是信用卡、护照或机票，由大堂副理帮助和有关机构联系报失。

(8) 如经多方查找仍没结果，又无被盗迹象，则饭店无需向客人赔偿，但应向客人表示同情并做耐心解释，请客人留下地址、电话，以便联系。

(9) 如果客人提出赔偿，应向客人解释饭店的客房内设有单独使用的保险柜，前厅设有贵重物品保管，饭店不对任何在客房内遗失的财物做出赔偿。

(10) 做好记录以备后查。

2. 在饭店公共区域遗失物品的处理

(1) 打电话去客房部查看是否已经有人上交了所报失的财物。

(2) 通知保安部协助，同客人一起再去客人可能丢失财物的地方寻找。

(3) 饭店规定，饭店员工在公共区域拾到任何东西必须马上交到大堂经理处，并在保安员的证明下共同记下物品的详细特征、拾到者的姓名、工号，然后把物品交到客房部，编号保管。

(4) 如果没能找到客人的报失物，必须记下客人的详细资料，如姓名、联络电话、房号、地址等，以便日后发现该失物时跟客人联系。

(5) 饭店不承诺赔偿客人遗失的任何财物。

(6) 最后，把整个事件记在记录本上。

4.4.2 开重房的处理

发现开重房后，首先要稳住客人，请客人稍候，立即与前台接待处联系，力争在最短的时间内重新做出妥善的安排。在处理时应注意：

(1) 先向客人道歉："很对不起，是我们弄错了，请稍等，我们很快就可以安排好的。"，同时跟客人聊一些相关旅游、气候的话题，冲淡客人等待的焦躁感；

(2) 解决问题要迅速，要让客人感觉到服务员"急宾客所急"；

(3) 待房间重新安排好后，领班、大堂副理进房再次向客人道歉，也有不少饭店以送鲜花、果盘的形式向客人表示真诚的态度和歉意；

(4) 如果该客人入住时间短，但又是饭店的常客，可考虑给该客人"升格"入住，即以原房价入住比该房更好的房间。

4.4.3 客人要求换房的处理

当客人对所住的房间不满意或有其他问题时，就会提出换房的要求。在处理过程中应注意：

（1）首先了解客人不满意所住房间的原因，他喜欢换什么样的房间；

（2）向客人说明情况时，要注意语言的艺术，如一时无法解决，也应婉言解释清楚，并表明会尽快给予解决；

（3）与前台接待处联系，一有空房便马上给予换房；

（4）换房后应更改客人入住资料，并做换房记录，及时向主管报告；

（5）在处理换房时，要认真负责，不要敷衍应付，以免引起客人不满。

4.4.4 宾客意外受伤的处理

1. 宾客意外受伤的防止

住客在客房内遭受的伤害大多数与客房内的设备用品有关：一是设备用品本身有故障，二是住客使用不当。因此，应保证客房内设备用品的使用安全。

（1）房内电器应无漏电危险。

（2）家具稳固、无木刺、无尖钉。

（3）卫生间的地面、浴缸应有防滑措施。

（4）杯具不能有破裂缺口并切实消毒。

（5）热水龙头和冷水龙头要有标记；如果卫生间内的自来水未达到直接饮用的标准，应在水龙头上标有“非饮用水”的标记。

（6）在客房的醒目处还应展示有关安全问题的专门告示和须知，告诉宾客如何使用客房内的设备与装置、包括专用的安全装置、出现紧急情况时所用的联络电话号码及应采取的行动。

2. 宾客意外受伤的处理

当发生宾客负伤、生病的紧急情况时，必须向管理人员报告，同时应及时采取救护措施。

（1）开房门发现宾客倒在地上时，应注意宾客是否在浴室倒下，是否因病（贫血或其他疾病）倒地，附近是否有大量的血迹；应判明是否因病不能动弹，是否已死亡。

（2）在发生事故后，应立即安慰宾客，稳定伤（患）者的情绪，注意观察病情变化，在医生到来之后告知病情。

(3) 服务人员在医护人员到来之前，也可以进行临时性应急处置：如果伤处出血时，应进行止血，如果不能缠绕止血带时，可用手按住伤口，待医生到达后即遵医嘱。

(4) 如果是轻度烫伤，先用大量干净水进行冲洗；对于重度烫伤，不得用手触摸伤处或弄破水泡，应听从医生的处理。

(5) 如果四肢骨折时，先止血后用夹板托住；如果是肋骨骨折，应在原地放置不动，立即请医生处置。

(6) 如果头部受了伤，在可能的情况下要小心进行止血，并立即请医生或送往医院。

(7) 如果后背受了伤，尽量不要翻动身体，应立即请医生或送往医院。

(8) 如果杂物飞进眼睛，应立即上眼药或用洁净的清水冲洗眼睛。

4.4.5 醉酒客人的处理

饭店中醉酒问题屡有发生，其处理方式因人而异，有时会非常困难。有的醉客大吵大闹或破坏家具，有的随地呕吐不省人事。服务人员应冷静机智地根据醉客的不同情况分别处理。

(1) 对轻度醉客，应适时劝导，安置其回房休息；对重度醉客，则应协助保安人员，将其制服，以免扰乱其他住客或伤害自己。

(2) 在安置醉客回房间休息后，服务员要特别注意其房内动静，以免客房用品受到损坏，或因其吸烟发生火灾等不安全的情况。

4.4.6 停电事故的处理

停电事故可能是外部供电系统引起，也可能是饭店内部设备发生故障引起。停电事故发生的可能性往往比其他自然灾害要高，有时也给宾客带来麻烦，如宾客使用电脑、小保险箱时。因此，饭店须有应急措施，如采取双路进电或自备发电机，保证在停电后能立即自行起动供电。饭店还应制定应付停电事件的安全计划，以防万一，具体包括以下几方面内容：

(1) 预知停电时，可用书面通知方式告知住店宾客，以便宾客早做准备。

(2) 及时向宾客说明是停电事故，正在采取紧急措施恢复供电，以免其惊慌失措。

(3) 如在夜间停电，应用应急灯照亮公共场所或无光亮区域，帮助滞留在走廊及电梯中的宾客转移到安全的地方。

(4) 即使停电时间较长，所有员工都要平静地留守在各自的工作岗位上，不得惊慌。

(5) 在停电期间，注意安全检查，加强客房走道的巡视，防止有人乘机行窃和破坏。

(6) 防止宾客燃点蜡烛而引起火灾。

4.4.7　宾客死亡的处理

宾客死亡是指宾客在饭店内因病死亡和自杀、他杀或原因不明的死亡。

(1) 发现者不得大声喧哗、惊慌失措，应立即报告客房部管理人员和饭店安全部门，由其向公安机关报案；保护好现场，严禁无关人员接近，可等待公安人员处理。

(2) 对宾客死亡情况，除向公安机关和上级管理部门报告外，不得向外（包括其他部门的员工）透露。

(3) 如死者是外国人，应由管理人员通知所属国驻华使馆或领事馆。

4.5　宾客投诉的处理

大堂副理、各级管理人员、任何一个面对客人的员工都可以受理客人的投诉。

4.5.1　正确认识宾客投诉

一个饭店在管理上无论多么严格，客人投诉也是不可避免的。由于客人来自四面八方、不同国家，每一位客人都有各自的生活方式和习惯，再加上心情、年龄等因素，总会对饭店服务或设施提出自己的抱怨和不满，对此，饭店业称之为投诉。

投诉源自英文单词 complaint，意为不满、抱怨。饭店投诉是指宾客在使用饭店设施设备及在饭店服务过程中或服务后对饭店的产品不满意而向有关人员述说、抱怨。几乎每个饭店每天都可能接到宾客的投诉。一般来讲，饭店是欢迎宾客投诉的。

4.5.2　处理投诉的重要意义

(1) 宾客投诉是对饭店所提供的产品和服务的信息反馈，是对饭店设施设备、服务质量的变相检测，可引起饭店有关人士的注意。宾客投诉有利于饭店当局及时有针对性地改善经营管理，填漏补缺；有利于员工吸取经验教训，提高服务技能，从而增强企业竞争力。

(2) 从营销角度讲，客人投诉表明其在意饭店，在饭店的消费是有意识的。妥善处理好投诉，可改善宾客与饭店的长期关系，使宾客成为饭店的好顾客、常客；处理不好，则失去的不仅是该位客人或该几位客人，还有可能是他们身后的亲友、同事、上下级等潜在顾客。因为坏的口头宣传一般比好的口头宣传要传得快、传得远。美国有关调查表明，吸引新顾客所花成本是保持老顾客所花成本的 5 倍。所以，许多饭店都很重视客人投诉。可以说，饭店的星级、档次越高，越重视客人投诉。

4. 5. 3 客房服务范围内宾客投诉的原因

(1) 电梯铃响后梯口无人迎送客人。
(2) 忘记客人的留言。
(3) 未听懂客人讲话的意思便做出回答。
(4) 对来访客人不够热情。
(5) 不了解饭店餐饮、娱乐设施的具体位置及服务时间。
(6) 没有熟记经常联系的饭店内部电话号码。
(7) 没有及时收回客人用过的餐具。
(8) 摆放有破损的杯具。
(9) 地毯上有杂物而未及时捡起。
(10) 没有及时清理电梯口烟灰桶的脏物。
(11) 床单有头发和污迹。
(12) 没有及时维修房间有故障的电器设备。
(13) 电话机有异味，听客人的电话。
(14) 偷看客人的信件、书刊及翻动客人的私人物品。
(15) 服务员使用、动用客人的私人物品。
(16) 向客人索取小费。
(17) 当着客人的面，上司责骂服务员。
(18) 未经上司批准，便接受客人的礼物或邀请。
(19) 在服务过程中，服务员有用手抠嘴、抠鼻、抠耳等不雅观动作。
(20) 身体散发异味，脂粉抹得过分或佩带珠宝饰物过分。
(21) 服务员在房内看电视或收听收音机。
(22) 看见客人有特别的零食而随手取食，未及时补充客人用过的酒水。
(23) 递东西不用托盘。
(24) 传递客人需要的物品速度慢。
(25) 与宾客高声讲话或争论。
(26) 借清洁之名去翻阅住客的抽屉。
(27) 客房的硬件不达标。
(28) 客房的清洁卫生不达标。
(29) 服务员待客不礼貌、不公平。
(30) 客人被无故打扰。

（31）客用物品更换补充不及时。
（32）客人物品丢失或被盗。
（33）客人损坏或带走客房设备用品而被要求赔偿。
（34）其他。

4.5.4 宾客投诉的表达方式

1. 理智型

这类客人在投诉时情绪显得比较压抑，他们力图以理智的态度、平和的语气和准确清晰的表达向受理投诉者陈述事件的经过及自己的看法和要求，善于摆道理，用心理 PAC 理论来描述，这类人的个性处于成人自我状态。

2. 火暴型

这类客人很难抑制自己的情绪，往往在产生不满的那一刻就高声呼喊，言谈不加修饰，一吐为快，不留余地，动作有力迅捷，对支吾其词、拖拉应付的工作作风深恶痛绝，希望能干脆利落地彻底解决问题。

3. 失望痛心型

情绪起伏较大，时而愤怒，时而遗憾，时而厉声质询，时而摇头叹息，对饭店或事件深深失望。对自己遭受的损失痛心不已是这类客人的显著特征。这类客人投诉的内容多是自以为无法忍耐的，或是希望通过投诉能达到某种程度的补偿。

4.5.5 处理投诉的原则

（1）受理投诉的人员应心平气和，以礼相待，不生气，不发火，不争执，不辩解。
（2）洗耳恭听，适当提问，弄清问题。
（3）设身处地地为客人着想。
（4）化解矛盾，消除影响。
（5）高度重视，及时处理。
（6）不转移矛盾，不推卸责任。
（7）可能的话，提出处理意见供客人选择。
（8）以自己的真诚消除客人的不满或误解。
（9）对客人的刁难、挑剔要客观分析，冷静对待，妥善处理。
（10）对于客人的无理取闹，应首先平息事态，情节严重者，可报请公安部门处理。

（11）确保饭店的根本利益不受损害。
（12）认真总结，吸取教训。

4.5.6 处理投诉的程序

（1）认真听取意见。
（2）保持冷静。
（3）表示同情。
（4）给予关心。
（5）不转移目标。
（6）记录要点。
（7）把将要采取的措施告诉客人并征得客人的同意。
（8）把解决问题所需要的时间告诉客人。

4.5.7 处理投诉的方法和要求

1. 处理电话投诉

（1）接听电话时，注意语音语调，做到亲切和蔼，讲究礼貌。
（2）问清客人的姓名、房号。
（3）弄清问题，认真记录。
（4）表示同情、理解和重视。
（5）适当地表示歉意。
（6）尽快答复，尽快解决。如果不能答复和解决，可及时报告。
（7）如有必要，约请客人面谈。
（8）对客人的投诉表示感谢。
（9）事后认真总结。

2. 处理面对面投诉

（1）热情接待。
（2）避免在公众场合处理这类投诉。
（3）稳定客人的情绪，避免吵闹。
（4）问清客人的姓名、房号。
（5）专心聆听，不能随便打断，不急于解释。
（6）认真记录。

（7）表示理解和重视。
（8）与客人讨论解决问题的方法。
（9）尽快落实投诉的问题。

3. 处理书面投诉

（1）认真阅读，弄清要点。
（2）认真调查处理。
（3）尽快将处理意见和结果告知客人，并对客人表示感谢。

4.6　针对性服务

4.6.1　VIP 服务知识

饭店的“VIP”（Very Important Person）是指住在饭店的非常重要的客人，其接待服务工作做得如何，对饭店树立良好的声誉，提高饭店的知名度和经济效益起着至关重要的作用。VIP 的接待标准如下所述。

1. VIP 客人的等级

饭店的 VIP 客人分为 A、B、C 三个等级。

A 等级（饭店也称贵宾）：党和国家领导人，外国的总统、元首、首相、总理、议长等。

B 等级：我国及外国的各部部长，世界著名的大公司的董事长或总经理及各省、市、自治区负责官员。

C 等级：
——各地、市的主要党政官员；
——各省、市、自治区旅游部门的负责官员；
——国内外文化艺术、新闻、体育等界的负责人员或著名人士；
——各地星级饭店的总经理；
——国内外著名公司、企业及合资企业、外资企业的董事长或总经理；
——与饭店有重要协作关系的企业的厂长或总经理；
——饭店总经理要求按 VIP 规格接待的客人。

2. VIP 客人服务的规格标准

1）A 等级

（1）迎送：总经理率部分员工在大厅门口列队等候和迎送客人。

（2）房间物品配备。除正常物品配备外，另增配：

——摆放与房间格调相协调的工艺品；

——写字台上或会客室茶几上放一盆插花（盆景），卫生间面盆台面上放一瓶插花；

——每天放一篮四色水果（专用果篮、盘、刀、叉、口布、洗手盅），四种小糕饼；

——放置总经理亲笔签名的致敬信和名片；

——每天放两种以上的报纸（外宾房放英文版的《中国日报》）；

——做夜床时赠送一份精制的工艺品；

（3）餐饮要求：

——客人抵店第一餐，由总经理引领客人进餐厅；

——使用专门小厅；

——每餐开出专用菜单；

——台面设专人服务；

——厨房设专人烹制菜点。

（4）保安要求：

——事先保留停车位；

——饭店四周警卫和巡视；

——设专用客梯。

2）B 等级

（1）迎送：总经理、大堂副理在大厅门口等候迎送客人。

（2）房间物品配备。除正常物品配备外，另增配：

——写字台上或会客室茶几上放一盆插花（盆景），卫生间面盆台面上放一瓶插花；

——每天放一篮两色水果（专用果篮、盘、刀、叉、口布、洗手盅），两种小糕饼；

——放置总经理亲笔签名的致敬信和名片；

——每天放两种以上的报纸（外宾房放英文版的《中国日报》）；

——做夜床时赠送一份饭店特制的纪念礼品。

（3）餐饮要求：

——客人抵店第一餐，由总经理引领客人进餐厅；

——使用专门小厅；
——每餐开出专用菜单；

(4) 保安要求：事先保留停车位。

3) C 等级

(1) 迎送：总经理、大堂副理在大厅门口等候迎送客人；

(2) 房间物品配备。除正常物品配备外，另增配：
——写字台上或会客室茶几上放一盆插花（盆景），卫生间面盆台面上放一瓶插花；
——每天放一篮一色或两色水果（专用果篮、盘、刀、叉、口布、洗手盅），两种小糕饼；
——放置总经理亲笔签名的致敬信和名片；
——每天放一种或两种报纸（外宾房放英文版的《中国日报》）；
——做夜床时赠送一支鲜花或一块巧克力。

(3) 餐饮要求：
——客人抵店第一餐，由总经理引领客人进餐厅；
——使用专门小厅或餐厅留座（视总经理要求而定）；
——每餐开出专用菜单（视总经理要求而定）。

3. VIP 客人服务的共性要求

(1) 总机、楼层服务台值班人员向客人问好时不能直接称呼客人的姓名。

(2) 如客人初次住店应先直接进房，住宿登记由大堂经理交陪同人员填写或放进客人房间由客人自己填写后，由大堂经理收回交总台。如客人是多次住店，该客人的住宿登记直接由总台人员根据客史档案填写好。

(3) 客人随时出房，清扫员即刻整理干净房间。

(4) 除商场外，其余营业场所的消费实行一次性收费。

(5) 客人离店时，总经理或副总经理或大堂经理应主动征求客人意见，并及时反馈有关部门。

(6) 客人提出的其他服务要求，大堂经理负责协调，予以满足。

(7) 客人离店后，总台及时做好客史档案。

4. VIP 客人的申报审批

(1) 申报部门：总经理办公室、营销部。

(2) 总经理审批（书面或电话通知）。

(3) 由营销部发出 VIP 接待通知单。

5. VIP 客情安排

（1）营销部根据批准的 VIP 客情，提前安排所需房间。

（2）营销部发出 VIP 接待通知单。

（3）发送以下部门、岗位：总经理室、营销部、客房部、餐饮部、总务部、保安部、工程部、大堂、总机室、大厅服务处、结账中心。

6. VIP 客人的接待程序

（1）负责接待的部门根据 VIP 通知单要求落实有关事宜（住房、用餐、接待、迎接用车、欢迎牌）。

（2）客房部按通知要求准备好房间，配好物品。餐饮部安排菜单、订餐桌（摆放贵宾席卡）、准备房内水果及配套用品。

（3）大堂经理应在客人抵店前 1.5 小时或等客房中心通知后，按标准检查房间布置。

（4）总务部接到通知后，按规格制作好插花（盆景），在客人抵店前 1.5 小时送到客房中心。

（5）第一餐由专人将客人领入餐厅，向餐厅引座员交代来宾姓名及人数。

（6）接待部门经理或营销部经理征询并商定客人住店期间的日程安排，落实用车、礼品等事宜。

（7）总经理或副总经理或大堂经理主动拜访客人，征询意见并及时反馈。餐饮部经理、客房部经理应每日了解贵宾用餐、住房情况，及时提供针对性服务。

（8）结账中心提前准备好账单，核实结算方式（免费或折扣），应尽量为宾客提前做好优先退房服务。

（9）落实客人离店时用车事宜。有关人员提前到大厅等候，为客人送行。

（10）营销部及时将客人住店有关信息通知有关部门及岗位，并将贵宾客史入档。

（11）餐饮部建立客人饮食档案（如菜单、宴请单、口味等）。客房部建立客人房内服务档案。客人离店后以书面形式送至营销部存入贵宾客史档案。

7. VIP 服务人员的基本要求

（1）要求具有丰富的饭店基本知识，并且具有较丰富的人生阅历和经验。

（2）具有较广泛的个人兴趣和爱好，并且具有较高雅的鉴赏水准。

（3）要求具有较快速的反应能力和清晰的判断力。

（4）要求具有善于表现和表达自己的个性，以及愿意愉悦地与人交往的品格。

4.6.2　零散客人

散客的情况非常复杂，每个人的情况各不相同。但也有其共同点，即所带行李少而简便，在饭店的滞留时间较短，来去方便，平均消费水平比较高。其服务的基本要求有：

（1）讲究服务效率；

（2）注重个性化服务；

（3）注意客人的动态；

（4）客人的登记资料必须翔实。

4.6.3　政府代表团

政府代表团一般由部长、总理或国家元首带领，常有领导接见、宴会等。该类宾客的身份地位高，年龄较大，态度较严肃，生活要求高，重视礼仪规格，逗留时间短，日程安排紧，店外活动多，对接待服务要求高。接待这类客人应做到：

（1）合理调配人力，由专人负责；

（2）认真做好抵店离店时的迎送；

（3）尊重客人的风俗习惯和宗教信仰；

（4）不在客人面前谈论国内外时事和政治；

（5）做好应有的保密工作；

（6）根据客人的活动规律，合理安排各项服务工作，讲究效率，保证质量。

4.6.4　文艺代表团

文艺代表团的成员对服饰非常讲究，因此他们要求洗衣服务多，而且要求质量高、速度快。他们的活动安排紧凑，常常晚间演出、白天休息，其生活习惯与其他客人不同，因此要求尽量避免他们与其他客人之间的相互干扰和影响。服务人员在与他们的接触中，应适时地说些祝贺和赞扬的话。接待这类客人还应做到以下几点。

（1）因住宿时间较长，睡觉迟、活动多，早晨起得晚，演出回来后需要饮料较多，必须做好准备。

（2）时间观念强。出发时间和平常委托代办都要准时，以保证演出任务的完成。服务人员要针对这一特点认真配合。

（3）注意艺术装饰。客房布置应尽量注意艺术性。

4.6.5 体育代表团

体育代表团成员的生活习惯和作息时间与他们所从事的运动项目有关。他们共同的特点是对休息和饮食的要求高，为他们服务时要注意做到以下几点。

（1）运动员的活动比较有规律，行动统一。最好能掌握他们的时间，以便提供服务。

（2）勤洗澡、勤换衣。因此，要加强卫生间的清扫，保证运动员所用开水和饮料。

（3）运动员思想情绪波动大，往往受比赛输赢的影响。服务人员应及时了解比赛情况，要善于察言观色，对赢队表示祝贺，对输队也要热情服务，不可流露出轻视嘲笑的情绪。

4.6.6 旅游团

旅游团的活动一般有组织、有计划；日程安排紧凑，活动时间统一；店外活动多，店内停留时间短；旅游团人员组成复杂，他们的职业、身份地位、年龄等往往都有较大差异。尽管他们的共同目的是观光游览，但在饭店内对生活及服务的要求都有很大的不同，甚至可能因此而产生矛盾。

为旅游团队客人服务时，必须注意以下几点：

（1）一视同仁，公平对待；

（2）不谈及饭店的有关价格；

（3）不介入他们之间的矛盾；

（4）遇到问题时，与接待单位或陪同联系解决；

（5）要特别讲究服务效率；

（6）加强对电话和小酒吧的收费管理；

（7）充分做好团队进店、离店前后的各项准备工作。

4.6.7 长住客人

许多公司和一些机构在饭店长期包租客房，作为派驻人员的休息或办公场所。大多数长住客人都属于此类商务人员。

长住客人一般白天工作紧张，他们常在客房内接待访客、洽谈业务、处理公务，他们对客房的物品及饮料供应要求较高。如果是家庭居住，他们对管家服务要求很高。在为长住客人服务时，应做到：

（1）根据租房协议要求配置客房设备和用品；

（2）根据客人的活动规律、作息时间等安排客房的清扫整理，避免打扰客人的工作和生活；

（3）清扫整理客房时，要谨慎处理客房内的垃圾杂物，不能随意挪动客人的办公设备和用品；

（4）提供相关服务；

（5）防止未办理登记手续的外来人员留宿；

（6）亲疏有度。

4.6.8　常客

常客是经常光顾、多次住过本饭店的客人，这些客人大多都对饭店印象较好，对饭店的情况比较熟悉，对某些服务员也比较了解。在为常客服务时，要特别讲究个性化服务，还要注意亲疏有度，不能因为彼此了解，很熟悉就很随便，忽略了角色关系。

4.6.9　老弱病残客人

住客中常会有一些老、弱、病、残者。他们往往行动不便、生活自理能力差、难以沟通交流，需要得到特别的关爱和帮助。为这些客人服务时，要做到以下几点。

（1）对年老体弱者，应根据其年岁大、视力听力弱、记忆差、反应迟钝、行动不便等特点要多加关照，服务工作要细心周到，有耐心，要特别注意他们的安全。

（2）对病残客人要根据其病情、伤残部位、情绪状态提供必要的帮助。对他们的合理要求要尽力给予满足，要防止言行不当伤害他们的自尊心。

（3）要多为他们提供精神上的安慰和生活上的便利。

☞ 案例分析

有没有多齿的梳子？

夏季的一个晚上，入住在某饭店 406 房间的高小姐将去参加一个重要的宴会，她洗完澡后，在卫生间里想把头发吹干、定型，但由于客房里的小梳子十分不顺手，所以难以将头发整理至她如意的状态。在没办法的情况下，她打电话到客房中心问：“你们有没有多齿的梳子？”客房中心的文员小黄听了客人的要求后，说：“高小姐，我们客房这里没有多齿的梳子，我想想办法，找到后立刻给您送到房间里。”放下电话后，小黄立刻与饭店的美容室联系，很快借了一把多齿的梳子送到高小姐的房间，高小姐非常高兴，打电话到客房中心致谢。

第二天早上，客房部陈经理照例阅读客房中心的工作记录要点，发现了小黄关于客人需要多齿梳子的记录，并称曾经碰到过多次，许多客人都有这种需求，因此建议客房部在租借物品服务中应增加这种梳子，以方便客人，满足客人自己吹头发较多的需求。陈经理看后，批示：好建议。然后立刻通知相关部门采购一些方便客人吹头发用的多齿梳子，提供给需要的客人使用，并与饭店采购部门联系，寻找厂家设计一种可以充当客用品的价格低廉的小小的多齿梳子。

✍点评

随着客房电吹风的流行，许多客人喜欢自己吹头发，尤其是在夏季洗发次数较多的时候。但由于没有多齿的梳子，整理头发的工具不顺手，使得客人常常难以如意。

在此情况下，本例中的客房中心的员工小黄能够根据客人的需求向饭店管理者提出好的建议，而客房部经理也非常善于采纳员工的意见并以最快的速度为客人提供服务，可见该饭店确实以满足客人的需求为宗旨，关于根据客人需求化而及时调整、完善饭店所提供的服务项目，这种完善和调整必将受客人的欢迎。

由此可见，最好的服务未必是面对面的服务，也未必要有很大的投入，有时，如同客用品这种不见面的、投入也不大的服务更能让客人体会到饭店的关心与体贴。

思考题

1. 对客服务的模式有哪些？分别有哪些要求？
2. 试述客房服务的内容和项目。
3. 如何做好夜床服务？
4. 在房间内遗失物品时应怎样处理？
5. 客人在饭店公共区域遗失物品时应怎样处理？
6. 试述 VIP 客人服务的规格标准。
7. 客房服务范围内宾客投诉的原因有哪些？
8. 处理宾客投诉的方法和要求有哪些？
9. 如何接待好旅游团体客？

第 5 章　客房设备用品管理

学习目标
- ◎ 掌握客房设备的合理配置，以及维护、管理与更新改造。
- ◎ 了解客房设备的设计与趋势。
- ◎ 掌握客房用品的控制及管理。
- ◎ 了解客房用品的设计与趋势。

客房的设备和用品体现了饭店的星级水平，只有使各种设备和用品始终处于完好和充足的状态，才能保证客房服务的质量。客房设备和用品是客房服务的物质基础，其品种多、投资大，管理是否科学合理，将直接影响到客房的服务质量及经济效益。因此，客房部要加强客房设备用品的管理，在满足客人需求、保证服务质量的前提下，努力降低成本，提高社会和经济效益。

5.1　客房设备管理

饭店客房的设备主要包括客房设备和清洁设备两大类。客房设备种类繁多，价值相差悬殊，必须用科学的方法，做好设备的管理工作。客房设备的管理是全过程的管理，即从设备的选择到设备的日常使用、保养、维修及更新改造等每个环节都要加强管理。

5.1.1　客房设备的合理配置

1. 客房设备的分类

客房设备主要包括家具、电器、洁具、安全设备及一些配套设施。

1）家具

客房家具从功能上划分，有实用性家具和陈设性家具两大类，其中以实用性家具为主。

客房使用的家具主要有床、床头柜、写字台、软座椅、小圆桌、沙发、行李架、衣柜等。

2）电器

客房内的主要电器设备有以下几种。

(1) 照明灯具。客房内的照明灯具主要有门灯、顶灯、地灯、台灯、吊灯、床头灯等，它们既是照明设备，又是房间的装饰品。平时要注意照明灯具的维护和保养，要定期检修，确保使用完好和安全。

(2) 电视机。客房电视机可以丰富客人的文化生活，作为旅途的一种消遣或了解时事。电视机不应放在光线直射的位置，每天要用干布擦净外壳上的灰尘，并要定期检修。

(3) 空调。空调是使客房一年四季都保持适当的温度和调换新鲜空气的设备。每间客房的墙面上都有空调旋钮或开关，平时要保持风口的清洁，并定期检修。

(4) 音响。一般在床头柜内安装音响装置，供客人收听有关节目或欣赏音乐。床头柜上还装有电视机、地灯、床头灯的开关及传唤服务员的按钮等。这些装置均需定期检修。

(5) 电冰箱。为了方便饮料供应，大多客房内设有小酒吧，在冰箱内放置酒水饮料，客人可根据需要随意饮用。电冰箱要定期除霜，并根据季节调整温度。

(6) 电话。房间内一般设两部电话机，一部放在床头柜上，另一部装在卫生间内。这样，客人就不会因在卫生间而影响接电话。每天要用干布擦净电话机表面的灰尘，话筒要每周用消毒水消毒一次，并定期检修。

3）洁具

卫生间的设备主要有洗手盆、浴缸、坐厕等。洗手盆上一般装有面镜。浴缸边上有浴帘，下面铺有胶皮防滑垫，有冷、热水龙头和淋浴喷头，还有手纸架、毛巾架及通风设备等。洗手盆、浴缸、坐厕要清洁消毒，保持干净。水龙头、淋浴喷头和水箱扳手等金属设备每天要用布擦净、擦亮。要定期检修上、下水道和水箱，以免发生下水道堵塞和水箱漏水的事故。

4）安全设备

为了确保宾客的生命、财产安全，预防火灾和外人滋事，客房内一般都装有烟雾感应器，门上装有窥镜和安全链，门后张贴有安全指示图，标明客人现在的位置及安全通道的方向。楼层走廊安装监控器，可以观察楼层通道的情况。客房及走廊还装备自动灭火装置，一旦发生火灾，安全阀即自动熔化，水从灭火装置内自动喷出。安全门上装有昼夜明亮照明指示灯。凡属防火、防盗的安全设施应经常检修保养，以免因损坏或失灵造成严重后果。

2. 客房设备的选择

客房设备选择的基本要求是：技术上先进，价格上合理，符合饭店的档次，适应客人的需要，有利于提高工作效率和服务质量。

1）经济、实用

饭店客房设备的购置和更新要选择与饭店的档次相适应，并在同类型饭店中较为先进和具有特色的设备。设备质量低，影响饭店档次；设备等级高，影响经济效益，均不可取。

选择设备还要考虑实用性。凡是直接或间接作为客人享用的设备，要以满足客人的生活需要为主，同时提供相应的享受功能。而生产性、服务性设备以提高工作效率和服务质量为主，便于员工操作，并考虑宾客使用方便和耐用性。

2）合理、协调

根据客房的不同等级和服务项目，选择不同的设备。例如，总统套房、标准间、经济间的设备就应分档次配备，这就是针对性。

设备的大小、造型、外观色彩、质地等必须与客房相协调，整个房间有一个统一的主色调。如果整个房间的陈设布置对比反差太大，会给人一种东拼西凑之感。另外，某一用途的设备要自身配套。如果房间地面铺设地毯，与之相配套的应有浴帘、地巾、吸尘器等，否则地毯的保养就成了问题。

3）环保、安全

设备的选择要考虑节能效果。电热水瓶、电热淋浴器等虽然使用方便而且美观，但耗电量太大，对大多数饭店来说应该弃用。方便性也是节能性的表现，如清洁设备要选择使用简便、易于维修保养、工作效率高的，而不提倡多用途设备。

安全是饭店的基本要求。设备的选择和购置要考虑是否具有安全性及有应急措施。例如，家具饰物的防火要求、冷热水龙头的标志、电器设备的保护装置，甚至包括防滑、防静电、防碰撞、防噪声污染等要求。另外，商家售后服务也是设备安全的重要保证。

5.1.2　客房设备的维护、管理与更新改造

5.1.2.1　客房设备的维护

客房设备的维护主要涉及员工与客人。客房部要加强对员工的培训，提高员工的操作技能水平，使他们懂得客房设备的用途、性能、使用方法及保养方法等。客房服务员要按规程对客房设备进行日常的检查与维护保养，发生故障及时报修。

客房的设备是以租借形式供客人使用的。客房服务人员在引领客人进房时，须按照服务规程介绍客房设备的性能和使用方法。如遇宾客损坏设备，要分清原因，适当索赔。

1. 电器设备

1）客房电视机的使用和保养

电视机是客房必备的电器设备之一，目前饭店客房均配置彩色电视机。为了更好地为客人提供服务，延长电视机的使用寿命，应注意电视机的使用和保养。

（1）电视机的维护保养（见表5－1）。

表5－1 电视机的维护保养

项目	做法及要点
1. 放置	（1）为防止机内热量积聚，切勿堵塞散热口； （2）应安放在通风良好的地方，位置离墙5厘米以上，切勿置于高温、潮湿之处，应避免阳光直射到电视屏幕上。
2. 维护	（1）电视机若长期不用，要拔下电源插头； （2）雷雨天气时，最好不要打开电视机，并将电源插头拔下； （3）电视机长期不使用，夏季应每月通电1次，时间2小时以上；冬季3个月通电1次，时间3小时以上，以驱除湿气。
3. 保养	（1）用柔软的干布擦净机壳外表和屏幕的灰尘； （2）若机壳较脏，需用清洁剂，应选用中性清洁剂。
4. 遥控器的使用	（1）遥控器不能正常使用，大多是因电池电力不足，应及时更换电池； （2）遥控器如果长期不使用，应取出电池。

（2）注意事项：

① 非专业人员切勿打开机箱后盖，否则有电击危险；

② 电源线要注意保护，避免受损伤；

③ 电视机长期不用时，应用布罩套好，以避免灰尘，定期请维修人员清理。

2）电冰箱的使用和保养

用于饭店客房的电冰箱（mini-bar）一般为单门冰箱，主要以冷藏为主。

（1）电冰箱的维护保养（见表5－2）。

表5－2 电冰箱的维护保养

项目	做法及要点
1. 搬运与安装	（1）搬动电冰箱时要防止剧烈的振动，箱体要平稳直立，斜角不可小于60°，切勿将冰箱倒置； （2）电冰箱背部离墙要有10厘米以上，以保证散热； （3）要有独立的电源插座和可靠的接地线。
2. 保养	（1）电冰箱长期不使用时，应拔下电源插头切断电源，取出饮料食品，并清洁干净； （2）在阴雨潮湿季节，由于湿度大，空气中的水分会凝结成水珠吸附在箱体外壳，要用柔软干布擦掉； （3）箱体内外部应经常清理，可用温水或中性清洁剂擦洗； （4）电冰箱使用要保持连续性，不可采用日开夜停的方法； （5）尽量减少开、关门的次数和缩短开门的时间； （6）电冰箱停用后，每月应接通电源1次，时间0.5小时到1小时。

续表

项　　目	做法及要点
3. 除霜	（1）蒸发器表面结有一定厚度（约 5 毫米）的冰霜时，应及时除霜，否则会影响制冷效果； （2）手动式除霜：拔掉电源插头，待箱体内壁上的冰融化后，用塑料铲轻轻地将冰块去掉，再用软布蘸上温水擦净； （3）半自动式除霜：用手按下按钮，使冰箱进行除霜工作，除霜结束后，按钮自动复位； （4）自动式除霜：一般 24 小时 1 次，电冰箱内的定时器会自动进行除霜工作，使蒸发器的结霜除去。

（2）注意事项：

① 不可将带有热气的食品和热水放进电冰箱，否则会损坏温度控制器；

② 电冰箱内存放食品、饮料不宜过多，以便控制箱内的温度；

③ 电源一旦中断，要等 5 分钟后再通电；

④ 电冰箱除霜时，切不可用尖硬刀子或金属物件刮，以免损坏蒸发器和其他部件；

⑤ 电冰箱内不可贮存汽油、油漆、酒清等易挥发、易燃物品。

3）空调器

饭店常用的空调器有两大类，即中央空调系统和房间空调器。中央空调系统的维护工作由饭店工程部门负责，这里指的是房间空调器的使用和保养。

（1）空调器的维护保养（见表 5－3）。

表 5－3　空调器的维护保养

项　　目	做法及要点
1. 日常保养	（1）若关闭后再重新启动时，必须等 3 分钟以后，以免因机器内气体没有得到充分平衡，造成重新开机时负荷过大，损坏电动机； （2）机器运转有异常时，应立即停机检查，排除故障后方可重新开机。
2. 清洁	（1）空调器内部冷凝器、蒸发器等处的灰尘可用软毛刷进行清扫； （2）经常清洁空调器风口、过滤网，通常 1～2 周清洗一次。清洗时先取下网格、过滤网，用低于 40℃ 的温水或肥皂水、中性洗涤剂溶液清洗，然后用清水洗净，并用软布将水吸干。

（2）注意事项：

① 不要堵塞吹风口和吸入口，否则会给空调增加负担；

② 室内温度要调节适当，温度过高或过低不但影响人体健康，又浪费电力。

2. 客房家具

1）卧具

（1）卧具的维护保养（见表 5－4）。

表5-4 卧具的维护保养

项　目	做法及要点
1. 床架	(1) 经常检查床架各部件是否牢固安全，特别是脚轮，由于铺床经常移动，容易损坏，一旦发现问题，应及时报修或更换； (2) 注意防潮、防火、防热； (3) 靠卫生间的床应注意与墙保持10厘米以上的距离，这样既方便操作，又可防潮。
2. 床垫	(1) 在床垫上加铺保护垫。保护垫要用松紧带固定在床垫上，否则容易打滑，脏后应及时更换清洗； (2) 定期翻转床垫，使床垫各处受力及磨损度相同，避免凹凸或倾斜，延长其使用寿命； (3) 定期吸尘，保持清洁； (4) 经常注意检查床垫弹簧的"固定钮"是否脱落，如果脱落，必须及时报修； (5) 注意通风散热，避免床垫受潮。

(2) 注意事项：

① 床垫应有良好的通风性能，床垫的散热孔不能堵塞，否则受潮后易发霉；

② 床垫的弹力要适中，用手下压时手感不强硬、不软，压下后手放开弹簧立即弹回原位。如果出现凹凸，应及时报修或更换。

2) 沙发

(1) 沙发的维护保养（见表5-5）。

表5-5 沙发的维护保养

项　目	做法及要点
1. 吸尘	经常对沙发吸尘，以保持清洁。
2. 去渍	沙发面层有污渍时，及时清除。
3. 定期洗涤	沙发面层脏后要进行洗涤，注意用干洗剂及时风干，以免留下黄斑。
4. 翻转坐垫	沙发坐垫要经常翻转，以使其受力均匀，延长使用寿命。

(2) 注意事项：不能在沙发坐垫上踩跳，以免损坏坐垫内的弹簧。

3) 木质家具

(1) 木质家具的维护保养（见表5-6）。

表 5-6　木质家具的维护保养

项　目	做法及要点
1. 摆放	（1）家具放置一般要离墙 5 ～ 10 厘米； （2）平时避免将潮湿物件放在家具上。
2. 清洁	（1）家具上有水迹、污迹要及时擦干净，用软质抹布擦拭； （2）若有难以擦除的污垢，可用抹布蘸上少许清洁剂或牙膏擦拭，也可用家具蜡擦除。
3. 日常保养	（1）平时应避免阳光暴晒； （2）装有暖气片的房间，家具摆放与暖气片应有一定的距离； （3）壁橱、柜台、抽屉可放些防虫香或喷洒防虫剂，以防虫蛀。
4. 定期上蜡	（1）用软干布蘸上家具蜡擦拭家具； （2）待蜡稍干后再用软干布擦拭一遍，使其保持光亮。

（2）注意事项：

① 木质家具要做好防潮、防水、防虫蛀、防摩擦和撞击工作；

② 移动家具时必须轻搬轻放，切勿在地上拖拉；搬动时注意不要碰撞到其他物品及墙面。

3. 清洁设备

（1）清洁设备的维护保养（见表 5-7）。

表 5-7　清洁设备的维护保养

项　目	做法及要点
1. 清理	使用完毕后，必须将机器内部的垃圾及污物除掉，并进行必要的保养，如加油、更换零件。
2. 擦洗	用干净抹布将设备各个部位的污迹、水迹擦干净。
3. 检查	检查机器运行时是否漏电、情况是否正常。
4. 保管	所有清洁设备应由专人保管，存放在合适之处。

（2）注意事项：

① 清洁设备应有专门的存放地点，室内保持干燥、整洁；

② 使用人员都必须经过操作培训，懂得正确使用清洁设备；

③ 有些设备配有备用件及配件，平时不用，要妥善保管。

4. 客房设备的日常检修

1）客房设备维修的程序

工程部的维修人员如进住客房进行维修时，必须由客房服务员陪同进房，如果客人在房间，应征得客人同意后方可进行维修。

（1）当客房服务员发现客房内某些设备需要维修时，应按要求做好登记（见表 5-8）。

（2）及时报修，填写设备维修单（见表5－9）一式三份；如遇紧急情况可先电告工程部，先维修再补单；

（3）客房服务员陪同工程部人员一起进房，维修完后，验收并签名确认。

表5－8　客房设备维修登记表

房号	维修项目	申报			催办			维修时间	维修结果	维修人	验收人
		时间	申报人	受理人	时间	催办人	受理人				

表5－9　设备修理单

<table>
<tr><td rowspan="2">安排
Ordered</td><td>Phone 电话</td><td></td><td rowspan="2">日期
Date</td><td rowspan="2">部门
Department</td></tr>
<tr><td>Written 书面</td><td></td></tr>
<tr><td>收到
Rec. Eng.</td><td colspan="2">日期
Date</td><td>时间
Time</td><td>文书
Clerk</td></tr>
<tr><td>批准
Approved</td><td colspan="2">总经理
GM</td><td>成交商
Con. tr</td><td>工程师
Eng.</td></tr>
<tr><td>负责
In Charge</td><td colspan="2">工程师
Eng</td><td>组长
Supervisor</td><td>小组
Crew</td></tr>
<tr><td colspan="5">Work Place/Eq No：工作地点/设备编号</td></tr>
<tr><td colspan="4">Work Description：工作说明</td><td>例行维修
Routine</td></tr>
<tr><td colspan="4"></td><td>紧急
Urgent</td></tr>
<tr><td colspan="4"></td><td>停止
Shutdown</td></tr>
<tr><td colspan="4"></td><td>预防性维修
P. R. Maint.</td></tr>
<tr><td colspan="4"></td><td>房内有客
Guest in room</td></tr>
<tr><td colspan="5">联系人：</td></tr>
<tr><td colspan="5">联系电话：</td></tr>
<tr><td colspan="5">Charge to account：负责计算（财务部）</td></tr>
<tr><td>工作完成
Work completed</td><td colspan="2">日期
Date</td><td>时间
Time</td><td>执行人
Done by：</td></tr>
<tr><td>工作开始
Work started</td><td colspan="2">日期
Date</td><td>时间
Time</td><td>执行人
Done by：</td></tr>
<tr><td>工作检查
Work checked</td><td colspan="2">组长
Supervisor</td><td>所用时间
Time used</td><td>发单日期
Date posted：</td></tr>
<tr><td>工作接收
Work received</td><td colspan="2">日期
Date</td><td>时间
Time</td><td>接收人：
Received by：</td></tr>
<tr><td colspan="5">在背面列出所有使用的备件及材料
List all spare parts materials used on reverse side.</td></tr>
</table>

2）客房设备维修的注意事项

（1）维修设备时要抓紧时间，尽快修好，客房服务员不准与维修人员闲谈。

（2）维修住客房时，要注意不要碰坏客人的物品，特别是贵重物品。

（3）修理后，与修理有关的卫生由工程人员清洁，办完手续后，服务员要按饭店卫生质量要求再彻底清洁。

5.1.2.2　客房设备的管理

客房设备主要包括家具、地毯、电器设备（空调器、电视机、电冰箱、各类灯具、电话机）、卫生洁具（浴缸、恭桶、洗脸盆）、安全装置（防盗、防火装置）等。管理工作主要有以下措施。

设备可分为固定资产和低值易耗品，在性能上也有各种不同的用途，要按一定的分类法进行分类编号，建立账卡和建立设备档案卡，另外要建立设备日常管理制度以便加强管理。

1. 建立账卡

（1）建账。建账就是将客房楼层各类设备详细地登记在设备账本上，在建账过程中要做到“账物相符”和“账账相符”。

（2）要求。分类细致，通常设备有多少种，账本就应有多少页，每一页应登记表5－10所示项目。

表5－10　楼层设备账本

楼层______

名　称	编　号	规　格	数　量	领　出	结　存	建账日期	经手人

2. 建立设备档案卡

客房设备还要建立相应的档案卡（见表5－11）。建卡时要求做到“账卡相符”，即档案卡登记设备的品种和数量要与账本相符合，以便核对控制。设备在使用过程中发生维修、变动、损坏都应在档案卡做好登记，设备的使用状况也要做好记录。在建客房设备档案时要按一定的分类法进行分类编号，使每件设备都有分类号，以便管理。

表 5－11 客房设备档案卡

项　　目	购买日期	供应商	价　　格
型　　号________ 出外维修________		编　　号________	
日 期	价 格	维修项目	修理方式

对于设备的编号，饭店一般采用三节编码法：第一节表明设备种类，第二节说明使用部门，第三节表示设备编号。例如，客房的书桌可写成 C3－6－8，其中，C 代表家具类，3 代表书桌，6 代表客房部，8 代表书桌的编号。

1）客房装修资料

（1）要求将家具什物、地毯织物、建筑装饰和卫生间材料等分类记录下来，并注明其规格特征、生产厂家及装修日期等。

（2）楼层设计图。可表明饭店共有多少类型的客房，确切的分布情况和功能设计等。

（3）织物样品。墙纸、床罩、窗帘、地毯等各种装饰织物的样品都作为存档资料。如果由于原选用的材料短缺而采用其他材料作为代用品，也应保留一份替代品的样品存档。

（4）照片资料。每一种类型的客房都应保留有如下照片资料：床和床头柜、座椅；写字台、行李柜布置；卫生间地面、墙面和电器等；套房的起居室和餐室、厨房等。

（5）客房号码。根据客房的类别和装饰特点，分别列出客房号码的清单。

以上这些资料做好后，还应根据新的变化不断补充和更新，否则将逐渐失去其意义。

2）客房历史档案

所有客房，甚至公共区域，都应该设有历史档案。它包括：有哪些家具什物、其装修或启用日期、规格特征和历次维修保养记录等。

除了建立设备档案，所有客房都应该建立客房历史档案（见表 5－12），其内容有房号、类型、配备设备、装修或启用日期、维修保养记录。

表 5－12 客房历史档案

房号______ 类型______

配备设施	规格特征	制造商	装修或启用日期	维修保养记录
床垫床架				
床头板				
梳妆台				
书 桌				
床头柜				
书桌椅				
沙 发				
行李柜				
台 灯				
床头柜灯				
地 灯				
镜 子				
窗 帘				
地 毯				
……				

3）工作计划表

在客房部经理办公室应设有一份工作计划表，上列需要安排特别工作的房号或区域，如大维修或更换物件、重新装修等，待所列的工作完成后则记录到相应的档案中。

3. 建立设备日常管理制度

1）做好培训工作

客房部要加强对客房楼层员工的技术培训，提高他们的操作技能，培养其良好的职业道德及责任心，自觉爱护设备，掌握楼层各类设备的用途、性能、使用及保养方法。

2）制定保养制度

所有的设备均应制定保养制度，定期对设备进行检查维护，使其处于正常的状态，如定期家具上蜡、电话机消毒，而且各种设备都应注意防潮、防锈、防腐蚀、防超负荷使用。那些存在库房中的备用设备或维修、报废设备必须擦干净、摆放整齐，并有防护措施。

3）做好相关记录

楼层客房设备不能随意搬进搬出。客房设备的搬动或更换都必须办理相关手续。所有需要出门维修的设备，即使是从客房部拿到工程部，都必须经过客房办公室做好记录，填写维修单（见表5－13），同时要在原设备摆放处打上维修标志或用备用品补充上去，直到维修的设备送回原处。

表5－13 客房设备维修保养卡

维修卡 NO.	维修附卡（1）NO.	维修附卡（2）NO.
日　　期＿＿＿＿ 物件名称＿＿＿＿ 取　　自＿＿＿＿ 收　　归＿＿＿＿ 需维修项目＿＿＿＿ ＿＿＿＿ ＿＿＿＿ ＿＿＿＿ ＿＿＿＿	日　　期＿＿＿＿ 物件名称＿＿＿＿ 收件部门（人）＿＿＿＿ 收件日期＿＿＿＿ 送修部门（人）＿＿＿＿ 送　　至＿＿＿＿ 送修日期＿＿＿＿ 备　　注＿＿＿＿ ＿＿＿＿	日　　期＿＿＿＿ 物件名称＿＿＿＿ 收件部门（人）＿＿＿＿ 收件日期＿＿＿＿ 送修部门（人）＿＿＿＿ 送　　至＿＿＿＿ 送修日期＿＿＿＿ 备　　注＿＿＿＿ ＿＿＿＿

4）制定报损、赔偿制度

如果住客不慎损坏了客房设备，应根据饭店有关赔偿制度索赔并填写客房遗失损坏报告表（见表5－14）。如果无法修复，应按有关程序报废。若是员工损坏设备，则根据具体情况做出相应的处理。

5）定期盘点

客房楼层设备要定期盘点，以免日久或交接频繁出现误差。发现账物不符，要找出原因，及时处理。

表5－14 客房遗失损坏报告表

房号	团体	散客	报告时间	遗失	损坏	物品名称	数量（单位）	客房报失者或员工损坏者	收银接报者	备注

5.1.2.3　客房设备的更新改造

为了保证饭店的规格档次和格调的协调，保持并扩大对客源市场的影响力，满足宾客不断变化的需求，饭店要制定客房设备的更新改造计划，并根据市场情况对一些设备进行强制性的淘汰。客房部应与工程部一起制定固定资产定额，设备的添置、折旧、大修和更新改造的计划及低值易耗品的摊销计划，以减少盲目性。

1. 常规维护

这项工作一般每年至少进行一次。其内容包括：地毯、饰物的清洗；墙面的清洗和粉饰；常规检查和保养；家具的修饰；窗帘、床罩的洗涤；油漆等，其目的是保持客房的基本标准。

2. 部分更新

客房设备使用 3 ～ 5 年，对下列项目应实施更新计划：地毯、墙纸、沙发布、靠垫、窗帘、床罩等。由于饭店业竞争日趋激烈及客人需求的不断变化，饭店客房更新周期越来越短，有些饭店几乎年年都在部分更新。

3. 全面改造

全面改造往往 7 ～ 10 年进行一次。它要求对客房陈设、布置和格调等进行全面彻底的更换、改变及调整，如更换地毯、改变客房风格、调整房内布局等。

客房设备的更新尤其是全面更新改造前，一定要做广泛的市场调查，了解国内外同行业情况，掌握饭店业、旅游业的最新发展趋势，根据市场需求合理地调整设施配备和产品结构，根据饭店自身的经济实力，既要适合需求，又要有一定的远见性，适度超前，搞出特色，以保持和增强饭店的竞争力。另外，还需要考虑改造成本，力求尽快收回投资。

全面改造项目包括：橱架、桌子的更新；弹簧床垫和床架的更新；座椅、床头板的更新；更换新的灯具、镜子和画框等装饰品；地毯的更新；墙纸或油漆的更新；卫生间设备的更新，包括墙面和地面材料，灯具和水暖器件等。

对客房设备的更新改造应根据各饭店的具体情况提前做好计划，若延期进行，可能出现补漏洞式的跑马工程和饭店规格水准的下降。

5.1.3　客房设备的设计与其趋势

客房作为饭店出售的最重要的有形商品之一，设备是构成其使用价值的重要组成部分。

科学技术的发展及宾客要求的日益提高，促使饭店客房的设备配置出现了一些新的变化趋势，主要体现在个性化、科技化和安全性等方面。

1. 客房设备的设计

在改革开放初期，高档的涉外饭店是专门接待外宾的，因此饭店的设备，尤其是客房设备的设计都参照了西方人的生活特点和生活习惯，如卫生间配置浴缸、马桶等，很多做法延续到现在。随着时代的发展及豪华高档饭店已面向本地客源市场，客房设备在设计上应该注意以下几个方面。

(1) 方便、舒适。大多数饭店提出的经营理念都是为客人创造一个家外之家的感觉，因此设计要以客人的需求为导向。例如：通过调查，住饭店泡浴缸的人比例很少，淋浴间取代浴缸已成趋势；在房间灯具设计方面，如取消床头灯，在床上方天花板上安装射灯，光线刚好调到客人躺坐在床上看书的位置，一方面光线够集中，另一方面也减少了床头灯支架所占据的位置，减少了压抑感，扩大了客人的视线空间。

(2) 便于管理、确保安全。客房一经出租给客人，客人就拥有了使用权，除以客人的需求为导向和以经济成本为考虑前提外，也要注意如何便于管理和确保安全。

房间的灯具选用不当也会对客房安全管理造成一定的威胁，部分客人喜欢将衣物放在裸露灯泡的床头灯或落地灯上，形成了消防安全隐患，如果选用天花板顶灯或有灯罩围绕着使灯泡不裸露的灯具，能在一定程度上保证以上所说的现象不会出现安全问题。

饭店客房维修保养工作比较头疼的一点是房间低位的保护，如墙角、门框和家具等位置容易被行李等物撞坏，如果将房间的低位物品镶上金属包边，只要设计美观，既起到装饰作用，又有效地保护了墙角、门框和家具等物品的完整性，方便了管理。

(3) 标新立异。广州某饭店坐落在长隆动物园旁边，饭店设计无论在公共区域还是在客房，从装饰到用品都突出以“动物为本”。其利用标新立异，突出特色和创意就是一个比较成功的例子。当然，这些绝没有给客人以不安全感或造成不安的感觉，特色和创意迎合了客人求新的欲望，因此饭店生意火暴，平均开房率和房间价格均比广州五星级饭店要高。

21 世纪饭店客房的虚拟现实、生物测定、特色音乐等先进技术将赋予饭店全新的挑战，舒适、安全的标准和概念将有全新的含义，使产品和技术在未来客房形成以下可能：光线呼唤，以房间的灯光进行叫醒；虚拟现实的窗户，提供由客人自己选择的窗外风景；特色音乐，客人可选择能使自己感到最舒服的背景音乐；电子控制的床垫，可使不同的客人都得到最舒服的感觉；无钥匙门锁系统，以指纹或视网膜鉴定客人的身份等。

为了满足各类客人的需求，在饭店内部专门设立商务楼层、无烟楼层、女士客房、无障碍客房及根据饭店特色、当地的资源，为宾客特别需求而设计布置的特色房。如专门设计的商务旅游型客房、蜜月旅游型客房、会议旅游型客房、旅游疗养型客房等。

2. 客房设备配置的趋势

1）个性化趋势

作为现代化的饭店，在客房的设备配置上应从宾客的角度出发，使客人在使用客房时感到更加方便，感受更加舒适。比如，传统的床头控制板即将被淘汰，取而代之的是“一钮控制”的方式，也就是说，客人晚上睡觉时只需一个按钮就可将室内所有需要关掉的电器、灯光关掉。又如，客房中的连体组合型家具不但使用起来不方便，而且使得饭店客房“千店一面”；相应地，分体式单件家具使客房独具特色，而且住宿时间稍长的宾客还可按自己的爱好、生活习惯布置“家居”，岂不惬意？

为了满足各类客人需求而配置的各类客房日益突出个性化，房间面积增大，卫生间更是如此。另外，卫生间的浴缸与淋浴也可以分开。

2）科技化趋势

可以说智能化趋势最为淋漓尽致地体现了个性化的理念，因为在智能化的客房中，宾客可以体验如下的美妙感受：将为客人提供网上冲浪等服务，客人所需的一切服务只要在客房中的电视和电脑按键中选择即可；客人更可以坐在屏幕前与商务伙伴或家人进行可视会议或交谈；宾客可以将窗户按自己的意愿转变为美丽沙滩、辽阔大海、绿色草原的美景；客人还可在虚拟的客房娱乐中心参加高尔夫球等任何自己喜爱的娱乐活动；房间内的光线、声音和温度都可根据客人的个人喜好自动调节，提供由电脑控制水温的带冲洗功能的恭桶等。

3）安全性趋势

安全的重要性是不言而喻的，因此它需要更加完善的设施加以保障。比如，客房楼道中应用微型监控系统；客房门上设置无钥匙门锁系统，客房将以客人的指纹或视网膜鉴定客人的身份；客房中安装红外感应装置，服务员不用敲门，只需在工作间通过感应装置即可知道客人是否在房间，但却不会显示客人在房间中的行为。另外，床头柜和卫生间中安装紧急呼叫按钮，以备在紧急情况下饭店服务人员与保安人员能及时赶到。这些设施大大增强了客房的安全性，同时又不会过多打扰客人，使客人拥有更多的自由空间而又不必担心安全问题。

5.2 客房用品管理

客房用品又称日常客用品，主要是供客人日常使用的物品。这些物品品种多、数量大，使用频率高，又有很强的实用性，如果管理不善，就会造成浪费和流失，增大成本。因此，加强客房用品的管理是客房管理工作中的重要一环。

5.2.1 客房用品的控制

客房用品主要是供客人使用的生活必需品。在客房部的费用中，客房用品的耗费要占较大的比重，但伸缩性也很大。因为它涉及的品种多，使用的频率高，数量又大，再加上这些用品具有很强的实用性，是每个人都用得上的生活用品，故流失的环节多。所以，要加强对客房用品的控制。

1. 客房用品的分类

客房用品的分类方法很多，但主要有两种。

1）按消耗的形式划分

（1）一次性消耗品，如茶叶、信笺、信封、牙刷、香皂、梳子、洗浴液等。这些用品是一次性消耗物品。

（2）多次性消耗品，如布草、卫生间“四巾”、衣架、烟缸、杯具等。这些用品可连续多次供客人使用。

此种分类方法有利于客房部分类制定客用品的消耗定额，加强客房用品的预算和控制。

2）按供应的形式划分

（1）客房供应品，即上面所说的一次性消耗用品。客房供应品是客人可以带离饭店的物品，包括香皂、洗衣袋、礼品袋、鞋擦、文具、一次性拖鞋、洗浴液、洗发液、牙具、淋浴帽、梳子、卫生纸、火柴、面巾纸、茶叶、针线包、圆珠笔、明信片等。

不同饭店对客房供应品的范围做了不同的规定。有些豪华饭店的供应品还包括指甲刀、一次性剃须刀、糖果、鲜花等。

（2）客房备用品。这类物品是放在客房或在客房内使用的，一般不允许客人带走，但经常会被客人当做纪念品带走，包括衣架、卫生间防滑垫、棉织品、茶水具、酒具、烟灰缸、服务夹等。

（3）宾客租借品。这类物品一般不放在房内，而是存放在客房服务中心，供客人临时需要而借用的。有不少客人，特别是女客，常会向饭店借各种用品，如吹风机（现有不少饭店已在房内配备）、熨斗、熨衣架、冰袋、急救袋、泡沫枕头等。因此，客房部应准备这类物品，以满足客人的需求，同时要有相关的制度，以保证这些借用物品的归还。

客房备用品和宾客租借品都属于多次性消耗用品，此种分类方法有利于客房用品的分类保管和使用。

2. 客房用品的选择

由于客房用品的种类繁多，因而在选择时必须坚持以下 4 项原则。

（1）实用。客房用品是为了方便客人的住店生活而提供的，所以要做到实用。

（2）美观大方。美观而大方的客房用品布置在清洁舒适的客房，是饭店档次的重要标志。

（3）适度。客房用品应能体现饭店的档次并突出风格、特色，而不是种类越多越好。

（4）价格合理。现在，客房用品的供应商越来越多，作为用户选购客房用品可以从好中选优、优中选廉。因为客房用品的耗用量很大，所以价格因素很重要。

根据这些原则，可以总结出一些购买客房用品的经验来。香皂的重量一般要达到 20 克以上，最好在 30 克左右；太小的香皂使用起来不方便，可能会给客人带来不好的印象；此外，应选用质地细腻、无刺激性及不易受潮发软的香皂。牙具应选用牙膏、牙刷配套包装的，而嵌装式接柄牙刷因不便使用而应予以避免。垃圾桶以选用阻燃材料的为佳。剃须刀与指甲刀易受潮生锈，如果有必要摆设此类用品，则应考虑其防锈性能并注意进货量和存货期。擦鞋布以口袋形的较受欢迎。衣架数应达到每位客人不少于 6 只，其中设 3 只西服衣架、3 只可挂裙装的衣架，如果有带夹子的衣架当然更佳；此外，为减少损耗，挂槽式衣架颇为理想。信封的规格应掌握好，无论是平邮还是航空信封，其规格最大为 120 × 235（mm），最小为 90 × 140（mm）；国内用的信封还应在其左上角印有 6 个红色的邮政编码格。明信片的规格范围为 90 × 140 ～ 105 × 145（mm）。服务指南除了内容要尽可能齐全外，其格式最好采用阶梯式长短页，以突出目录，查看时更为清楚和方便。烟灰缸宜选用直壁式浅底的，以方便清洗。火柴划着后不应有烟尘漂浮，规格大小以 35 × 55（mm）左右为宜。针线包应备有红、白、黑色等多种颜色的涤纶丝线。针的号数不宜过小，否则穿线困难；此外，还应注意针较易生锈，故不宜大批量和长时间地贮存。

总之，客房用品不仅种类多，而且也处在不断地筛选和改进中。饭店在选择时应遵循上述 4 条原则，并结合工作经验和具体情况来进行。有时，别出心裁的选择可以收到意想不到的效果。如某饭店的客房中提供了小袋的洗衣粉，这不仅为客人洗内衣等小物件解决了困难，同时还节省了香皂的发放量。

5.2.2 客房用品消耗定额的制定

1. 一次性消耗品的消耗定额

制定客用品的消耗定额，就是以一定时期内为完成客房接待任务所必须消耗的物资用品的数量标准作为基础，将客用品消耗的数量定额加以确定，并逐月分解和落实到每个楼层，以加强计划管理，用好客用物品，达到增收节支的目的。

一次性消耗客用品定额的制定方法是以单房的配备为基础。首先确定每天的需要量，然后根据预测的年平均出租率来制定年度消耗定额。其计算公式如下：

$$A = B \cdot x \cdot f \cdot 365$$

其中，A 为单项客用品的年度消耗定额，B 为单间客房（标准间为准）每天配备数量，x 为客房数，f 为预测的年平均出租率。

确定定额标准后要按定额进行供应，满足需要。如果有额外需要的客人，也应满足供应。同时，对各楼层消耗不足和超额消费的物品可进行内部调剂，尽量使在单位时间内接待的总人次的过夜数的物品消耗总量不突破指标。

2. 多次性消耗品的消耗定额

多次性消耗用品的定额是指在饭店客房正常运转的条件下，客用多次性消耗品的年度更新率的确定。客房棉织品，即布件、毛巾等，是客房部使用频率最高、数量最多的多次性消耗品。因此客房棉织品消耗定额的制定是控制客房费用的重要措施之一。其定额的确定方法，首先应根据饭店的星级或档次规格确定单房配备的数量，然后确定棉织品的损耗率，即可制定消耗定额。其计算公式如下：

$$A = B \cdot x \cdot f \cdot r$$

其中，A 为单项棉织品年度消耗定额，B 为客房单间配备的套数，x 为客房数，f 为预测的年平均出租率，r 为单项棉织品年度损耗率。

5.2.3 客房用品的日常控制

客房部对客用品的日常控制，一般采取三级控制的方法。

1. 楼层领班对服务员的控制

这是客房部对客用品的第一级控制。

1）通过工作表控制服务员的消耗量

楼层领班通过服务员的做房报告控制每个服务员领用的消耗品，分析和比较各个服务员每房、每客的平均耗用量。服务员按规定的数量和品种为客房配备和添补用品，并在服务员工作表上做好登记。领班凭服务员的工作表对服务员领用客用品的情况进行核实，防止服务员偷懒或克扣客人用品据为己有。

2）检查与督导

领班通过现场指挥和督导，减少客用品的浪费和损坏。领班督导服务员在引领客人进房时，必须按服务规程介绍房间设备用品的性能和使用方法，避免不必要的损坏。督导和检查服务员清扫房间的工作流程，杜绝员工的野蛮操作。例如，少数员工在清洁整理房间中图省事，将一些客人未使用过的消耗品当垃圾一扫而光，或者乱扯乱扔客房用品等，领班应及时对其加强爱护客用品的教育，尽量减少浪费和人为的破坏。

2. 建立客用品的领班责任制

各种客用品的使用主要是在楼层进行的，因此使用的好坏和定额标准的掌握，其关键在领班。建立楼层客用品的领班责任制，是客房部对用品的第二级控制。

(1) 楼层配备客用品管理人员，做到专人负责。楼层可设一名兼职的行政领班和一名专业领班。行政领班负责楼层物资用品的领发和保管，同时协助业务领班做好对服务员清洁、接待工作的管理。小型饭店则不设行政领班，而由楼层领班兼管物资用品的保管和领发工作。

(2) 建立楼层家产管理档案。平时如有家产增减或移动，必须由楼层主管或经理批准，并由楼层主管在家产登记卡上进行更改，以加强领班的责任心。

(3) 领班每天汇总本楼层消耗用品的数量，向库房报告。

(4) 领班每周日应根据楼层的存量和一周的消耗量开出领料单，交客房中心库房。

(5) 每月底配合客房中心库房的物品领发员盘点各类用品。

(6) 随时锁好楼层小库房门，工作车按规定使用。

3. 客房部对客用品的控制

客房部对全饭店各楼层客房用品的控制，可以从两个方面着手：一是通过客房中心库房的管理员（物品领发员）负责整个客房部的客用品领发、保管、汇总和统计工作；二是楼层主管应建立相应的规范和采取措施，使客用品的消耗在满足业务经营活动需要的前提下，达到最低限度。这就是第三级控制。

(1) 中心库房对客用品的控制。设立客房部中心库房的饭店，可由中心库房的物品领发员或客房服务中心对客房楼层的客用品耗费的总量进行控制，负责统计各楼层每日、每周和每月的客用品使用损耗量。结合客房出租率及上月情况，制作每月的客用品消耗分析对照表。

(2) 楼层主管对客用品的控制。楼层主管或客房部经理对客用品的控制主要通过制定有关的管理制度和加强对员工的思想教育来实现的。

(3) 防止客人的偷盗行为。这就要求饭店实行访客登记制度，尽可能少设置出口通道，对多次性消耗用品，如烟缸、茶杯、茶叶盒等可标上饭店的标志，管理好工作车，将衣架固定起来，等等。

5.2.4 客房用品的管理

5.2.4.1 定额管理

定额管理是根据客房档次、价格、客源结构、用品的规格质量及价格等因素，定出合理的消耗定额，并制定相应的制度，以加强客房用品的消耗控制，降低费用。

1. 客房消耗用品的定额

客房消耗物品的定额一般以标准间作为基础确定每天的需要量，再根据预测的年平均出租率来制定年度消耗定额。控制严格的饭店还根据不同类型的房间（如标准间与写字间）、不同的接待对象（如内宾和外宾、散客和团队、全价客人和折扣优惠价客人等）及不同用品制定每种物品不同的消耗率。其计算公式如下：

单项消耗用品年度定额＝单房（以标准间为准）配备标准×客房出租间天数×消耗率＋上下浮动幅度

每月、每周的消耗定额计算方式只要计算出月、周预测平均出租率即可。

有了定额标准后，要按定额进行供应，如有客人超额消费一般也应满足。

2. 客房固定用品的定额

客房固定用品的定额是按照一定时间内物品换新率来确定的。其定额方法是根据饭店的星级或档次，确定单间房（标准间）每一种固定用品的配备数量，然后再确定各种固定用品不同的损耗率，即可制定消耗定额。其计算公式如下：

单项固定用品定额＝单房（以标准间为准）配备标准×客房出租间天数×损耗率

在控制客房用品时，要做到内外有别，即客人使用的用品，要严格按有关标准配备，该补充的一定要补充，该更新的必须及时更新。楼层员工内部使用的，要厉行节约，能修则修、能补则补，精打细算，在保证对客服务质量的前提下尽量节约。

5.2.4.2 客房用品的储备

楼层客房用品应有一定的储备量，制定一个合理的储备量既能满足对客服务的需要，又不会过多占用流动资金。

1. 客房配备标准

客房配备标准详细规定了各种类型及等级的客房用品配备及摆放位置，并将其以书面形式固定下来，最好附有图片，以供日常发放、检查及培训之用。这是控制客房用品的基础。

2. 工作车配备标准

工作车配备标准一般以一个班次的耗用量为基准，如早班清扫员每天清扫 12 间客房，就以 12 间客房的耗用量来配备各类物品。

3. 楼层工作间储备标准

楼层工作间一般备有一周的客房用品储存量，储存量应列出明确的标准置于工作间，以供申领时对照。

4. 客房部库房储备标准

客房部库房通常储备一个月的客房用品。它既可供各楼层定期补充，又可满足楼层因耗量过大而造成的临时领料。目前有一些饭店为了加强对物品的管理、减少人员开支，通常只设总库房（一级库），各部门不另设库房，即二级库。总库房分早、中、晚班，以备领料。

5.2.4.3　客房用品的发放和日常管理

1. 客房用品的发放

客房用品的发放应根据楼层工作间的配备标准和消耗情况，规定使用周期和领发时间，一般是一周发放一次，固定在某一天。这样不仅可以方便库房的工作，也可使楼层日常工作条理化，减少漏洞。在小型饭店，客房用品的领发和保管一般由楼层领班兼管，大型饭店可设专人负责。领班每天汇总楼层物品的消耗量（见表5-15），每周汇总一周的消耗量，再根据楼层的存量开出《物品申领单》（见表5-16），到库房领取。

表5-15　楼层每日消耗用品汇总表

统计人________　　　　日期________

楼层 名称	3F	4F	5F	6F	7F	8F	9F	10F	11F	12F	13F	14F	15F	16F	总数
圆珠笔															
夹纸笔															
针线包															
擦鞋纸															
意见书															
明信片															
礼品袋															
洗衣袋															
……															

表 5－16a　物品申领单

楼层（FLOOR）：　　　　　　　　　　日期（DATE）：

GUEST SUPPLIES　客用物品							
Items 事项		要求 Request	供应 Issued	Items 事项		要求 Request	供应 Issued
1	信纸 Letter Head A5/A4			18	便笺 Memo Pad		
2	信封 Envelope			19	清洁牌 Service Card		
3	航空信封 Envelope Air Mail			20	针线包 Sewing Kit		
4	电传/电报表格 Telex/Cable Form			21	火柴 Matches		
5	介绍册/价目表 Brochure/Tariff			22	浴帽 Shower Cap		
6	明信片 Postcard			23	洗头水 Shampoo		
7	洗水单（衣洗） Laundry			24	浴油 Foam Bath		
8	干洗及熨衣单 Dry-Cleaning & Press List			25	护发素 Hair Conditioner		
9	房间酒水单 Mini Bar Voucher			26	香皂 Soap（18 g）		
10	早餐门卡 Door Knob Menu			27	香皂 Soap（50 g）		
11	客房餐牌 Room Service Menu			28	面纸 Tissue Paper		
12	服务指南 Service Directory			29	厕纸卷 Toilet Paper Roll		
13	“请勿打扰”及“请即打扫”牌 DND/Please Make Up Room Card			30	化妆棉球 Cosmetic Cotton Ball		
14	服务意见书 Guest Questionnaire			31	须刨 Razor		
15	文具夹 Stationery Folder			32	牙刷套 Tooth Brush Set		
16	行李贴 Sticker			33	拖鞋 Slipper		
17	圆珠笔 Ball Pen			34	鞋楸 Shoe Horn		
……	……			……	……		

表5-16b　物品申领单

楼层（FLOOR）：　　　　　　　　　　　　日期（DATE）：

CLEANING SUPPLIES　清洁用物品							
	Items 事项	要求 Request	供应 Issued		Items 事项	要求 Request	供应 Issued
35	调酒棒 Stirrer			52	尼龙刷 Nylon Broom		
36	餐巾纸 Cocktail Napkin			53	厕所泵 Toilet Pump		
37	购物袋 Shopping Bag			54	胶手套 Rubber Glove		
38	洗衣袋 Laundry Bag			55	喷水瓶 Bottle Sprayer		
39	卫生袋 Sanitary Bag			56	家具蜡 Furniture Polish		
40	杯袋 Glass Wrapper			57	洗洁精 G. Purpose Cleaner		
41	浴袍袋 Bath Robe Cover			58	空气清新剂 Air-freshener		
42	垃圾袋 Rubbish Bag			59	洁厕剂 Toilet Bowl Cleaner		
43	擦鞋袋 Shoe Shine Cloth			60	地毡水 Carpet Shampoo		
44	茶包 Tea Bag			61	玻璃水 Window Cleaner		
45	热水瓶 Thermos			62	铜水 Brass		
46	垃圾铲 Dust Pan			63	工程维修单 Work Order		
47	地拖 Mop			64	遗失损坏表 Loss Breakage Report		
48	竹扫把 Broom（Bamboo）			65	布草交换表 Linen Exchange Form		
49	扫把 Broom			66	房间检查报告表 Room Check Report		
50	清洁棉 Cleaning Pad			67	早班/中班服务员工作表 Am/Pm R. A. Work Sheet		
51	厕所刷 Toilet Brush			68	早班/中班督导员工作表 Am/Pm Supervisor Work Sheet		
……	……			……	……		

2. 客房用品的日常管理

这是客房用品控制工作中最容易发生问题的一个环节，也是最重要的一环。

1）正确存放

客房用品有许多是印刷品及纸盒包装的，还有洗发液、沐浴液等瓶装液体。在领发时要注意小心操作。工作间的存放环境要干燥、整洁，配有存放柜，摆放要整齐，避免受重压，瓶装液体不能倒置或横摆，以免液体外流，造成不必要的损耗。工作车同样要整洁干净，重物在下，轻物在上，分类摆放。

2）控制流失

客房用品的流失主要是员工造成的，因此加强管理、做好员工的思想工作很重要。楼层领班要通过服务员每日清扫房间的数量来控制其物品消耗，并分析比较每个服务员每间客房的平均耗用量。另外，要加强现场检查和督导，以减少客房用品的浪费和损耗。如有些员工图省事，将客房棉织品当抹布使用，或者将客人未使用过的消耗品当垃圾一扫而光，发现这些现象，领班要批评教育，必要时给予一定的经济处罚。

饭店要给员工创造不使用客房用品的必要条件，如在工作间、更衣室及员工浴室配备员工用的挂衣架、手纸、香皂等，以免员工拿用客房用品。

楼层闲杂人员、住客及其他部门的员工也有拿取客房用品的现象，所以楼层库房门要随时上锁；工作车最好能装门柜，以便上锁，或者用布将物品罩住；控制闲杂人员及饭店无关人员进入楼层。

另外，饭店应制定相应的制度，如员工上班不能带包到工作岗位，上、下班必须走员工通道，主动向值班保安人员展示自己的包。

3）推行“4R”做法

“4R”是指4个以R为开头的英文单词，即Reduce、Reuse、Recycle、Replace，是人们对降低消耗和环境保护工作的一些具体做法的高度概括和总结。

（1）Reduce的意思是减少。客房部可以从以下几个方面着手。

① 尽量减少或不用对环境有污染和破坏作用的材料或用品，如塑料用品和塑料包装材料、含氯等的化学清洁剂等。

② 尽量减少能源和物资的消耗，如水、电、客用品和清洁材料。这里尤其需要介绍和推广目前一些饭店所尝试的有关做法。

改进马桶抽水装置的设计，有效控制马桶的用水量。在这方面，以色列和日本等国家做得比较好，他们在马桶水箱上安装两种抽水开关，一种可以用整箱水，另一种可以用半箱或更少的水，使用者可以根据需要选择使用。可以预见，在不久的将来，我国必将普及这种马桶，甚至会有更为先进的产品问世。

减少客用物品的配置和更换。减少配置主要是适当控制一些用品的品种和数量。对于客人不常用的一些用品不作为正常供应品在客房内配置，如果客人需要，可以临时提供。

一些用品的数量也可以减少，如在一些通常只是单住的双人间里只配置一套客用消耗品。如沐浴液、洗发液等只需够一次使用即可。至于减少更换，主要是针对客房的一些布件，尤其是卫生间的毛巾。很多饭店都在卫生间里放置一只专用的篮子或其他类似物品，供客人放置需要更换的毛巾，并在卫生间放置醒目的告示，用于提示和解释，告示的内容可以这样设计“尊敬的宾客，请您将需要更换的毛巾放在篮子里，感谢您对环保的理解和支持!”一方面提示客人将想要更换的毛巾放在篮子里，换句话说，如果客人不将毛巾放在篮子里，饭店将不予更换；另一方面理解这种做法的原因和目的，即为了“环保”。这种尊重客人意愿、为了双方共同利益而减少物品更换的做法在大多数饭店里都是可行的。

（2）Reuse 意思就是再利用。客房可以再利用的物品很多，人们对这些物品再利用的方法也很多。

① 注重回收。员工在日常工作中，一定要注重对那些虽被用过但仍有再利用价值的物品的回收。客房服务员打扫房间时，可以回收报纸、杂志、酒瓶、饮料罐、食品盒、肥皂头、剩余的卷纸、用过的牙刷、用剩的牙膏、淋浴液等，有些物品的包装材料和容器等也可回收。

② 合理利用。凡是具有再利用价值的物品，回收后要合理利用，这样既可以减少物品消耗，又可避免简单地将其作为垃圾处理而造成环境污染，如肥皂头、牙刷、牙膏、沐浴液、洗发液等可以用于清洁保养工作，报纸、杂志等可以卖给废品收购站。有些用品经过很好地处理，甚至还可以在客房使用，如沐浴液、洗发液的瓶子等。

（3）Recycle 意思是循环。客房的一些物品如果在材料和设计上做些调整，可以进行循环重复使用，如洗衣袋。以前，很多饭店客房里使用的洗衣袋都是塑料袋，是一次性消耗品，用过即弃，不仅浪费，而且污染环境。现在很多饭店都用布袋作为洗衣袋，而且设计和制作比较考究，经久耐用。

（4）Replace 意思是使用替代品。为了减少物料消耗、降低费用、保护环境，客房内的一些物品可以用其他物品替代。例如，小包装的沐浴液、洗发液可用液压式大瓶装的替代，这样就可以减少购买包装物的费用，又可避免过多包装物的丢弃对环境造成的污染。当然，采用这种做法时，饭店应采取相应的管理和控制措施，防止因客人带走等原因造成的浪费和损失。

4）推行“4R”的注意事项

客房部在推行“4R”的过程中，必须注意下列事项，以防止一些负面影响。

（1）讲究标准规范。讲究标准规范具有两层含义，一是为了降低消耗和保护环境，不能降低客房服务及有关工作的质量标准，从而影响客人的满意程度；二是执行“4R”要有统一标准规范，不能随心所欲。因此，客房部在执行“4R”的做法时，一定要尊重有关行业管理的规定和要求，参照国际和国内的一些好的做法，同时还需要考虑市场竞争等因素，要有一套严格而明确的标准和规范，要做得合理，做得科学，做到统一，做出特色，做出成效。

（2）注重宣传解释。饭店在执行“4R”的做法时，需要取得客人及有关方面的理解和支持，而要取得他们的理解和支持，就要进行适当的宣传解释，这一点不可忽视。

① 对客人的宣传解释。饭店要用推销技巧向客人宣传解释客房部“4R”的一些具体做法。所谓推销技巧，就是不能仅从保证饭店自身利益的角度向客人宣传解释，而且要注重从客人的利益角度，至少是兼顾客人的利益去宣传解释，这样客人就不会对饭店的一些做法误会或曲解，反而会积极配合和支持。客房卫生间关于毛巾更换的告示牌就是很好的例子。如果告示的内容是这样：“尊敬的宾客，为了减少毛巾的洗涤费用，如果您不将毛巾放在篮子里，我们就不为您更换。”，这样恐怕就难以得到客人的理解和支持了。

② 对有关方面的宣传解释。饭店要经常面对各方面的检查，如星级评定和复核检查等。因此，饭店除了可能采取的一些技术性措施外，往往还需要做些宣传和解释工作，否则，有关方面人员可能会认为饭店的一些做法不合规定，难达标准，因为并非所有的人都有这方面的意识，都能重视降低消耗和环境保护工作。

5）做好统计分析

客房用品的消耗量应每天汇总，每月统计，分析比较。

客房服务员完成每天的客房清扫任务后，应填写物品耗用量（见表 5－17），然后，由领班再汇总楼层每日物品的耗用量。

表 5－17　每日客房用品耗量表

房号 品名	01	02	03	04	05	06	07	08	09	10	11	12	总数
圆珠笔													
夹纸笔													
针线包													
擦鞋纸													
意见书													
明信片													
礼品袋													
洗衣袋													
……													

根据上述表格每月统计、分析一次。可以根据上表做出每月楼层耗量汇总表，分析每间房每天的平均耗用量，结合住客率及上月情况制作每月消耗分析对照表（见表 5－18）。

表 5－18　每月消耗分析对照表

品名	单位	单价（元）	上月消耗	金额（元）	本月消耗	金额（元）	与上月相比	
							增%	减%
圆珠笔	支							
夹纸笔	支							
开瓶扳手	个							
卫生袋	只							
针线包	个							
擦鞋纸	张							
杯垫	张							
行李牌	张							
意见书	张							
维修单	张							
店卡	张							
明信片	张							
塑料提包	个							
牙具	个							
服务指南	本							
洗发液	袋							
淋浴液	袋							
……	……							
合　计								

上月住客率	本月住客率	与上月相比		上月每间房消耗额	本月每间房消耗额
		增	减		

5.2.5　饭店客房用品的设计及其趋势

1. 饭店客房用品的设计

在目前竞争激烈的市场条件下，饭店对于客房用品的设计应该具有创新的精神，勇于打破传统，敢于创新。

（1）方便、舒适。客房用品是供客人使用的，因此设计要以客人的需求为导向。如客房卫生间的马桶，假设绝大多数饭店马桶是干净且经消毒的，但随着人们对卫生标准和防疫知识的提高及卫生观念的转变，有多少客人敢直接往马桶上坐，还不是尴尬地蹲着或用厕纸一张一张铺垫着再坐。为方便客人，满足客人的心理需求，设计在卫生间摆放一次性的马桶坐垫纸，只要采取环保型材料及保证干净、密封，能很好消除客人如厕的尴尬。

（2）成本、环保。沐浴液、洗发液等用品用了不到一半就当垃圾扔掉的确是浪费，虽然大多饭店认为使用小瓶装的沐浴液、洗发液，再加精美的包装，是宣传饭店的一种途径。但从成本和环保角度考虑，可以采用独立浓缩式固定装置，一方面方便客人直接在淋浴间区域取用洗洁用品，减少麻烦，另一方面又节约了大笔费用。这并不意味着档次降低，欧美大多数饭店已经用此做法。

又如卫生间的漱口杯，传统使用的都是玻璃杯，容易打烂弄伤客人，而且更换杯具后要经清洗和消毒，浪费劳力，现欧美流行采用一次性的胶杯，这种胶杯用环保材料制作而成，耐高温、无毒、无异味。这种杯具可回收再利用，经压缩后又成为原材料生产出新的成品，既符合卫生要求，又不浪费。客人对这种杯具更易于接受，而且喜欢留作纪念，杯具上印有饭店的标志更可以起到宣传的作用。

（3）标新立异。创新是饭店发展的动力，房间用品的设计同样如此，没有吸引力就没有了竞争力。传统的夜床服务在床头柜摆放巧克力这已经没有新意，取而代之的是一支玫瑰花，一只可爱的小布娃娃或一个天气预报卡；房间从简单的只摆放报纸到提供集经济、娱乐、休闲等内容的书籍杂志，使客人的私人空间更加充实；还有富有创意的茶叶盒、针线包和文具用品等，在设计上都应考虑标新立异，吸引客人。

2. 饭店客房用品的发展趋势

为了出奇制胜，赢得市场，世界顶尖连锁饭店集团都对饭店客房设备用品进行开发和创新设计，客房用品将围绕饭店特色、美观实用、绿色环保等发展。

（1）宣传。客房用品不仅具有供客人日常生活使用的功能，同时还具有很好的广告宣传作用。饭店可以把客房用品作为一种宣传手段，客房用品的制作应突出饭店特色，如用品上印有饭店的名称、标志及地址、电话等。另外，有些设计精美的客房用品可以作为纪念品送给客人留念。

（2）安全。客房一经出租给客人，客人就拥有了使用权，客房用品的设计，除以客人的需求为导向和以成本节约为考虑前提外，也要注意如何便于管理和确保安全。

（3）环保。饭店业发展已趋成熟，饭店盈利已进入了微利阶段，同时饭店绿色环保已初见端倪，在倡导环保的同时，对于饭店本身来说也是降低了成本。

综合上述，饭店客房用品设计的好坏是饭店经营管理中不可忽视的一个内容，同时也是饭店竞争中所亮出的一步重要棋子。对于每一件用品设计均应考虑周全，应根据市场的情况，客源的层次，饭店自身的经营方向和文化氛围，以及现代饭店的潮流趋势去进行设计。

在饭店客房用品的设计方面，应打破常规思路的束缚，从研究消费需求和研究传统产品的不足与缺陷中获取创新灵感，以人无我有、人有我新的理念与同行展开竞争，从而使饭店在竞争中立于不败之地。

☞ 案例分析

热水系统出故障

正在向四星级过渡的江西宾馆，一手抓硬件，一手抓软件，提出了“更星换级硬为本，优质高效软为先”的口号，酒店面貌变化很大。1999 年的夏天，7 楼领班小杨值夜班。第二天清晨，小杨已经在走廊里忙个不停了。她偶然打开热水龙头时发现，昨夜不知什么时候热水系统出了故障。她连忙走到值班室，给工程部打电话，希望来人抢修，她知道外国人多有起床洗澡的习惯。20 分钟后，她又给工程部去了电话，获悉热水系统的某个主要部件损坏了，酒店内没有备件，要到 9 点商店开门才有望配到。挂断电话。小杨急中生智，把 7 楼值夜班的几名服务员召集到一起，告诉他们立即用煤气烧开水，以最快速度为每个房间供应热水。不一会儿，值班室便忙开了。灌水的、烧水的、送水的，几名服务员有条不紊地忙了起来。7 点半，每个房间平均有 3 瓶热水，值班室里还准备了 10 多瓶热水专供早上洗澡的客人用。不多时，客人陆续起床，当他们知道热水是服务员今晨用煤气赶烧出来的，都十分感动，从而使一次潜在的投诉变成了阵阵赞扬声。

✍ 点评

酒店的硬件设施难免会有故障发生，遇到这种情况，责任首先落到工程部身上，由他们承担起抢修工作，但是酒店其他部门也有责任帮助客人解难。本案例中江西宾馆的小杨带动楼层值班服务员，用煤气烧热水送到一间间客房，其劳动强度是可以想像的。她们是用自己的辛苦补偿了酒店硬件的不足。江西宾馆经常对员工灌输职业道德和服务意识，使 7 楼小组长期以来自觉地为客人提供超常规服务，使“宾至如归”的口号落到了实处。

当然，“硬件不足软件补”的事情只能偶尔为之。旅游饭店是以物资设备为依托，向客人提供各种服务的。如果离开了必要的、正常运转的设备，服务就成了无源之水，无本之木。试想，如果宾馆的热水系统经常出故障，仅靠服务人员的真诚，凭借几瓶热水，是无法满足宾客洗澡需要的。宾馆设施、设备是否完好和正常运转，取决于宾馆是否按照“预防为主”的方针去搞好设施设备的维修与保养。同时，只有建立一支过硬的“万能工”队伍，加强设备管理，避免各种故障的发生，才能真正提高服务质量和饭店的档次。

思考题

1. 简述客房设备和用品的种类。
2. 简述客房设备和用品的控制方法。

3. 简述客房设备和用品的日常管理。

4. 某饭店共有客房800间，茶叶、牙具的单房配备数量分别为4包、2个，预计客房的年出租率为80%，试计算其年度消耗定额。

5. 试述客房设备和用品的设计及其发展趋势。

第 6 章　布草房与洗衣房管理

学习目标

◎ 了解布草房的主要功能及工作任务。
◎ 掌握布草的分类与选择、布草房的运行与管理及布件的保养和贮存。
◎ 了解洗衣房的主要功能及工作任务。
◎ 熟悉棉织品的洗涤，以及客衣及员工制服的洗涤。

6.1　布草房管理

布草又称布件或棉织品。布草房通常分为制服房和棉织品房，其主要功能是负责饭店所有员工制服、棉织品洗涤后的交换业务，主要工作包括：对饭店所有布草的收发、分类和定期盘点；员工制服的保管、修补和更换；定期添补与更新布草与制服。

6.1.1　布草的分类与选择

1. 布草的分类

饭店的布草可依据其用途分为以下 4 大类。

（1）床上布草：床单、枕套等。
（2）卫生间布草：浴巾、面巾、方巾、地巾。
（3）餐桌布草：台布、餐巾等。
（4）装饰布草：窗帘、椅套、裙边等。

2. 布草的选择

对于布草的选择，主要在于其质量和规格。

1）*质量要素*

布草的质量主要取决于以下因素。

（1）纤维质量。纤维的长短对布草质量有着重要的影响。如果所用的纺织纤维长，则纺制出来的纱均匀、平滑、强度高、舒适度好；而短纤维纺制出来的纱粗糙、强度差，织成的织物厚重，易摩擦起球。

（2）纱支数。纱支数的高低与纤维也有很大关系，纤维长，纺纱细而紧，纱支数高，使用中不易起毛，而且耐洗、耐磨。

（3）织物密度。这是指纺织品在同样面积内纱线排列的疏密程度。密度高而经纬分布均匀的织物，舒适度和强度俱佳。用做床单的织物密度一般为 288×244 根/10 平方厘米至 400×400 根/10 平方厘米不等；用做毛巾类织物，其是由地经纱、纬纱和毛经纱组成。地经纱和纬纱交织成地布，毛经纱则与纬纱交织成毛圈，故纬线愈密则毛圈抽丝的可能性也越小。地经纱不宜用纱，用的是股线，可提高耐用性。

（4）毛圈数量和长度。主要用于毛巾类织物。通常毛圈多且长，则柔软性好，吸水性强，一般毛圈长度在 3 毫米左右，若毛圈太长则易钩坏。

（5）缝制工艺。制作主要针对卷边和缝线的要求。各类纺织品卷边要平整，宽窄要均匀，针脚线要等距离且有一定密度。所有的接缝，要求必须牢固，接缝处留足接缝边料。

2）规格

规格包括尺寸及重量。我国旅游行业标准《星级饭店客房客用品质量与配备要求》中对布草的规格已做出了详细的规定，一些带个性特色的饭店，因硬件本身的定式，所以无法照抄，下面仅提供床单、枕套、毛巾类织物参考尺寸及重量（见表 6－1）。

表 6－1　床单、枕套、毛巾类织物参考尺寸及重量

<table>
<tr><th>类　别</th><th>参考尺寸</th><th>单　位</th><th colspan="2">计 算 方 法</th></tr>
<tr><td>单人床单
（床：100×190 cm）</td><td>160×240</td><td>cm</td><td colspan="2">在床的长宽基础上各加 60 cm（不含缩水率）</td></tr>
<tr><td>双人床单
（床：150×200 cm）</td><td>210×260</td><td>cm</td><td colspan="2">同上</td></tr>
<tr><td>大号床单
（床：165×205 cm）</td><td>230×270</td><td>cm</td><td colspan="2">同上</td></tr>
<tr><td>特大号床单
（床：180×210 cm）</td><td>270×290</td><td>cm</td><td colspan="2">同上</td></tr>
<tr><td>普通枕套
（枕：45×65 cm）</td><td>50×85</td><td>cm</td><td colspan="2">在枕芯的宽基础上加 5 cm，长基础上加 20 cm（不含缩水率）</td></tr>
<tr><td>大号枕套
（枕：50×75 cm）</td><td>55×95</td><td>cm</td><td colspan="2">同上</td></tr>
<tr><td>类别</td><td>参考尺寸</td><td>cm</td><td>重量（克）</td><td>备注</td></tr>
<tr><td>大浴巾</td><td>137×65</td><td>cm</td><td>400</td><td rowspan="5">1．重量与房间档次有关。
2．大小无绝对标准，每种规格尺寸可多达 5～6 种。</td></tr>
<tr><td>小浴巾</td><td>100×34</td><td>cm</td><td>125</td></tr>
<tr><td>面巾</td><td>76×34</td><td>cm</td><td>140</td></tr>
<tr><td>地巾</td><td>80×50</td><td>cm</td><td>325</td></tr>
<tr><td>方巾</td><td>30.5×30.5</td><td>cm</td><td>400</td></tr>
</table>

6.1.2　员工制服的管理

布草房主要功能之一是负责保管和发放各级管理人员、各工种员工的制服。

1. 制服的领换

（1）申领。新入职员工，由人事部门或申领部门填写“制服申领单”，注明员工部门、工种，部门经理审批签名。

（2）发放。员工制服是根据各部门、各工种、各职务的要求，测量身材，统一制作的。一般是每人 2～3 套，员工试穿合适后，在制服上实行统一编号，并将配套的其他物件按规定统一发给员工。

（3）记录。将员工发放制服情况记在“员工制服领取登记表”（见表 6－2）上，并建卡存档。

表 6－2　员工制服领取登记表

姓名：　　　　　　　　　　　员工编号：

部门：　　　　　　　　　　　职　　务：

制服名称	冬夏装	单位	数量	领取登记			缴交登记		
				领取人	领取日期	经办人	回交人	回收日期	经办人
恤　衫									
裤									
裙									
外　衣									
西装衫									
领　带									
衬　衫									

2. 制服的日常换洗

（1）在换洗制服规定时间内，制服必须“以脏换净”，接收时要认真核对制服编码，把好数量、品种关，并按类别认真做好登记，做到数目清楚。

（2）检查制服内是否有遗留物品，编号是否齐全，发现有遗留物品做好记录，上报处理。

3. 制服的管理

（1）分类管理。实行分类存放、分类管理的办法。按制服的质料、使用的部门进行分类，如厨师制服因洗涤频率高，通常将它们放在布草房专用窗口最容易拿取的地方。

（2）统一修补。发现有破损、缺扣、开线等，由布草房统一修补，不能修补或补后影响员工仪表仪容的，经主管批准，从后备制服中补发。

（3）更新补充。制服需要更新时，由饭店统一制作，以保证员工着装整齐、美观。旧制服则统一处理。由于损坏、丢失等原因而需要补充的，由部门主管查明原因，员工本人填写“制服申领单”，经部门经理签字后，由布草房报销和补充新制服。

（4）完善保管制度。布草房对各部门员工的制服需要制定一个完善的保管制度，制服要统一保管和洗涤。制服不能穿出饭店，下班后要放到员工工衣柜保管。制服的收取和发放均要在布草房的专用窗口和规定时间进行。

6.1.3 布草（棉制品）管理

保证向前台输送合格的客用棉织品是布草房的主要工作之一。

1. 布草的收发

1）接收布草

（1）收布草时要按颜色、种类分别收发。

（2）要逐一清点数量，并检查布草内是否有杂物。

（3）接收特殊洗涤物品和重点洗涤品必须做好记录，并做好标记和交接记录。

2）发放布草

（1）发布草时，按本部门实点数量发放，特殊和重点洗涤物品按记录具体数目发放。

（2）发布草时要把好质量关，做到“四不发”，即破损的不发，洗不干净的不发，烫不平的不发，有异味的不发。

3）注意事项

（1）收发完毕，要求对方办理登记、签收手续。

（2）客房布草每天直接送到楼层，并做好签收手续。餐厅布草一般采用“以一换一”的发放方法，即以脏布草换回同等数量的干净布草。

2. 布草的管理

（1）核定各种布件的需要量。各种布件的需要量，应当根据每个饭店的等级、各类客房的床位数量、餐厅种类、餐桌座位数及台布替换率等来核定。要本着既要保证经营需要，又要保持最低的消耗和库存周转量的原则，确定各类布件配置的件数和套数。

（2）布件存放要定点定量。在用布件除在客房里有一套之外，在楼层布件房应存放多少，工作车上要配置多少，中心布件房要存放多少及各种布件的摆放位置等，都应有统一的规定。有了统一的规定，员工就可以有章可循。平时，只要核对一下数量多少就可知道有没有发生差错，够不够使用。这样，工作效率可以得到提高，员工的责任心也会相应地加强。

（3）建立布件收发制度。客房部、餐饮部等部门要求领用布件，必须填写申领单，控制领用数量的原则是送洗多少脏布件就换领多少干净布件。所以，送洗的数量应填表列明，洗衣房收到并予以复核后签字认可，申领者方可去中心布件房领到相同品种和数量的干净布件。如果申领者要求超额领用，应填写出借物申请表并经有关人员批准。如果中心布件房发放布件有短缺，也应开出欠单，作为以后补领的依据。

（4）定期盘点和统计分析。布草房应建立盘点制度，定期盘点，对现有布件情况进行检查统计，然后与定额标准进行比较，了解各类布件的损耗情况并分析原因，以利于采取相应的措施。盘点时主管人员应在场，年终盘点须请财务部协助，在计算出需要补充的数量后，可订出采购计划（见表6－3）。

表6－3　布件盘点统计分析表

部门：　　　　盘点日期：　　　　制表人：

品名	额定数	客房		楼层布件房		洗衣房		中心布件房		盘点总数	报废数	补充数	差额总数	备注
		定额	实盘	定额	实盘	定额	实盘	定额	实盘					

（5）布件的报损与再利用。通常情况下，对使用年限已到，有破损和无法洗涤的布件，均采取报损处理。处理时须对所有布件一一过目、仔细判断，以避免不必要的差错。布件报损应定期、分批进行，以分散工作量及保持布件质量水准。对已做报损处理的布件仍可再利用，这方面的潜力是相当大的，如可将报损的床单、毛巾等改制成抹布或其他布件进行再利用。

6.1.4 布件的保养及贮存

1. 布件的保养

布件的保养必须贯穿于贮存与使用的始终，除了前文已提及的有关要求外，还应注意如下几点。

（1）备用布件不宜一次购买太多，因为存放时间过长布件质量会明显下降。

（2）备用布件应遵循“先进先出”的原则投入使用。如能在布件边角上做A、B、C之类的标记以表明投入使用的批次，则不仅有利于跟踪分析其使用状况，而且便于布件的定期更新工作。

（3）新布件应洗涤后再使用。这不仅是清洁卫生的需要，也有利于提高布件强度和方便使用后的第一次洗涤。

（4）刚洗涤好的布件应在货架上搁置一段时间，以利其散热透气，这样可以延长布件的使用寿命。

（5）对于毛毯、丝棉被、枕芯等纺织品，存放时不能重压，同时要定期翻晒，否则会有异味并容易霉变。

（6）要消除污染或损坏布件的隐患，如将布件随便丢在地上，收送布件时动作粗鲁，布件中夹带别的东西，布件车、架等不干净或表面粗糙，有勾刺等。

2. 布件的贮存

布件应该存放在一个合适的环境中，不管是楼层布件房、中心布件房或备用布件房，都应具备下列条件。

（1）通风良好，具有良好的温度和湿度。纺织品的共性特点是怕潮湿和长期处在高温状态下，因此布件房的通风必须良好，相对湿度不大于50%，温度以保持在20℃以下为宜。

（2）严禁烟火，并配置必要的安全消防设施，以防万一。

（3）经常进行清洁工作和定期的安全检查，包括有无虫害迹象、电器线路是否安全，等等。

（4）对布件进行分类上架存放，并附贮量卡（见表6－4）。布件房不应存放其他物品，特别是化学药剂、食品等。

（5）对长期不用的布件应用布兜罩起来，以防止积尘、变色。否则，严重的污染可能导致布件领用后难以洗涤干净。

表 6 – 4　备用布件贮量卡

规格	单价	项目					最高限量		最低限量
日期	摘要	进	出	结存	日期	摘要	进	出	结存

6.2　洗衣房管理

洗衣房是客房部负责饭店棉织品、员工制服和客人衣物洗涤与熨烫的一个重要部门。其管理水平、洗涤质量和工作效率的高低，不仅直接影响饭店整个经营活动和成本消耗，而且影响客人的需要及其对饭店形象的评价，其主要工作包括：棉织品的洗涤、风干和压烫折叠；客人衣物的收发、洗涤和熨烫整形；员工制服的洗涤和熨烫整形。

6.2.1　棉织品的洗涤

洗衣房负责洗熨客房、餐厅的棉织品，这些棉织品均用大型湿洗机洗涤。

1. 客房、餐厅布草的运作流程

客房、餐厅布草的洗涤流程图如图 6 – 1 所示。

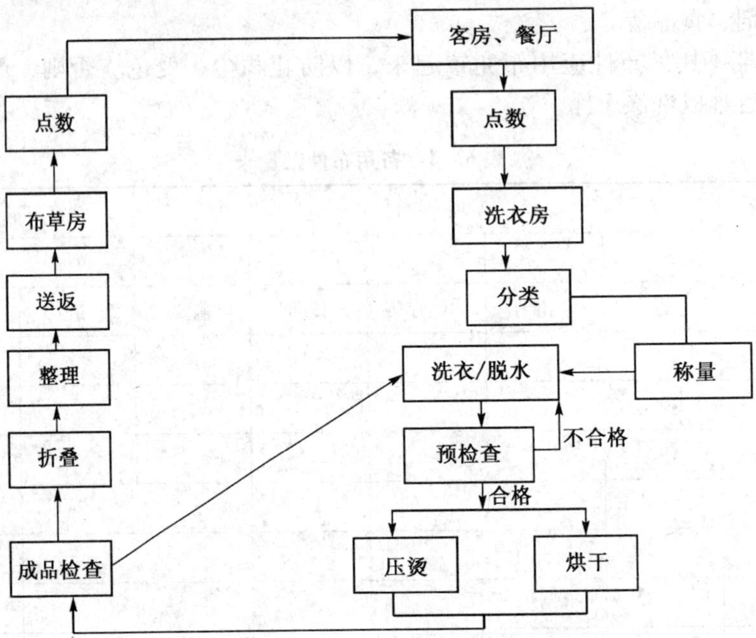

图6-1　客房、餐厅布草的洗涤流程图

（1）客房、餐厅的布草点数后送达洗衣房。

（2）将收回的棉织品根据种类与洗涤方式分类整理，特别是要注意客房和餐厅的分类，毛巾同床单的分类。

（3）根据洗衣机的使用容量称量布草放进洗衣机。

（4）布草洗涤并脱水。

（5）在床单、枕套压烫前，都有一个整理过程，若发现有洗不净的，挑出交回再处理。毛巾在放进干衣机烘干前，发现不净的，挑出交回再处理。

（6）床单、枕套经压烫处理；毛巾经烘干处理。

（7）对压烫好的床单、枕套经自动折叠机折叠或人工折叠；烘干后的毛巾进行人工折叠或机器折叠，折叠前做检查，发现问题的，送回再处理。

（8）根据不同的要求进行整理，例如床单每10张作一包装捆绑，浴巾每10条作一包装捆绑，餐巾每10条作一包装捆绑，等等。

（9）点数送至客房、餐厅。一般餐厅布草的换洗都是同时进行，就是以“一脏换一净”，即当餐厅交来脏布草时，布草房从贮存房里，把干净的同等布草取出给回。

2. 洗涤棉织品的注意事项

（1）餐厅与客房的棉织品不能放在一起洗，因为脏污特性不同，洗涤使用的洗涤剂也就不一样。

（2）对色彩不同的棉织品必须分开洗涤，以免混在一起进水后互相染色。

（3）特别要留意在棉织品里有无夹杂遗留物品。

（4）分类处理后，要根据机器的承载能力放入允许重量或数量的棉织品。

（5）床单的洗涤要在甩至五六成干后直接送入整熨机整熨。其效果较之烘干再熨要好，这样可提高工作效率，又可节约用电。

（6）卫生间的棉织品不熨烫，所以必须完全烘干。在最后漂洗时，加一些柔顺剂会使毛巾类柔软如新，达到预期的效果。

（7）白色台布、餐巾必须使用碱水、漂白粉洗涤，然后上浆风干、烫干，使之有挺括感。有颜色的台布和餐巾必须选用化学油剂洗涤或碱粉高温水洗。

（8）各类棉织品所需烘干的时间要严格控制，并且不能超载入机。

（9）有折皱、未熨平或未干的棉织品要重新熨干、烘干。

6.2.2 客衣及员工制服的洗涤

1. 客衣及员工制服的运作流程

客衣及员工制服的洗涤流程图如图6－2所示。

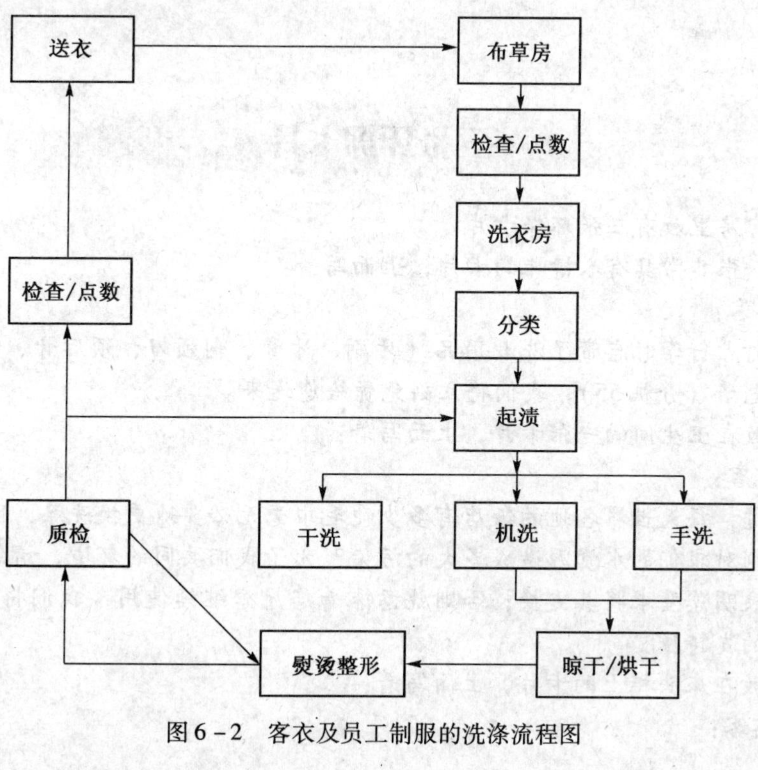

图6－2 客衣及员工制服的洗涤流程图

(1) 打码分类。分清干洗、湿洗，每件衣服都做上标号，将号码钉在衣领、袖、裤腰处，同一份衣服要同一号码。

(2) 清洁特殊斑渍。仔细检查有无特殊污渍，如有，则要用专门配置的清洗剂先行清洁。如果没有把握，不可随意除污，以免留下不可弥补的斑点。

(3) 湿洗或干洗。根据服装的纤维质地和式样，选择适当的洗涤方法，通常外套、套装、天然纤维高档织物都应干洗。

(4) 烘干、熨烫。无论水洗或干洗都要熨烫平整（内衣裤、袜除外）。大面积处用熨烫机熨烫，领、袖、腰等处手工熨烫。

(5) 折叠、上架。外套、制服必须用衣架悬挂，其他则折叠装包，有破损处及时修复。

2. 客衣及员工制服洗涤的注意事项

(1) 满足客人对洗涤的时间、质量要求。

(2) 避免因洗涤所造成的客衣损坏、丢失现象。

(3) 避免将客衣弄混。

(4) 对客人提出的特别要求尽量予以满足。

(5) 纠正客人对洗涤方法的错误要求。

(6) 每位员工有2～3套制服替换使用，要及时清洗，及时修复。

☞ 案例分析

三张环保卡片

某饭店的客房里放有三张环保卡片。

其一，是一张非常具有人情味的卡片，上面写着：

"尊敬的宾客：

如果您在打点行李时忘带了洗漱用品（牙刷、牙膏、剃须刀、须后膏、梳子等），只要给客房部打个电话（分机55），我们将立刻免费给您送来。"

其二，是放在卫生间的一张卡片，上面写着：

"尊敬的宾客：

你可曾想过，每天世界各地的饭店有多少吨毛巾毫无必要地更换洗涤，因此而耗用的数量巨大的洗涤剂对我们的水资源造成多大的污染？为了我们共同的环境，请您做出决定：将毛巾投入浴缸表明您要求将其更换；否则就意味着您愿意继续使用，我们将为您挂放整齐。谢谢您对环保的支持！"

其三，是放在床头柜上的卡片，上面写着：

"尊敬的宾客：

通常我们每天都对客人的床单进行换洗，如果您觉得没有必要时，请于清晨将此卡放在床上，这一天您的床单将不再更换。感谢您对饭店绿色行动的支持！”

✍ 点评

随着人类环境的日益恶化，环境保护逐渐成为人们关注的焦点，饭店行业虽然对环境的影响不十分引人注目，但实际上也面临着一系列的环境问题，包括能源问题、水资源问题、各种用品问题、废弃物处理问题，以及空气质量、噪声和化学物品带来的问题等。

随着消费者观念的转变和国家环保政策法令的日益完善，这些环境问题使饭店面临着严峻的挑战，但与此同时也给饭店带来了在市场竞争中处于优势的发展机遇。

由此，许多饭店已经开始加入创建绿色饭店的活动。三张环保卡片只是这些饭店中最为可行的一种环保措施，目的在于引导客人进行绿色消费。通常情况下，读过这种卡片的客人会配合，至少会了解这是一种关注人类的高尚行为，进而接受这种做法。

在饭店中，确实存在着许多并非必需的一次性客用品，如指甲锉、润肤露、剃须刀等。不可否认，有些客人需要这些用品，但不是每个客人都需要。饭店应兼顾客人的需要与环保的矛盾，放入本案例中的第一张卡片后，饭店只需在客房中心或工作间备有少量用品就可以满足客人的特殊需要，而不再需要每间客房都配备。

本案例中的第二、第三张关于洗涤棉织品的卡片，则通过鼓励住宿超过一天的客人重复使用自己用过的不必洗涤的棉织品，以保护环境，这种做法的关键是征得客人同意，使之成为饭店客人的一种自觉的高尚的行为。这样，饭店在进行环保行动的同时，也使得客人感到自己是一个高尚的人而感到满足。

思考题

1. 布草的种类有哪些？
2. 如何选择布草？
3. 怎样做好布草的洗涤工作？
4. 如何做好布草的储存与保养工作？
5. 怎样做好布草房和洗衣房的管理工作？

第 7 章　客房部安全管理

学习目标

◎ 掌握客房安全的概念。
◎ 了解客房安全工作的基本原则。
◎ 熟悉安全设施的配置与使用方法。
◎ 了解客房安全工作的特点及主要任务。
◎ 掌握防火、防盗措施及其他事故的预防与处理方法。

7.1　客房部安全管理概述

安全管理是整个饭店安全工作的一个重要方面。饭店是为住店客人及社会公众提供各种服务并使之满意的场所。客房部不仅要以干净舒适的客房、齐全的服务项目及服务人员热情好客的态度、娴熟的操作技能技巧来满足宾客的各种需求，使其乘兴而来，满意而归，同时，也决不能忽视宾客的一个最基本需求——安全。

7.1.1　客房安全的概念

客房安全是一个全方位的概念，不仅包括客人的人身、财产安全，而且包括客人的心理安全及员工和饭店的安全。其具有以下 3 层涵义。

（1）客房安全是指客房区域应保持良好的秩序和状态。在客房范围内，客人、员工的人身和财物及饭店的财产安全不受侵犯。

（2）客房区域应当处于一种既没有危险，也没有可能发生危险的状态。如果客房存在一些不安全因素，又没有相应的防范措施，即使暂时没有发生事故，也不是真正意义上的安全。例如，客房内的电源插头损坏、电线裸露、浴缸无防滑措施、热水龙头过于灵敏、客房的门锁没有及时修好、钥匙管理混乱、安全通道堵塞、安全门方向无指示标志、违法犯罪分子混入、地面湿滑等。所有这些因素都可能会在一定的条件、一定场合、一定的时间内突然引发危险，造成人身伤亡和财产损失。因此，客房安全是指不发生危险及对潜在危险因素的排除。

（3）客房安全不仅包括事实安全，也包括心理安全。事实安全是指不发生并且不可能发生危险的安全状态；心理安全则是指宾客对饭店安全程度的一种心理感受。事实安全与心理安全的关系如下所述。

① 心理安全是由事实安全引起的。宾客对饭店有着心理安全感，是饭店安全状态长期稳定的结果，而失去安全感也必定是由于饭店的某些事件引起的。一个控制有效、秩序井然的饭店，宾客是不会有心理负担的，不安全的心理感受也就无从产生。反之，对于经常发生不安全事件的饭店，宾客心理上当然不可能是踏实的。

② 事实安全和心理安全有着因果关系，但有时两者并不统一。在同一时间状况下，如客人感到安全的时候，却并不一定是饭店最安全的状态。事实上，刚发生过不安全事件的饭店，往往是最安全的，因为这时饭店必将从各个方面加以改进，防止再犯。然而，宾客却心有余悸，不安全的心理感受难以消除。由此可见，不安全事故发生对饭店带来的危害，不仅仅是事故本身所造成的损失，更严重的是事故发生后一段时间内所带来的影响。

7.1.2　客房安全的重要性

（1）安全是饭店经营的前提和保证。饭店经营要满足宾客消费需求，必须以保证宾客安全为基础。可以想像，一家经常发生偷盗、伤亡事件的饭店，即使其设施再豪华，服务再周到，客人也是不会光顾的。可见安全虽不是宾客消费的内容，但却是宾客消费的前提，因此也是饭店经营的保证。

（2）客房安全是宾客基本与突出的需求。饭店的宾客来自四面八方，在陌生的环境中，对安全的需求较之平时更为突出。客房是客人在饭店暂居的最主要场所和财物存放地点，是宾客的“家外之家”，客人对客房的安全期望值也最高。因此，客房必须是一个安全的场所。饭店有义务和责任为宾客提供安全和保护，以满足宾客安全的期望。

（3）客房安全是饭店安全工作的重要组成部分。饭店安全工作的范围很广泛，涉及饭店各个部门和角落。客房是饭店的主体，是客人住宿、生活的场所。危及客人人身、财产的事件绝大多数发生在客房。因此，客房安全是整个饭店安全工作的重点。

（4）客房安全与否，直接关系到客人的满意程度。安全是客人的基本需要，客人对客房安全期望值很高，希望能在这不是家的“家”中无忧无虑地度过一段美好时光。可以说在任何时候旅客选择投宿场所必然考虑安全问题。要提高客人的满意程度，有一个安全的住宿环境是很重要的因素。如果在客房工作中忽视必要的安全防范意识，客人要求开门不核实身份、非住店客人进入楼层不询问，那么就可能给犯罪分子以可乘之机。试想，一位客人在客房住了几天，对客房服务赞不绝口，但就在他离开的那一天，一只钱包在客房被盗，客人对饭店的好印象就会一扫而光，留下的只有遗憾和不满。加强客房安全管理是提高客人满意度，进而提高客房出租率和饭店经济效益的重要手段。

（5）客房安全与否，直接关系到饭店的经济效益。安全工作不力所造成的损失不仅表现为直接的经济损失，如发生火灾、财物被盗，而且更主要地表现为一种声誉的损失，即形象的破坏。这种损失具有一种辐射作用，往往难以用数量来衡量。如果一家饭店刚开业不久，客房就发生两起较大的盗窃案件，使受损的客人叫苦不迭、怨声载道，而其他客人胆战心凉，饭店因此而报上有名，则会使客人望而却步，从此饭店便会门庭冷落，经济效益一落千丈。许多人面对社会旅馆、私人旅店的顾虑主要是源于对安全和卫生缺乏信任。如果饭店客房能使客人安全有充分保障，加之其他特性都具备，必然提高客人的满意度，从而提高客房出租率，给饭店带来良好的经济效益。

（6）客房安全与否，直接关系到员工的积极性。安全不仅指客人的安全，也包括员工的安全。如果客房安全管理工作混乱，各种防范和保护措施不力，工伤事故不断，员工的安全没有保障，就很难使员工安心、积极而有效地工作。

（7）加强客房安全管理是保障客人安全、展示客房管理水平的重要标志。客房部的首要功能和任务是向客人提供高质量的客房商品，清洁、美观、舒适、安全是这一商品的主要特性。如果缺乏安全要素，客房再清洁、美观、舒适也就没有意义。客房安全常出问题，这个客房部的管理就彻底失败了。

7.1.3 客房安全管理的特点

安房安全管理是整个饭店安全管理的重要组成部分，又具有不同于其他部门安全管理的独特性。这是因为客房一经出租即成为暂时的私人场所，任何人包括服务员不经住客允许都不得入内。这就给客房安全管理工作增加了难度。具体来说，客房安全管理有如下特点。

（1）要求高，难度大。饭店为保障客房安全制定了许多管理规章制度。这些制度必须得到客人的理解与配合才能有效实施，如访客制度、防火制度等。如何在工作中既严格执行有关制度，绝对保障客人安全，又不引起客人反感，是需要认真研究的问题。比如有客来访，楼层服务员必须有记录，并留心观察房内动静有无异常。访客到晚间规定时间仍不离开客房的，服务员要劝其离开或登记留宿。有的客人认为这是多此一举，妨碍人身自由，有抵触情绪。在这种情形下执行规章制度，服务员一定要讲究技巧，态度要坚决，讲话要委婉，不要伤害客人的自尊心。

（2）服务性强。客房安全是客房商品质量的重要组成部分，客房安全工作的最终目的之一是给客人提供安全保障。同时，客房安全也是客房部对客服务的一项重要内容。这就要求服务员在工作中消除安全隐患，保证客人人身、财物和正当权益不受侵害。这些都要通过服务员严格执行服务规程，贯彻“宾客至上，服务第一”的宗旨，尽心尽力搞好客房服务，融安全管理于服务中来实现。服务员执行规定时要始终保持对客人的热心、耐心和关心之情，而不能像某些社会公共场所那样给客人下各种禁令，强制实行安全管理。

（3）管理细致入微。由于客房是客人的生活空间，停留时间长，涉及设备用品多，管理中稍有不慎，就会造成对客人的伤害。如设备用品质量、摆放位置、坚固程度、破损后能否及时发现并修理撤换，电器、装饰材料的安全性能是否可靠，都是客房管理的内容。需要服务员在工作中细心观察，及时发现汇报并消除隐患。管理者也要经常巡视客房，检查设施设备尤其是防火防盗设施的完好程度，以确保客人安全。同时，管理者也要考虑到，客人初到陌生环境生活，即使安全设施相当完备，客人仍可能产生心理不安全感。为此，要训练服务员随时恰当地表现出对客人的关心，微笑服务，认真负责，坚守岗位，使客人感到住饭店放心，有“宾至如归”之感。是否设立楼层服务台有许多争议，但就安全管理来说肯定是有益的。

（4）需要其他部门密切配合。客人住的是客房，但客房安全绝不仅仅只是客房部的工作，而是需要饭店各有关部门共同努力实现的。安全部、工程维修部应首当其冲，同时采购部、前厅部、餐饮部、洗衣房的人员素质和工作程序设计也都对客房安全产生影响。因此，客房部要与上述部门保持密切联系，共同研究并搞好客房安全工作。

7.1.4　安全工作的基本原则

1. “宾客至上，安全第一”的原则

“宾客至上，安全第一”是饭店一切工作的基本指导思想，也是安全工作的根本出发点和最终归宿。无论是保安部员工还是客房部员工，都要切实保障客人和饭店员工的人身及财产安全。没有安全保障，一切工作就无法顺利进行。从这个意义上讲，安全工作是“第一位”的。

2. “预防为主”的原则

所谓“预防为主”也就是集中主要精力做好积极主动的防范工作，防止案件和事故的发生，这是饭店安全工作的基点。预防为主，一要加强防范，堵塞各种空隙漏洞，不给任何违法犯罪分子以可乘之机，把违法犯罪活动制止在预谋阶段；二要定期进行安全检查，及时发现和消除各种不安全因素和事故苗头，把各类事故消灭在萌芽阶段。

从一定意义上讲，衡量安全工作好坏的标志不是首先看破案率的高低，而是看事故和案件发生的数量，该防止的是否已经防止了，不该发生的是否已经发生了。因此，预防为主是一种积极的预防，既要做好各种防范工作，又要对已经发生的事情和案件进行调查取证，通过查处，堵塞漏洞，改进工作，加强防范。

3. “谁主管、谁负责”的原则

“谁主管、谁负责”就是分清层次，各司其职，客房部安全应实施总经理领导下的客房部经理负责制。安全是一个综合性指标，实践证明，仅仅依靠一个保安部，是很难把具体部门的安全工作做好、做彻底的。因此，只有把安全工作的各项要求分解到各个部门，由部门经理包干落实，才能把饭店的安全工作做好。客房部的安全工作自然也应遵守这一原则。

4. “外松内紧”的原则

“外松内紧”是安全工作的又一项重要原则。所谓“外松”是指安全工作在形式上要自然，气氛要和缓，要适应环境，顺其自然。所谓“内紧”，是指要有高度警觉，做好密切防范工作，随时注意不安全和各种违法犯罪的苗头和线索，保证安全。

“内紧”和“外松”是不可分离的统一体。其中，“外松”是形式，“内紧”是实质。只有“外松”而没有“内紧”，就无法发现和消除不安全因素，也就无法保证安全；相反，只有内紧而没有外松，饭店的气氛就非常紧张，甚至把客人吓跑。

5. “群防群治”的原则

“群防群治”就是要依靠广大员工做好饭店的安全工作，员工是饭店的主人，最熟悉内部情况，深知不安全因素和薄弱环节。只有广泛地依靠员工，才能采取切实可行的措施去堵塞漏洞，消除那些不安全因素。另外，住店客人与饭店安全也有着直接的利害关系，因此发动依靠客人也是安全工作的一个重要方面。

7.1.5 客房安全管理的任务

根据公安机关安全工作的有关规定和保安部门对客房部安全管理工作的具体要求，结合部门工作的基本特点，可以把客房部安全管理工作的主要任务总结为以下几点。

(1) 加强对员工的安全教育，制定严密细致的安全制度，落实安全责任制。客房安全必须让客房部全体员工都来关心。首先要教育员工增强客房安全意识，懂得如何搞好客房安全，每个人在其中应起什么作用。尤其是楼面服务员和客房清扫员，更要对客房安全切实负起责任，克服麻痹心理，当好楼面的“保安员”。客房安全必须以严密的制度来保证，因此要集中员工集体智慧制定出周密细致的安全制度，包括客房防火、防盗、钥匙管理、访客接待、员工因公出入客房、楼面安全等一系列规章制度，并制定相关的奖惩措施，使员工有章可循，有法可依。

(2) 检查有关安全的设施设备，保证其正常运转。客房部各级管理者要在工作中注意巡视检查楼面及客房的安全装置和其他设施设备的安全性能，尤其是防火防盗设施，保证其正常运转或需要启用时能正常发挥作用。不能只靠听服务员汇报了解情况。对已有的安全制度要经常检查执行情况，不能仅写在纸上，贴在墙上。

(3) 检查督导服务员的安全防范工作，消除安全隐患。客房服务员是接触客房机会最多、最了解客房安全状况的人，所以必须充分发动服务员寻找安全隐患，提供信息，及时调整改进。服务员的工作过程也就是客房安全服务的过程。清除卫生间地面的积水，可以防止客人滑倒；发现电线老化及时报废更新，可以防止客人触电。领班也是最掌握客房安全状态者，因此要督促领班认真查房，纠正服务员工作不细可能带来的安全问题，使客人入住时安全更有保障。

（4）保护客房财产安全。客房安全管理不仅要保证客人安全，也要保护饭店财产安全。事实上确有个别素质低的客人入住后对客房设施设备不爱护，给饭店造成或大或小的经济损失。客房服务员要把好这一关，在客人结账查房时及时发现问题，通知总台和相关管理人员处理。

7.1.6　客房安全设施的配置

安全设施是指一切能够预防、发现违法犯罪活动，保障安全的技术装备，由一系列机械、仪表、仪器、工具等组合而成。当前，饭店常用的安全设施有：由多类警报器组成的自动报警系统；由摄像机、录像机、电视屏幕组成的电视监控系统；由多类火警报警器、防火门等组成的消防监控系统等。客房部的工作涉及饭店的各个区域，是饭店安全工作的重点所在，所以有必要对整个饭店的安全设施配备情况有一个基本的了解。

1. 电视监控系统

电视监控系统是一个由摄像机、控制器、监视器和录像机组成的闭路电视系统。配备了电视监控系统，就可以通过安装在各个角落的摄像头，将现场的动态汇总到监控中心的屏幕上，如发生意外情况，监控中心可立即通知有关人员前往解决，这样既减轻保安人员的负担，又大大提高了饭店处理问题的效率。同时，通过摄像机还可以发现不法分子和可疑分子，及时做好防范措施，以确保饭店及客人的安全。特别是对于建立客房服务中心的饭店，电视监控系统是必备的安全设施。

2. 安全报警系统

安全报警系统是由饭店在一些关键部位安装的各种类型的报警器联结而成的安全网络系统，其目的在于防盗、防火等。常用的报警器有以下几种。

（1）微波报警器。微波报警器是根据波的反射原理设计制造的。微波发射器向前发出一束微波信号，微波信号遇到障碍物就会被反射回来，然后由接收器接收。由于活动目标所反射的微波信号频率不一样，微波报警器就会发出报警声。所以，微波报警器适用于发现动态的目标，而对固定目标作用不大。

（2）红外线报警器。任何物体都会发射出红外线，物体本身的温度越高，发射的红外线越多，反之就越少。被动式红外线报警器就是根据这一原理工作的，当红外线达到一定数量时，控制装置就发出报警信号。由于受气温的影响大，这种报警器比较适用于气温宜人的春秋季节和有空调的场所，控制面积也不宜过大。主动红外线报警器由收、发和控制装置组成。发射装置发出一束红外线，当有物体穿越光束时，红外线被挡住，接收器接收不到红外线，控制装置就会发出报警信号。这种报警器受气候影响不大，控制距离长，比较适用于室外的直线墙、开阔地等。

（3）超声波报警器。超声波报警器由发射装置向控制区域发出超声波，只要入侵者进入控制区域，会被立即发现。超声波报警器受气候和外界干扰较大，适用于密封性较好的仓库和比较安静的客房环境，冬天灵敏度比夏天高。

（4）声控报警器。声控报警器由一个特别敏感的话筒和放大器组成。话筒能接收微弱的声音信号，放大器将这一声音信号放大后送入扬声器，使值班人员能清楚地听到现场活动的声音。声控报警器适用于室内，具有话筒探头小、便于隐蔽和价格低廉等特点，与其他报警器配套使用效果更好。

（5）其他报警器。开关报警器以开和关形式报警；微动式报警器一般适用于保险柜、贵重物品存放处等；磁控式报警器一般适用于门窗；金属条断裂式报警器除适于门窗外，也可将金属条粘在玻璃上，玻璃易碎、金属条断裂，遂发出报警，也可利用其引线形成警戒防护网。

3. 消防监控系统

火灾是饭店安全的最大敌人。虽然火灾的发生率很低，但现代饭店大都为高层建筑，一旦发生为灾，仅靠消防部门的救火能力和救火高度是不能迅速扑灭大火的。因此，有关部门明确规定，饭店必须要建立自己的消防监控系统。消防监控系统一般由火灾报警器、灭火设施和防火设施组成。

1）火灾报警器

（1）烟感器。烟感器有两种，一种是离子感应式，另一种是光电感应式。其原理都是一样的：在火灾发生时发出的烟雾微粒对烟感器里面的电离子或光波产生干扰，烟感器就会发出报警信号。烟感器安装在 4 米以下高度时，其保护面积为 100 平方米，适用于起火时烟多而升温慢的场所，如客房、餐厅、走廊等。

（2）热感器。热感器在火灾发生时，因周围温度升高而启动报警，一般可分为定温式、差温式、差定温式三种。热感器适用于发生火灾后温度迅速上升的场所。通常客房选用 68 ℃ 的定温式。

（3）光感器。光感器可以感受到火光的辐射而发出报警，有红外线光感器和紫外线光感器两种，比较适用于烟雾较少的火灾和易燃液体的起火。

（4）手动报警器。手动报警器一般安装在每层楼的进口处和公共区域的明显地方。手动报警器为防止误报，通常用玻璃罩罩住。当服务员发现附近有火灾时，可以立即打开玻璃压盖或打碎玻璃，使触点弹出，进行报警。手动报警器往往与前面所述的自动报警器配合使用。

2）灭火设施

易燃物燃烧必须具备两个条件：温度和氧气。只要去掉其中一个条件，燃烧即会停止，灭火就是去掉其中一个条件：降温或隔绝氧气。最常用的灭火方法是用水和化学灭火剂来灭火。饭店的灭火设施主要是消防给水系统和化学灭火器材。

（1）消防给水系统。消防给水系统由装备在消防栓箱内的消防栓、水龙带、水枪及安装在饭店各处的自动喷水器组成。发生火灾时，可以打碎玻璃取出消防水枪，打开消防栓进行灭火。

自动喷水器又称花洒，其工作原理是：当室内温度达到花洒的启用温度时，便引起花洒器内水银球的剧烈膨胀至爆裂，被球支撑的密封喷水口开放，水便喷到溅水盘上形成均匀洒水，客房花洒的洒水面积一般为 10 平方米左右。

（2）化学灭火器材。化学灭火器材用以扑救重要文件档案、精密仪器、贵重物品起火及各种电器火灾和油类火灾。饭店配置的化学灭火器材主要有卤代烷灭火器、二氧化碳灭火器、干粉灭火器、泡沫灭火器、酸碱灭火器等。

（3）防火设施。为了将火控制在一定区域，阻止火势向各处蔓延，以便于人员疏散和灭火救援工作，饭店都配备了一定的防火设施，主要有防火墙、防火门、防火卷帘、排烟系统、正压通风系统等。

4. 通信联络系统

通信联络系统是指以安全监控中心指挥枢纽，即通过电话、传呼机、对讲机等器材而形成的联系网络。这个简单的网络系统使饭店的安全工作具有快速反应能力，对保障饭店的安全起着十分重要的作用。

5. 钥匙系统

钥匙系统是饭店最基本的安全设施，其目的在于防止饭店钥匙的偷窃、遗失和复制，以确保安全。为了适应日益复杂的局面，越来越多的饭店采用电子磁卡钥匙系统。此系统的工作程序是：客人到达时接待员根据房号和其他信息，通过钥匙制作机制作一张磁卡，同时将房间的信息译成密码输入到客房内的钥匙安全装置；客人入住时，把磁卡钥匙插入客房的锁槽，前一张磁卡钥匙的信息就会自动报废。这种钥匙系统还具有防撬和记录使用的功能，每当客人或服务员出入客房时，电脑监视器将如实记录人员的进出时间。因此，该系统避免了可能出现的漏洞与缺陷。

以上各类安全设施都自成系统，但在实际的运转中，是相互联系发挥作用的。随着安全硬件设施的建设，越来越多的饭店都建立了安全监控中心，以便统一指挥与控制，而安全监控中心即是由以上各类安全设施系统并联组成的。

7.2 防火与防盗

7.2.1 防火工作

火灾是因失火而造成的人身伤亡和财产损失的灾害。饭店的客房是最易引起火灾的地方，由于客房住宿的客人比较复杂而且分散，较易发生火灾，因此防火工作是客房部的头等大事。

1. 火灾形成的原因与种类

客房部形成火灾的原因很多，如客人酒后吸烟，引起被褥、床单等起火；乱扔烟头、火柴，使地毯或地板起火；客房内电线陈旧或因超负荷使用造成起火；客房内电器设备自身故障或连续工作时间过长，引起升温造成起火；客房内设备老化，造成短路起火；客人将易燃、易爆物品带进客房造成起火；客房内工程维修使用明火不当造成起火；客房工作人员违反规程操作造成起火等。在众多的起火原因中，吸烟和电器事故引起的火灾，在客房中占有较大的比例。

依照国家标准，火灾分为以下 4 大类。

（1）普通物品火灾（A 类）。由木材、纸张、棉布、塑胶等固体所引起的火灾。

（2）易燃液体火灾（B 类）。由汽油、酒精等所引起的火灾。

（3）可燃气体火灾（C 类）。由液化石油气、煤气、乙炔等所引起的火灾。

（4）金属火灾（D 类）。由钾、钠、镁、锂等物质引起的火灾。

2. 火灾的预防

俗话说："防火胜于救火"，所以客房部应在饭店总经理统一领导下，成立防火小组，制定完整的防火计划，防患于未然。

（1）加强职工培训，增强防火意识。客房部应组织员工学习饭店制定的防火手册，并制定防火安全条例，建立防火岗位责任制，明确各岗位员工在防火、灭火中的职责和任务。教会他们如何及时发现火情和报警。遇有火灾发生时，如何使用防火、灭火设备及平时对这些设备的维护和保养。当火灾发生时，如何镇定地疏散客人，以及重要的财产如何保护和安置。如何在日常工作中正确执行操作规程，防止火灾发生，以及如何向客人宣传防火知识，还可定期举行消防演习等。

（2）建筑装饰中要安装必要的防火设施和选用具有阻燃性能的材料。客房要配备有效的消防设施用品，如防火门、安全通道、自动喷水灭火装置、烟感报警器等。同时，对家具、布件等物品应选用具有阻燃性能的材料。

(3) 对住店宾客加强防火宣传。在每间客房内，要放置防火宣传材料，如《防火手册》、《防火须知》等；向客人介绍客房内的消防设施，并提醒客人在室内吸烟和使用电器设备时，要注意安全防火；在房门后张贴一些防火宣传图例；一般情况下，客房还备有《旅客须知》宣传册，向他们介绍一旦发生火灾时，撤离的方法和路线。

(4) 日常的防火管理工作。

① 配合保安部定期对重点部位进行全面检查，如紧急出口是否畅通，防火门是否有效，报警、灭火设施是否良好等。

② 发现客人使用电炉、电饭锅等设备，要及时提醒阻止。

③ 发现楼面和客房有易燃、易爆物品，要及时清扫处理。

④ 注意检查房内电器、电线和插头等有无短路、裸露漏电现象，如若发现，要及时报修。

⑤ 对酗酒过度或吸烟和烟瘾大的客人，要格外加以关注。

⑥ 对带电、带油在客房进行维修的作业人员，要及时提醒注意防火。

⑦ 对发生故障的清洁设备，要及时报修，以防短路或漏电而发生火灾。

⑧ 制定火警时的紧急疏散计划，包括如何引导客人疏散、保护重要财产等。

☞ 案例分析

烟感器发出报警声

一天晚上，杭州某饭店保安员小郝正在保安室值班，突然，烟感报警器发出尖锐急促的报警声。同时，913 房的警灯上不断闪现红色信号。这异常的声音和闪光立即引起了小郝的警觉。“不好。913 房出事了！”他立刻从座椅上跳起来，冲出房门，奔向电梯口，直奔 913 房。

只见 913 房门口挂着“请勿打扰”的牌子，小郝便按了一下电铃，里面没有回音，接连按几下，仍然没有动静，小郝便用力敲起门来，一面大声叫道：“913 房客人请快开门。”里面还是死一般地寂静。小郝当机立断，叫来楼层服务员小范，让她用备用钥匙打开房门。小郝和小范闯进客房，只见缕缕浓烟直冲烟感报警器装置。原来是垃圾筒里的废纸冒出烟雾，废纸上火星点点，但尚未燃烧起来，两人急忙到卫生间弄来两杯冷水将筒里废纸上的火星浇灭。“好险啊！”小郝和小范轻轻地舒了口气。

到这时，他们才发现客人正躺在床上呼呼大睡，小郝上前推推他，客人仍然睡得死沉沉的，同时一股浓烈的酒气扑鼻而来，他们明白原来客人是喝醉了。小郝便使劲用力反复推他，一边还大声叫喊：“先生，请醒醒！”客人终于醒来，一副醉眼朦胧的样子。小范去泡了杯茶，递给客人，客人喝了几口，酒意渐渐消散。小郝向客人说明得到烟感器报警赶来抢救的过程，并请他说说事情经过。

原来这位客人晚饭喝醉了，一个人跌跌撞撞回到客房，坐在靠椅上抽了一支烟，随手把烟头往垃圾筒里一扔，就蒙头睡大觉了，以后的事情他就全然不知了。小郝态度严肃而语气平缓地对客人说："先生，维护所有客人的生命和财产安全，是饭店的责任，也是每位客人的责任，您喝酒应有节制，不要喝醉，喝醉了对身体也没好处。醉后抽烟，乱扔烟头，易造成火灾，后果不堪设想。刚才您差点酿成一场事故……"客人羞愧得低头认错，表示今后一定吸取教训。

✍点评

本案例中饭店保安员小郝及服务员小范面对烟感器报警采取了积极有效的措施，值得肯定。首先，小郝忠于职守，当烟感器发出警报，他凭高度的职业敏感性立即便捕捉住信息，及时做出反应，奔赴现场抢救；其次，当他遇到客人挂出"请勿打扰"的牌子而敲门没有回音时，就当机立断开门入房进行抢救；进房后，小郝在小范的配合下，采取扑灭烟火的抢救措施也是积极有效的。另外，值得一提的是，保安员小郝没有满足于扑灭火灾事故的苗子，而是加强对醉客的安全教育，以避免类似事故再次发生。由于方法得当，说理透彻，收到了良好的效果。

本案例还提出了一个值得深思的问题——如何正确处理好醉客。试想，本案例中客人喝醉后，从餐厅到走道，从电梯到客房楼层，如果饭店员工都有强烈的安全意识，注意观察，及时发现醉客，从各个环节加强防范，本案例中的事故苗子可能早就避免了。可见，全员关心和投入安全保卫工作是十分重要的。

3. 火灾的扑救

1）及时报警

客房楼层一旦发生火灾，报警器会发出信号，工作人员应立即查明火源的准确位置及燃烧物质，并立即向饭店防火中心报警。在火灾初起阶段，消防队员没有到达之前，可以利用就近的消防器材扑救，并按次序向客人发出通报，进行自救，以控制火势蔓延。

2）疏散客人

如果火灾不能控制，听到疏散信号，应立即打开所有安全楼道，组织客人撤离，并组织人员把守各梯口、路口，有计划、有步骤地引导客人从各安全通道撤离，避免拥挤，造成挤压死伤现象，特别要注意帮助老弱病残及儿童，护送他们到达安全的地方。最后，饭店工作人员撤离火灾现场。

3）灭火方法

常用的灭火方法有如下 3 种。

(1) 冷却灭火法。它是将燃烧物的温度降到燃点以下，使燃烧停止。通常是用水和二氧化碳灭火剂。

(2)窒息灭火法。它是采用一定方法隔绝空气或减少空气中的含氧量，使燃烧物得不到足够的氧气而停止燃烧。通常用泡沫和二氧化碳灭火剂，也可用浸湿的棉被等来覆盖燃烧物。

(3)隔离灭火法。它是把正在燃烧的物质同未燃烧的物质隔离开来，使燃烧不能蔓延。

(4)抑制灭火法。这是指用有抑制作用的化学灭火剂喷射到燃烧物上，参与化学反应，与燃烧反应中产生的游离基结合，形成稳定的不燃烧分子结构而使燃烧停止。

4) 常用灭火器的使用

客房区域常用的灭火设备是消防栓和化学灭火器。

(1)消防栓。消防栓灭火设备主要由消防栓、水龙带和水枪一起装置在有玻璃门的消防栓箱内，发生火灾时，将箱内水龙带取出，接到消防栓出口上，将水栓开启，水即喷射出来。

(2)化学灭火器。常用的化学灭火器的种类及使用方法见表7-1。

表7-1 灭火器的种类及使用方法

酸碱灭火器	适用于扑灭一般固体物质的火灾。	(1)将灭火器倒置； (2)将水与气喷向燃烧物。
泡沫灭火器	适用于油类和一般固体物质及可燃液体火灾。	(1)将灭火器倒置； (2)将泡沫液体喷向火源。
二氧化碳灭火器	适用于带电的低压电器火灾和贵重的仪器、设备等。	(1)拔去保险锁或铝封； (2)打开阀门或压手柄； (3)对准燃烧物由外圈向中间喷射。
干粉灭火器	性能和适用范围与二氧化碳灭火器基本相同。	(1)拔去保险锁； (2)按下手柄； (3)将干粉喷向燃烧物。
卤代烷灭火器(1211、1202等)	上述灭火范围都可以使用，特别适用于精密仪器、电器设备、档案资料等。	(1)拔去保险锁； (2)打开阀门； (3)对准燃烧物喷射。

7.2.2 防盗工作

盗窃事件在饭店时有发生，尤其是客房。由于客房是客人居住和存放财物的重要场所，因此，它是盗窃分子作案的主要目标。所以，客房部要加强防范以确保客人的生命财产安全。

1. 盗窃类型

(1) 外盗：主要是指外来不法分子混入楼层进行偷盗，有的冒充饭店的客人，有的冒充访客，混入客房偷盗。

(2) 内盗：主要是指饭店员工利用工作之便进行偷盗，他们对饭店的情况比较了解，且不宜被发觉，这为他们行窃提供了方便。

(3) 内外勾结：主要是指店内工作人员向社会不法分子提供情报，里应外合，进行作案。

(4) 客人自盗：主要是指住在同房间或同楼层的素质较差的客人相互偷盗财物，或客人将客房内不允许带走的物品自行带走的现象。

☞ 案例分析

冒充服务员的盗窃案

某饭店有两位客人先打电话订房，然后一同入住，年长者50岁左右，另一位也在40岁上下。因是常住客人，有关部门在电脑里获知后，特别予以礼遇，选择两间较好的房间，一间在12楼，一间在9楼。年龄大的住高楼层，由接待组主管亲自接待，在总台办妥手续后，接待组主管将房号、姓名用对讲机通知行李员，并在箱子上挂上名牌，陪同两位客人一同乘电梯。同时，帮忙接待的那一位主管因另有他事，也搭乘同一部电梯上楼，好像同时礼送客人进房似的。在客人分别进入到9楼及12楼的房间，行李员安顿好行李退出以后，大约间隔不到2分钟，就有位穿着与饭店员工制服相同款式、相同颜色衣服的青年男子，先到9楼房间按门铃，称是饭店安排特别服务的人员。较年轻的那位客人开门后，表示不需要，不让他进房。12楼较年长的客人却开门让他进房。此人进房后，除一面与客人寒暄外，一面拉开窗帘，并为客人冲了一杯乌龙茶，然后去浴室放水，让客人洗澡。就在客人进入浴室后，他掏空了客人衣服、裤子里的全部财物后逃走。

客人洗完澡看到衣裤都不在原来地方，一摸口袋发现现金全不见了，于是惊慌地告诉9楼的同伴，再告知前厅部接待人员。前厅部接待人员抵达房间后才通知保安部与客房部人员，直到这时，客房部服务人员还未接触到客人。了解情况后，饭店人员从客人口中得知该男子虽穿着与饭店人员相同的服装，但是否在胸前挂有名牌却不能肯定。房客在惊慌之余，硬是一口咬定是饭店人员，而且说是他泡的茶，一切动作都是职业性的，非常熟练。饭店人员在台子上发现一包乌龙茶袋，与原来由饭店提供的茶袋不相同，饭店的茶袋上盖有饭店的印章，而已冲泡的茶包上则没有，显然是行窃者自己准备的。但客人仍不能谅解，最后经征得客人同意后，饭店报案请警方指派刑侦人员前来调查，收集指纹等现场证据。

✍点评

此案为窃贼冒充服务人员行窃，客人确有损失，心中的恼恨在所难免，即便不至于向饭店索赔，但也难免迁怒饭店的管理不善，所以应尽力防范。为确保客房楼层的安全，需共同注意在楼层逗留的可疑人物，行李服务员在楼层服务时最有责任协助楼层服务员注意可疑人物，而且保安人员也应加强重点时段的巡视。

（本案例摘自：黄惠伯. 饭店安全管理. 长沙：湖南科学技术出版社，2001）

2. 防盗措施

要完全杜绝客人和员工的偷盗行为不是一件容易的事，但适当的预防可以避免和减少这类事件的发生。

1）对客人的管理

防止客人的偷盗事件发生，可采取下列措施：

（1）客房服务员要提高警觉，掌握客人出入情况，做好来访登记工作，注意观察进出客人携带物品的情况；

（2）房态报表、交接班簿本应对外保密；

（3）清洁员整理房间时，将工作车停在打开的客房门口，调整好工作车的位置，使工作车上的物品面对客房，防止被人顺手牵羊；

（4）加强对储藏室的管理，不可让客人自己进入储藏室拿取备品或布巾用品；

（5）客房中价值较高的物品，如挂画、灯饰等，应该采用较大尺寸，以使客人无法将其装入行李箱中；

（6）客人入住时，要提醒客人要将贵重钱物放总台保存；

（7）对晚间没有回房住宿的客人，应及时做好记录并做汇报；

（8）客人退房后，要清查房间物品，如有遗失，立即与总台联系；

（9）在巡视楼面时，如发现客人门钥匙忘记拔下，应敲门提醒客人，若房中无人，则应将门锁紧，钥匙交存服务台并做记录。

☞案例分析

客人拿走衣架

一位住店客人临走时拿了房间内的4个衣架，但衣架属于饭店的非赠品。“客人拿了4个衣架，硬是不肯拿出来，我们实在没办法说服他。”前台收银处接到楼房服务员的来电话。大堂副理微笑着走向客人：“您好！我是大堂副理，能帮助您吗？”“我是拿了4个衣架，怎么样？要退还？你自己去包里取。有的饭店洗衣之后，都奉送衣架，你们凭什么说我私拿?”客人气愤地嚷着，大堂副理想：“该客人事前一定不知道饭店衣架属于非赠送品，但知道后又死要面子，不肯承认。”于是便微笑地对客人说：“有些饭店洗衣是赠送衣架，但我们饭店尚未实行，我可以向总经理建议，以后有可能会实行，您的衣服肯定是怕皱，所以才用衣架衬着，拿出来也不太好，不如您付成本价买下这4个衣架吧!”客人平静下来，无奈地说：“好吧，多少钱?”大堂副理已知每个衣架的补偿价为5元，便体谅式对客人说“收20元，按成本价计费，不另加别的费用了。”客人结完账离开时，“对不起，耽误您结账的时间了，欢迎您下次再来!”大堂副理微笑着与他道别，目送他远去。

✍ 点评

衣架属非赠品，客人带走是需要付补偿价的，但客人碍于面子，就是不肯退还饭店，怎样才能既不伤客人的面子，给客人以下台阶的机会，又能使饭店的财产不受损失呢?

① 当客房服务员将客人拿走衣架的事告诉大堂副理后，大堂副理走到前台收银处，不是直截了当地质问客人为什么要拿走衣架，而是微笑地走向客人说：“能帮助您吗?”这就使客人感到大堂副理不是他的对立面，而是来帮助他的，无形中拉近了双方的距离，客人对大堂副理有了认同感，也就为问题的解决奠定了基础。

② 当客人强词夺理，用“有的饭店洗衣之后都奉送衣架”为由，不承认是“私拿”酒店的衣架时，大堂副理附和其说：“有些饭店是奉送衣架。”承认客人的说法是事实，给客人以足够的“面子”，但马上语锋一转：“但我们饭店尚未实行。”巧妙地向客人暗示，衣架在本饭店乃属非赠品，维护了饭店的利益，同时又再给客人“面子”。“我可以向总经理建议，以后可能会实行。”把客人的“理由”当成了建议来接受，顺了客人的心，但话锋一转，从而又维护了饭店的利益。

③“您的衣服一定比较怕皱，所以才用衣架衬着，拿出来也不太好。”大堂副理又进一步在众人面前帮客人找“正常”理由，婉转地表明他不肯从包里取还衣架的原因，不是想“私拿”盗取衣架，而是“怕衣服皱”，再次让客人下台阶。

④ 大堂副理明察秋毫，用“不如您付成本价买下这些衣架”、“不另加别的费用了”等话语，既满足了该客人爱贪小便宜的心理，又让客人按饭店规定的衣架赔偿价格支付了费用，双方皆大欢喜。大堂副理把由于客人的原因耽误的结账时间说成是“对不起，耽误您的结账时间了”，又一次把“对”让给客人，将一起补偿纠纷变成了使客人满意结账的离店过程。

☞ 案例分析

私拿客房浴巾

记得有一次在台班当值，当接到退房通知后，我就去查房，仔细检查后发现少了一条浴巾，我便向前台报告，前台婉转地问讯客人，客人说没有拿，还说走的时候好像浴巾还在。前台就让客人回房去找，还让我别盯着客人，让他自己找出来就行了，可是客人找了好久还是没发现。这时一位清洁员走过来问发生了什么事，我告诉了她，她吓了一跳，没说什么就走进房间对客人说："先生，真对不起，浴巾我们找到了，让你上来一趟，真的非常抱歉。"我在门口还没反应过来，客人就怒气冲冲地走了。之后，卫生员才告诉我，原来此房这几天中，她做房时欠一条干净的浴巾，他以为这是间退房，就把浴巾拿去了。事情的经过就是这样。结果是可想而知，客人投诉了饭店。事情发展到只好由大堂经理想办法向客人解释和道歉了，后来还送了份礼物给客人，客人才平息了怒气。事情过后，这位清洁员被扣罚了工资。

✍ 点评

在这个案例里，很明显是饭店清洁员出错了。因为她没有确定房间为退房时，就无声无息地拿走客人房间里的物品，如果真是非常急着要用的东西，也要先与台班沟通好，这样就不会出现本案例中的投诉了。但在这件事中，我也有点责任，因为我只想到客人的原因，而没想到部门内部也会出错。如果我能想到先问一声卫生班，看是否昨天有些饭店物品没放进房间，因为这几天客人多，或者还有特殊原因，但由于我缺少经验、没这样做，结果就发生了本案例中的投诉。

从本案例中也发现饭店在管理操作上存在着某些问题。首先，饭店的卫生用品不足，如果一下住进很多客人时肯定会有问题出现。其次就是管理上不够严格，饭店卫生员没事时都可以随意进出客人的房间，而台班却不知道，完全没有一个严谨的工作操作规范，这样怎么能不出问题呢？通过这件事，我也学到了不少的东西：首先在思考问题时我会更加谨慎，凡事要从多方面考虑，想得全面一点；其次是应该和工作上的伙伴多沟通，让大家多了解各自的工作进程，搞好关系，这样工作才能更愉快、更顺利，对客服务才会更佳。

2）对访客的管理

（1）凡住客本人引带的来访客人，台班可不予询问，但要做好记录，包括访问的时间和人数。

（2）对单独来访客人要上前询问，并查验证件，通知客人；若客人不在，应请来访客人到公共区域等候，不要带其进入客人房间等候。

(3) 若访客因事较晚不能离店时，应让其到总台办理入住登记手续；超时不肯离房又不愿办手续的，应报大堂副理或保安部处理。

(4) 要充分发挥监控系统的作用，对客房楼道、走道、出入口等进行严格监控，发现不明外来人要及时报告。

☞ 案例分析

“冒名顶替”事件

一天，有位新加坡客人进住饭店，这位客人有60 多岁，面容和蔼，是位很慈祥的老人。老先生是饭店的常客，前台的服务员都认识他，和这位老人很熟。第二天，老先生早上10 点多就出去了，在出门前嘱咐前台的服务小姐，说其外出办事，中午的时候会有一位广州来访客人，是其多年的老朋友，来了就让他上其房间取一份文件，并告诉了来访者的姓名，老先生交代完毕就外出办事去了。大约过了3 个多小时，一位年轻的客人到了前台，说是来取一份什么文件，并说出了房间号与那位老住客的姓名。前台实习生小许听了也没多想，既然符合姓名与事例，便给了他房间的钥匙，并打电话通知了楼层的实习生小晶，让其进房间。过了20 多分钟，那位年轻的来访者交还房间钥匙离开了。

又过了一个小时左右，来了一位40 多岁的客人，向前台说明是来某某房间取什么文件，并详细地讲清楚那位老住客的姓名及房间号等情况。小许等几位前台服务员一听马上感觉不对，怎么有两位来访者取同一份东西？越想越感到有问题，马上将情况报告主管，主管分析后，马上通知保安人员一起上房间查看。当打开门时，那位老先生的房间凌乱不堪，床上和地上到处都有被翻过的东西。饭店立即打电话通知了客人，经过清点物品，被盗走了10 000 元美金和一部数码相机。结果，饭店做了原价的赔偿，并让客人免费入住饭店。这个教训是深刻的，让人值得反思。

✍ 点评

通过此次事件，暴露出饭店管理中很多值得思考的问题，从中得到了许多教训，有几点是值得我们注意的。

第一，前台的服务员工作不细致，不认真。没有问清情况就给房间钥匙让陌生来访者进客房，也没有及时知会客人，给盗窃者提供了很好的作案条件，让案犯方便地进出房间，给饭店的声誉造成了极坏的影响，让客人住在饭店有不安全的感觉。更不应该超越权限处理问题，打电话叫楼层服务员让来访者进入房间。

第二，楼层服务员既未让来访者做“来访登记”，也没有注意来访者的面貌，给公安机关破案增加了难度。正因为违反了饭店的操作规程，才给案犯提供了进一步的作案条件。楼层服务员的上级主管不是前台的服务员，不应该听从前台小姐的安排，有问题应该向自己所在部门的主管反映，超过自己权限的问题让上级去处理。来访者走后也不及时检查客人的房间，做好登记。

第三，饭店的管理规程上出了漏洞。当有客人要求转交物品时，应该让客人自己带来前台，让前台服务员转交，并做好关于转交财物的相关登记，不能让来访者单独去房间，给案犯提供作案的机会，让客人的财物受到损失。在给前台员工培训的时候，要求前台员工接待客人时或做住房登记时，要注意客人周围的人物，并委婉提醒客人保管好自己的财物。

第四，作为服务行业，出现了此类事件，给饭店造成直接经济损失与信誉损害，并给国家的形象抹黑。

3）对员工管理

（1）对本店员工要加强职业道德教育，提高员工的素质，增强员工遵纪守法的自觉性。

（2）实行一定的奖惩手段堵住漏洞，不给作案者可乘之机。

（3）一旦发现有偷窃行为，要严肃处理，毫不留情。

（4）严禁在工作时间会客、串岗或擅自离岗。

（5）严格履行领用和保管物品的手续。

（6）在清扫客房时，不能随意将客房钥匙丢在清洁车上或插在客房门锁上。

（7）不能主动将客人的情况告诉不明身份的访客。

（8）设立员工专用通道，防止员工或施工人员携带饭店财物离店。

4）对钥匙的管理

客房钥匙主要有：客用钥匙，即开启客人入住房间的钥匙；通用钥匙，即供服务员打扫房间的钥匙；楼层总钥匙，即开启该楼层所有房间的钥匙，供领班使用；客房总钥匙，即开启所有客房的钥匙，供经理使用。客房钥匙是客房安全管理的重要环节，决不能马虎大意。钥匙丢失，随意发放，私自复制或被盗都会给客房安全带来威胁，因此为保证客房安全，必须严格控制管理钥匙。

（1）当客人办理入住手续后，可发给客人该房间的钥匙，供客人出入时使用。

（2）客人外出应把钥匙交与前厅问讯处保管，客人回店领取钥匙时，要查对证件，必要时，可与服务台核对。

（3）客人退房时，要提醒客人归还钥匙，若忘记交还的，要派人追回。

（4）服务员在清扫客人房间时，必须随身携带钥匙，不能把钥匙随意丢在工作车上或插在房门锁上，要随身携带，也不得交他人保管。

（5）在巡视时，若发现客人房门插有钥匙，要敲门提醒客人收好，若房中无人，可将钥匙拔下，交领班处理，并做好记录。

（6）禁止为陌生人开启客人的房间，确因工作需要，应由服务员陪同进入房间，并做好记录。

（7）服务员在上下班时，要做好钥匙的交接工作，并严格收发签字制度。

（8）严禁将工作钥匙带出饭店。

（9）对于把钥匙忘在房中的住客，能够确认的可用工作钥匙为其开门，并嘱咐下次出门别再忘记；不能确认的要礼貌查验证件，并与服务台记录核对无误，方可开门。

（10）对于持住客钥匙的陌生人欲进房间，服务员应礼貌劝阻，请其到公共区等候主人回来。有的饭店规定收回所持钥匙，待住客回来再处理。

（11）服务员不可随意为无关工作人员开启客房。确因工作需要进房的，也要由服务员在一旁陪伴，并记录出入时间、原因。维修客房设备需较长时间的应予换房。

（12）若发现钥匙有裂痕或折断，要由客房部经理签字并派员到饭店专设的锁匙室配制。

3. 失盗处理

客人在饭店居留期间难免丢失物品，会向饭店报告，请求帮助查找。饭店要视情节轻重妥善处理，客房部尤其要急客人所急，积极帮助查找。据国外统计，在客人报称丢失物品中，有40%是由于放错了地方，30%是客人记忆不清，30%是真正丢失。一旦发生失盗，客房部要及时报案，并协助有关人员，调查原因，寻找线索，尽快破案。

客人在住店期间财物丢失、被盗或被骗后，直接报告当地公安机关，叫报案；如未向公安机关报告，只是向饭店反映丢失情况，叫报失。无论报案或报失，饭店有关部门的领导和工作人员，都应该积极协助客人（或公安机关）调查失窃原因，寻找线索，尽快破案。在客房内丢失物品时，客人常常先向客房部报失，因此客房部在事故处理中承担了大量工作。

1）报失的处理

（1）当接到客人报失后，服务员应立即报告客房部经理，由经理与大堂副理及保安部取得联系，共同处理。

（2）认真听取客人的陈述，问清客人丢失物品的详细内容并做记录。应到现场帮助客人尽量回忆物品丢失的前后经过，分析是否确实丢失。常有客人因害怕丢失物品而在客房里东藏西藏，最后忘记了地方。

（3）在征得客人同意后，可由保安员与服务员共同在房间帮助查找。物品找到后应将结果记录存查。

（4）如果调查显示客人财物确属被盗或被骗，要立即向总经理汇报，并由保安人员保护好现场。经总经理同意后向公安机关报案，待公安机关破案处理。

2）报失后的注意事项

（1）客人报失后，服务员只能听取客人反映情况，不要做任何结论猜测或讲否定的话，以免为今后的调查工作增加困难或使饭店处于被动。

（2）服务员个人绝不可擅自进房查找，以免发生不可想像的后果。

（3）客人报失后，进入过客房的服务人员也要受到询问。服务员应采取积极协助的态度，不要有委屈不满情绪，更不能在自己失职行为时有意隐瞒。

3）拾遗物品的处理

饭店都规定员工在店内拾到的物品一律上交，拾物不交者，经发现将严肃处理。饭店管理拾遗物品的归口部门是客房部，由客房服务中心或办公室负责处理。要设立拾遗物品登记保管制度，详细记录失物或客人遗留物品情况，包括物品名称、拾获地点及时间、拾获人姓名等。对遗留物品要注明房号、客人姓名、离店时间等。处理客房遗留物品时要判断究竟是客人扔掉的还是遗忘的。一般认定下列物品为客人遗留物品：现金、珠宝首饰；身份证件；具有文件价值的信函和物件；留在抽屉或衣柜内的物品；仪器零件和器材等。

按国际惯例，客人遗留物品保存期为一年，特别贵重物品可延长半年。超过保存期的，饭店可按规定自行处理。饭店对拾遗物品要妥善保管，如服务人员遇到客人有关失物的询问，不能随意回答，须经客房部查核后，才能给客人以明确答复。对已知遗留物品客人姓名、单位的，应及时联系交还。客人要求寄还的，要由客人支付邮资。

☞ 案例分析

客房拾遗物品的处理

夏季的一天，客房部领班在查房时发现客房抽屉里有几件客人遗留的衣服，她感到很奇怪，立即到房务中心查询，询问此房间的客人是否已经离店，并向文员通报了客人有遗留物品在房间里，要文员做好记录，留备客人查询。然后在工作表上做详细记录，注明时间和所发生事情的概况。经过向台班实习生小谢和房务中心查询，得知此房客人并没有离店，而是转房去了其他楼层，这件事是台班实习生小谢在查房时没有发现客人遗留物品而造成的结果。而客人呢，却是在房务中心通知他领回自己的衣物时，才发觉自己遗失了衣服。

✍ 点评

① 客人入住饭店，常常是办公事或是出外旅游，总的来说，就是离开了家，他们在入住饭店的时候，渴望饭店能给他们带来家的感觉，因此他们对房间及服务员的服务态度等方面的要求都很高，特别是对入住时间较长的客人来说更是如此，所以挑剔的客人转房的事情是经常发生的。由于客人觉得不是离店，加上当时的心情不是很好，所以在收拾物品时，会因为粗心大意而遗留一些物品在房间，特别是那些不急用的东西，就更容易忽略。这就对当值台班提出很高要求，在查房的时候一定要认真仔细、一丝不苟。

② 当客人转房后，台班会例行检查房间，经过整理之后，便可成为吉房（OK 房），等待下一位客人入住。可是，本案例中的台班粗心大意，没有发现客人遗留在抽屉里的衣服，肯定是认为没有必要检查抽屉，导致问题的出现，这是她的失职。

对此事的后果可做两种情况的分析。其一，转房客人遗留的物品未被领班发现而入住了其他客人，那么，原住客一旦发现自己遗留了物品在原房间，再去寻找时就麻烦了。这就会发生两房客人物品的混淆，再从新住客的房间中取回原房客的物品就不是一件简单的事情，需要很好地与新住客解释、协商。其中不免浪费了原住客的时间，也影响了新住客的休息。其二，客人转房后，未发现自己遗留了物品，并在领班发现衣服之前就有事办理了离店退房手续，那就更复杂了。这些衣服就要作为客人的遗留物品交给礼宾部或是房务中心保管，查清客人地址主动交还给客人或是等客人下次入住时再交还。这实际上是变相增加了饭店的工作量，浪费了人力、财力。以上种种麻烦，其实只需要台班在工作的时候认真、仔细就可以避免。

③ 此案例中的领班工作非常认真、仔细，发现问题后立即找房务中心协调解决。她发现客人遗留物品后严格按照规定的程序来处理客人遗留的衣服。由于发现及时，处理妥当，使转房的客人找回了自己的衣物，避免了上述两种情况可能产生的麻烦。

☞ 案例分析

“好心”变“坏事”

某日上午，住在佛山迎宾馆四星级饭店的客人结完账正准备离开，总台接到客人所住楼层服务员的电话，告之客人遗留了物品在客房，客人得知后返回楼层去取。客房实习服务员小张等候在电梯门口，看见客人回来马上迎上前去，把一个包装精美但已经开封的盒子双手递给客人，说道：“小姐，您留下的东西。”小张原以为客人会一脸感激并深切致谢，然而，恰恰相反，当客人细看之后，却不屑一顾地说：“这是我不要的东西，你还拿给我干什么？”说完头也不回地走了。小张呆呆地看看客人远去，一脸茫然……为什么小张“拾金不昧”的举动，反而遇到客人的冷遇呢？原来，客人在房间里遗留的是一盒吃剩的点心，客人嫌带着它走碍事，就把它留下。小张在查房时发现了它。盒子有着富有艺术感的精美包装，小张心想：这么好的东西为什么扔了？她认定是客人不小心留下的贵重物品，急忙拿起它告知客人。小张的本意是好的，但是，她一时的疏忽竟然忘了“可以对客人遗留物品进行例行检查和根据不同物品进行适当处理”的饭店管理条例，于是就导致了上面的一幕，使“好心”变成了“坏事”。

✍ 点评

一般来说，当服务员发现客人把物品遗留在客房里面，都应认真检查和判断是否为客人遗失的重要物品。而服务员小张只是根据物品的外观而加以判断，显然是受到了经验定势的影响，即认为客人没有扔进垃圾桶的物品就是有用的，所以在没有进行仔细检查的情况下，就确定该物品是客人丢失的。这不但浪费时间和劳动，还给客人留下不好的印象。由此可见，对客房拾遗物品的判断是处理客房拾遗物品的一个重要前提。饭店一般把有价值的物品定为客人遗留物品，如现金、珠宝、身份证件、具有价值的信函和物品、仪器零件和器材等，同时还必须注意物品的时效性，一般易腐烂、易变质、有使用限期的物品不列为客人遗留物品。

饭店的管理人员要有效地解决类似问题，可以从以下几方面入手。

① 建立完善的拾遗物品管理体制。良好的制度是管理资本，拾遗物品管理体制应包括一系列的制度规范，如失物判断规定、登记保管制度、失物交还规定等。同时，要建立完善的岗位责任制、确立归还负责制。一般饭店管理拾遗物品的归还部门是客房部，由客房服务中心或办公室负责处理并进行优质、高效的管理。客房服务中心要详细记录失物和客人遗留物品情况并给予复查。物品详细资料包括物品名称、拾获人姓名等。对遗留物品要注明房号、客人姓名、离店时间，方便日后查阅。

② 加强员工的素质培训。应对服务员进行有效的培训，让员工能够正确地判断哪些是客人的失物，哪些是客人丢弃的物品，从而提高工作效率；同时也加强员工的职业道德教育，防止客人失物被盗。

③ 借鉴国外先进的管理经验。在我国，一旦饭店发现客人遗留物，都要根据旅客登记所留下的地址，设法将遗留物品归还原主；如客人要求寄还，由客人支付邮资。如果遗留物主人不明，则告示招领，经招领一年后仍然无人认领的，则应当登记造册，并送当地公安机关按拾遗物品处理。然而，国外有些饭店就主张：除非客人前来认领或来信、来电寻找遗留物品，否则将不通知物主或主动寄还。他们认为客人对遗留在客房中的物品不来认领的，一般是扔掉不要的。这样做有一定的好处：一是替客人住店情况保密，二是减少饭店不必要的工作。

☞ 案例分析

客人要取遗留物

2003年夏某天下午，上海某旅游研究机构的刘先生与一位同事因组织一个全国性会议而入住山西太原一家大饭店808房间。由于代表报到踊跃，报名人数一再突破，使本已排满的客房压力骤增，于是几位会务人员决定采取“紧缩政策”，连夜搬出各自的标准房间，挤进一间套房凑合。由于当晚刘先生搬迁匆忙，把一双洗净的袜子遗留在客房卫生间里。第二天想起后，他便直奔808房取袜，正好房客不在，这样，就只好请服务员帮忙了。当然他知道，此时自己已失去该房主人的身份，要取回遗物并不那么简单，不过东西还是要取的。顺便也想体验一下服务员是如何处理这个特例的。

他找到楼层服务员，请她打开808房取件东西。只见她和颜悦色地点了点头，随即请他出示住房卡，他连忙向她解释了原委，说明自己是昨天曾入住的会务组工作人员，那姑娘表示知道这件事，接着她问清他要取的是晾在浴巾架上的一双灰色丝袜后，便爽快地把他领到808房门口。当她打开房门后，刘先生试着想跟她进房，立即被她礼貌地制止，请他在门外稍候。接着她只身进房，很快从卫生间拿出一双灰袜子，问他是不是这双，他一边称是，一边连声道谢。服务员将袜子交到刘先生手中，只是平静地说了声“不用谢”，随即出来关上门，道别后往服务台去了。

✍ 点评

山西这家大饭店的服务员体现了比较完美的客房服务水准。第一，服务员先请客人出示住房卡，以便确认其房主身份后再开门。第二，当她得知客人（会务人员）昨晚在客房遗留物品（普通的袜子）这一特殊情况后，并没有死抠住房卡不放，而是根据情况，站在客人的立场上，积极为客人排忧解难，去开门取物。第三，为了尊重客房主人，并保障他们的利益，服务员又很有原则地阻止了并非房主的客人进房。最后，当客人确认遗留物品后，她便果断地将物品归还客人，既及时满足了客人领回遗物的愿望，又符合饭店的有关规定。这样处理，每一个环节都合情合理而又无懈可击。当然，服务员也完全可以循规蹈矩，拒绝为刘先生开房取物，请他等候房主回来后再来取。这样处理原则上也没有错，既合乎饭店服务规范，客人也无话可说，但缺点是给取物客人带来了不便。相比之下，还是上述处理方法更好，因为它抓住了饭店规章制度的精神实质，根据具体情况做了灵活处理。服务员在确认了取物客人的身份，又判断其不可能为一双普通的袜子而“冒领”的情况下，亲自为客人开房取出遗留物，使其物归原主，这种做法是十分积极而稳妥的。

这家饭店清洁整理房间工作的缺点也是应该提出来的。一是晾在浴巾架上的灰色丝袜比较醒目，但由于清扫程序混乱或责任心不强，卫生班服务员却没有发现。二是领班是否查房或是否认真查房值得怀疑。一双位置明显且经过两次检查（服务员的自查和领班的检查）的袜子，是不应该继续晾在浴巾架上“迎接”新客人的。

7.3 其他事故的处理与防范

除火灾、盗窃，客房中还会发生许多意外事故。任何不安全的因素都应该加以重视，加以防范。

7.3.1 客人伤、病的处理

客人在饭店居留期间，身体可能会偶有不适或突发疾病。客房员工要能及时发现，及时汇报处理。一般性疾病，要帮请驻店医生，严重性疾病要派人派车将病人送往医院救治。另外，在客房的卫生间还设有紧急呼救按钮或紧急电话，也有供客人浴晕时用的紧急开门器等，以备突发性疾病发生时使用。

1. 一般性疾病

客人可能会偶感风寒或有其他小恙，服务员发现后可询问情况，帮助客人请驻店医生。在此后的几天中应多关心该客人，多送些开水，提醒客人按时服药。

2. 突发性疾病

突发性疾病包括心脑血管病、肠胃疾病、食物中毒等。对于突发性疾病，服务员要立即请医生来，同时报告管理人员。绝对不能自己擅作主张，救治病人，那样可能导致更严重的后果。在没有驻店医生的情况下，如果患者头脑尚清醒，请服务员帮助购药服用，服务员应婉言拒绝，劝客人立即到医院或请医生到饭店治疗，以免误诊。

客人病情严重，客房部要立即与同来的家属、同伴或随员联系。若客人独自住在饭店，客房部经理应立即报告在店经理或大堂副理，请饭店派车派人送客人去医院救治。必要时还要设法与客人公司或家属联系。对于突发性疾病的处理，应做详细的书面报告，说明发生的原因、处理经过及后续追踪的结果。

3. 传染性疾病

如果发现客人患的是传染性疾病，必须立即向饭店总经理（夜间是大堂值班经理）汇报，并向防疫卫生部门汇报，以便及时采取有效措施，防止疾病传播。对患者使用过的用具用品要严格消毒，并在客人离店后对房间、卫生间严格消毒。对接触过患者的服务人员，要在一定时间内进行体检，防止疾病扩散。

客房部是客人往来最频繁的地方，床单的清洁尤为重要，要勤换；卫生间的设施也是客人身体经常接触的部位，每次用房客人走后，要进行消毒处理，另外对房客的各个角落要定期喷洒杀虫剂防止病菌传播。

7.3.2 住客死亡的处理

住客死亡是指客人在住店期间因病死亡、意外事件死亡、自杀、他杀或其他原因不明的死亡。除前一种属正常死亡外，其他均为非正常死亡。

住客死亡多发生在客房。楼层服务员要提高警惕，发现客人或客房有异常时要多留心，及时报告管理人员。例如，客人连日沉默不语，客房长时间挂“请勿打扰”牌，房内有异常动静，访客离去后再不见客人出来，房内久无声响等。对于怀疑有自杀倾向的客人，尤其要多留意观察，要多接近，讲些开导的话。

（1）一旦发现客人在客房内死亡，应立即报告客房部经理、总经理、保安部等有关方面，双锁房门，由保安部报告公安机关并派人保护现场，等候调查。

（2）保持现场的净空，不可让闲杂人等进出，若有媒体人员欲进入亦应协助保安人员礼貌地拒绝其进入，或请公关人员协助处理后续相关事宜。

（3）如调查验尸，证实客人属正常死亡，经警方出具证明，由饭店通知死者家属并协助处理后事。

（4）如认定属于非正常死亡，饭店应积极协助调查。客房楼层服务员与客人接触相对最多，应密切配合调查取证，尽可能详细地提供线索，同时也要注意保密。这种事情扩散出去，不仅会使其他客人产生恐慌，影响饭店声誉，也会给侦破工作造成困难。

（5）客人遗留的财物，客房部要列明清单专人保管，待家属领取。公安机关因侦破需要带走的物品，也要有记录和经手人签字。

（6）待相关单位的检查及勘验工作完成后，应与家属协调，利用夜晚后门进出，以免惊动其他客人或员工。

（7）因病抢救无效死亡的，可由在场医生出具证明。

（8）发生事故的房间事后应进行消毒，并将该房客所使用的物品全部报请销毁。

（9）整体事件处理后，应由客房部记录并将所有经过及处理的结果报告总经理。

7.3.3 住客醉酒的处理

饭店经常发生客人饮酒过量现象，此时客人处于不能自控状态，处理起来要格外谨慎。

（1）对醉酒轻的客人，可婉言劝导，安置其回房休息。

（2）对醉酒重不听劝导的客人，要协助保安人员将其制服，送回客房，以免其扰乱其他住客或伤害自己。

（3）对醉酒客人的房间要特别注意观察，防止客人在失去理智时破坏房间设备或因吸烟引起火灾。

（4）若服务员在楼层走廊遇见醉酒客人，不要单独扶其进房甚至为其宽衣休息，以免客人酒醒后发生不必要的误会。

（5）醉酒客人如有召唤，服务员应与值班主管一同前往，女服务员应避免独自进入客房服务，以免发生意外事件。

（6）醉酒客人如果再度饮酒或大声吵闹，服务员应婉言规劝，以避免影响其他客人。

☞ 案例分析

酒醉耍无赖

一天，一位客人住进饭店802房，我和小刘当班。客人看上去30多岁，喝得醉醺醺的，在走廊橘黄色的灯光下，可以看到他面色通红、额上几根被酒力所激发的青筋在凸动。

“靓女，拿酒水来。”客人冲着我们大喊，并斜着眼看着我旁边的小刘。我看到客人一脸醉相，还如此贪杯，真为小刘担心。小刘答应一声，跟服务中心联系，拿了一瓶酒，这时，小刘要求我跟她同去 802 房，谁想到刚进客人房间，客人却指着我说：“你进来干什么？我只要她送酒，你出去！”我一愣，随即明白，便退回在门口等小刘。我看到小刘小心翼翼地走到客人的旁边，将酒放下，正想抽身离去，不想客人却一拍桌子道：“靓女，你怎么啦？还不快为我斟酒！”小刘十分戒备地、小心翼翼地对客人劝道：“先生，请你不要多喝了，过量会醉酒伤身的，是不是？……”客人瞪着眼说：“什么酒醉，什么伤身？我没醉，再来两瓶也不会醉。”小刘吓得倒退半步，她仿佛感觉到，客人的脸不仅是红色的，而且红得发紫，非常触目。客人看小刘亭亭玉立、洋溢着女性的青春和魅力，便一手拿过酒，身体向前一倾，一把将小刘拉过来，并揽住她的腰说：“小姐，你真美，陪我喝酒吧。”刹那间，小刘大惊失色，我马上对着对讲机喊：“张领班，听没听到？请您带保安员到 802 房。”我随即冲入房间，客人见到我，便喊：“你进来干什么？出去！”我急中生智，忙对客人说：“先生，您酒杯里怎么有些会动的东西？好像有虫子掉进去似的。”客人心里一惊，马上往酒杯望，挽住小刘腰的手自然松了。我赶紧用力拉小刘挣脱客人的手起身，并说道：“真对不起！我们还要招呼其他客人呢。”

这时，张领班和保安员已来到 802 房。如果不是我灵活地拉小刘挣脱出来，他们也会采取行动的。客人嘴里仍叫着：“靓女，你别走，别耍我，我要你陪我喝酒。”张领班见状，火气上升，真想扑上去狠狠地揍这家伙一顿，但想到自己的职责，想到无谓冲动会造成不堪设想的结果，便耐着性上前对他说：“先生，您需要些什么？”客人说：“你别管，我只要她陪我。”张领班没有责怪他，极力沉着地说：“先生，您累了，先安静地休息一下，我们给您倒杯水来。”他立即用眼神示意我去“拿水”。我给客人送上一杯可以醒酒的“果汁”，哄他喝下去。客人喝了果汁后，逐渐感觉舒服一点，就叫我们出去了。

✍点评

① 一个“酒鬼”独自来开房，拼命酗酒，且情绪非常低落。在这种状态下的客人，最容易失态和发怒，也容易出现酒醉失控，因而导致了本案例中“酒鬼”揽住服务员的腰等极端状态的发生……如果客人与服务员失去理智，都不愿意去理解对方，发生冲突的可能性就会大大增加。对这起突然发生的事件，服务员小刘和我都比较沉着，采用“冷却”处理法，用“哄”、“稳”的办法使客人安静下来，使客人免受进一步“刺激”，从而使事端得到了化解。当然，这也要看具体情况发生变化的程度而论，如果不是我设法让小刘挣脱客人，饭店的其他人员或保安也要防范及协助处理的。饭店如遇借酒醉打人或有拿出凶器者，保安和员工应该特别警惕，实施必要的自卫；可能的话，应在不伤害客人的情况下将其制服。若情况更加恶劣的话，还可以报警处理。

② 本案例中的酒醉客人可以说是神经失控。有此症的客人，具有敏感、易变等不完整

的人格，他们有这样几种情感：厌倦的、脾气乖戾的；急躁的、大惊小怪的；兴奋的、易激动的；无礼的、事必挑剔的；敏感的、难以预测的。这类客人最难服务，对饭店员工是最大的挑战，这些客人会要求服务员提供热情满意的服务，或对服务员有过分的要求，甚至蛮横无理。若双方不能相互理解时，矛盾冲突或纠纷就可能发生了。这就需要客房服务人员努力做到尊重和理解对方。当然，失控型的客人，通常情况下的比例较小，但随着社会的发展，生活节奏日益加快，外在压力的增大，人们体验的失败感越来越多，导致神经失控的客人有增加的趋势。从旅游饭店业的角度来说，没有选择客人的权利，必须用积极的态度、较强的心理素质去对待各种各样的客人，化解各式各样的“无理取闹”。若能做到这点，也算是达到一种至高服务的境界。

☞ 案例分析

深夜醉倒的客人

凌晨2点，南京某宾馆的电梯在5层停住。“丁东”一声电梯门开了，一位客人踉跄而出，喃喃自语：“我喝得好痛快啊！”口里喷出一股浓烈的酒气。这时保安员小丁巡楼恰好走近5楼电梯口。见到客人的模样，断定是喝醉了。连忙跑上去扶住他，问道：“先生，您住在哪间房？”客人神志还算清醒，他轻轻地摇摇自己的左手，小丁会意。便细看客人的左手，发现一块517房的钥匙牌。小丁一步一步把客人搀进房间扶他躺在床上，又泡了一杯醒酒茶，然后将衬有塑料袋的清洁桶放在客人床头旁。这时，客人开始呻吟起来，小丁一面赶紧把客人稍稍扶起，将沏好的茶水端到他嘴边，一面安慰说：“您没事的，渴完茶躺下歇歇就会好的。”随后他又到洗手间拿来一块湿毛巾敷在客人额头上，说道：“您躺一会儿，我马上就来。”

不一会儿，小丁取来一些用湿毛巾裹着的冰块，换下客人额上的湿毛巾。突然，“哇”的一声，客人开始呕吐了。说时迟，那时快，早已有准备的小丁迅速拿起清洁桶接住。等醉客痛快地吐完后，又轻轻托起他的下颚，用湿毛巾擦去其嘴边的脏物。此后，小丁静静地观察了一会儿，发现客人脸色渐渐转红，就对他说：“您好多了，好好睡上一觉，明天就能复原了。”他边说边帮客人盖好被子，在床头柜上留下一杯开水和一条湿毛巾，又补充一句：“您若需要帮助，请拨9，这是楼层服务台的电话。”然后他调节好空调，换上新的垃圾袋，轻轻关上门离开房间。

小丁找到楼层值班服务员，告知醉客的情况，并请她每过10分钟到517房去听听动静。天亮时，辛劳值勤一夜的小丁眯着熬红的双眼又来了解情况，得知醉客安然无恙才放下心来。最后他又请值班服务员在交接班记事本上写下：“昨夜517房客醉酒，请特别关照！”

✍点评

客人醉酒是饭店经常遇到的事。保障醉客的安全是饭店保安人员的神圣职责。宾馆保安员小丁突然遇到客人酒醉，能及时给予保护，这种急客人所急的高度责任心值得赞扬。要保护好客人，保安人员必须具备娴熟的服务技巧，才能在紧要关头临危不乱、救护有方。小丁突遇醉客，不是推给楼层服务员了事，而是沉着镇定，独立实施救护，达到最佳效果。这说明他平时训练有素。"帮人帮到底"，小丁将醉客安顿妥当后，交代值班服务员继续定时观察，天亮后又亲自跟踪了解，并叮嘱接班服务员"特别关照"。这种极端认真的服务态度、严谨过细的工作作风，尤为难能可贵。

7.3.4 侵犯骚扰事件的处理

侵犯骚扰事件最近几年在饭店时有发生，多发生在客房部，这些人往往以住店客人的名义进入饭店，所以管理起来难度较大。对于这种情况可采用一些灵活方法进行防范，如对这类客人，服务员或保安人员可进行暗中监视，随时取得联系。当这类人来访时，对其进行监控，一旦暴露，可将其驱出饭店。要经常与公安部门取得联系，记忆这类人员的照片，以便及时将其认出，送交公安机关。

7.3.5 意外事故的防范

由于设施设备老化维修不及时或违反常规操作等原因也经常导致客人或工作人员受伤，因此对意外事故也要加以防范。

茶杯酒具及玻璃、镜子在被损后，要及时更换，以免使客人受伤。地毯要铺平整，电线不要露在明处，卫生间地面要设有防漏措施，通道、楼梯要有照明设备，以免损伤客人，设备用品安装摆放要牢固，以免砸伤客人。

因此，要求客房服务人员要有责任心，要增强安全意识，把一切不安全因素消灭在萌芽之中。

☞ 案例分析

突遇梦游客人

上海某饭店坐落在蜚声中外的黄浦江畔，外滩的秀美景色坐在房间里便可尽收眼底。正是因为它那令人羡慕的地理位置，再加上 40 多年的管理经验。饭店客房出租率常年保持在很高的水准上。

2003 年初夏的一天，该饭店客房爆满。深夜，6 楼服务员小徐根据规程在楼层巡视。忽见 608 房门慢慢打开。一位身穿睡衣的中年人，赤着脚，两眼紧闭，双手摸着墙一步一步地朝前缓慢地移动着。看到客人这副模样，小徐感到诧异。他清楚地记得，608 房里住的是一位日本来的电气工程师。正欲上前询问，脑中却突然冒出一个念头：客人莫不是梦游病患者？小徐懂得，梦游症病人不能受惊吓，于是赶紧用楼层电话报告夜班经理，接着又蹑手蹑脚地紧随在电气工程师的后面，以防万一发生危险时能及时提供帮助。日本客人全然不知后面有人跟着，仍以很慢的速度挪动着脚步，其形态与盲人无异。一个楼层才几十米长，客人足足走了 30 分钟，小徐整整尾随了半个小时。直到客人走完一圈后又摸进 608 房，他才轻轻关好房门，放心地回到值班台。“他还会出来吗?”小徐对此心有余悸，不敢怠慢，因此整个夜班目光都没有离开过 608 号的房门。第二天早上。小徐换班时把 608 房的情况转告给了下一班服务员。

✍ 点评

本案例中饭店客房服务员小徐出于对客人安全的责任感，辛苦了整整一个晚上，这一点是很值得饭店同行学习的。饭店好似一个小社会，什么事情都可能发生。每一名员工随时随地都必须有真正把客人当做“上帝”的意识。并随时随地把保证“上帝”的安全作为自己的天职。小徐发现日本客人突发梦游症时，首先报告给夜班经理，这是极为必要的。不然的话，万一发生意外情况，他一个人无论如何是应付不过来的，从这一点可以看出小徐是一个比较细心的服务员。

当他发现客人在梦游时，能够镇静自如地跟随在病人后面整整半个小时，整个夜班都关注着 608 房间客人的动静，而且下班时又把情况转告给下一班的楼层服务员。这些都充分表现了他为客人服务的高度责任心，同时也显示出他的应变能力。这种能力主要是通过实践获得的，而不是课堂上学得的。由此可见，服务员学会自我总结和自我提高的本领是非常必要的。正是由于小徐知道梦游症病人的表现和注意事项，才能恰到好处地看护好这位客人。所以，饭店员工学习掌握比较丰富的有关知识也是非常必要的。

思考题

1. 客房安全工作的基本原则是什么？
2. 客房内如何防止偷盗事件的发生？
3. 客人离店后，服务员在查房时发现客房内少了一条毛巾，应如何处理？
4. 如何预防火灾的发生？
5. 灭火的方法和灭火器主要有哪些？
6. 对醉酒客人应如何处理？

第8章 客房部人力资源管理

学习目标

◎ 认识客房部人力资源管理的重要性。
◎ 熟悉客房部人力资源管理的特点。
◎ 明确客房部人力资源管理的任务。
◎ 熟悉员工招聘的渠道和优缺点。
◎ 认识员工培训的重要性，掌握员工培训的原则、类型和方法。
◎ 了解客房部工作评估的方法。

8.1 客房部人力资源管理概述

饭店的创新和发展，人的素质是关键。对于中国的饭店业来说，人文环境比设备更重要，树立理性、客观、辩证的精神支柱和进行创造性的思维变革是一种最大的挑战。只有当饭店管理者具有较高的品质和知识素养，并进行不断的素质积累时，员工才能被其卓越超群的组织能力和富有创意的经营理念所感染、吸引，同时也不断加强自身的素质积累，成为一种适应时代发展要求的“学习型员工”，这样饭店的整体运行能力和国际竞争能力就能不断提高，并实现由经验管理到知识管理、创新管理的转变。人力资源是饭店最基本、最重要、最宝贵的资源。只有人才能使用和控制饭店的物资、资金、信息等资源，从而形成饭店的接待能力，实现饭店的预期目标。因此，人力资源管理不仅是人力资源部门的工作，也是客房部管理中最基础、最重要的任务之一。

8.1.1 人力资源管理与人事管理的区别

人力资源管理是组织为获取、开发、维护有效的人力资源所采取的人力资源需求计划、招聘挑选、绩效评价、薪酬管理、在职培训等一系列管理活动的总称。人力资源管理是管理过程中的重要环节（见图8-1）。人力资源管理的基本职责是当组织需要的时候，及时提供合适的人员。

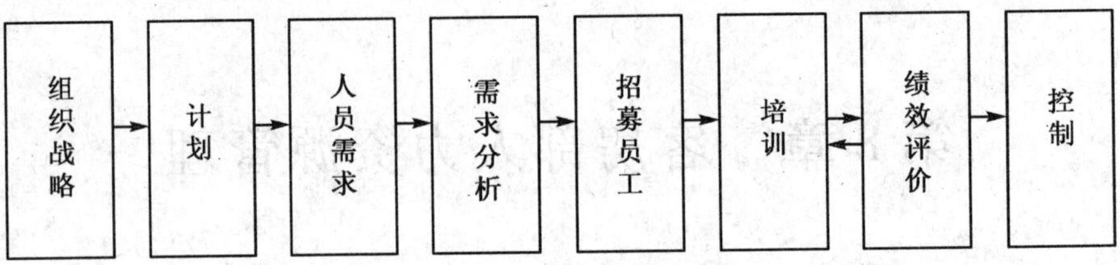

图 8－1　人力资源管理在管理过程中的地位

近些年来，人力资源管理受到人们的普遍重视，原因主要有两个方面。第一，竞争变得越来越激烈。在全球经济体系中，很多企业因人力成本低而具有很强的竞争优势，人力成本高的企业必须设法通过拥有高技能的人力资源来增强经营绩效，在竞争中占据主动。第二，随着社会的发展和人们生活质量的提高，有关劳动保护等方面的法律建设将越来越健全，组织再不能走扩大劳动强度、延长工作时间的道路，只能设法挖掘和开发人力资源的潜力。第三，技术的发展使得组织工作所需的技能水平越来越高。组织必须设法改进现有员工的技能水平以适应工作的需要。第四，与企业其他资源相比，人力资源具有特殊性，主要表现在组织对人力资源并不拥有所有权。在人才市场日趋繁荣，人员流动日趋频繁的今天，如何吸引并留住高质量的人才，是任何组织必须予以高度重视的问题。

表面上看，人力资源管理与以往的人事工作没有什么区别，因为二者都是对人员实施管理。实际上，不管从工作范围还是工作原则思想，人力资源管理都比人事工作宽泛得多。人力资源管理与人事工作的区别见表 8－1。

表 8－1　人力资源管理与人事工作的区别

具体细节	人事管理	人力资源管理
雇佣合约	主要强调雇佣合约	超越合约的范畴
条例	清楚列明	不需要太多的条例
管理工作指针	程序	经营需要
管理工作重点	控制	开发与培养
主要负责人	人事经理	总经理
工作分类/等级	多	少
工作设计	分工精细	团队作业
训练与发展	设计培训课程	学习型组织
薪酬	依据工作评价，固定职级	与工作绩效挂钩

（资料来源：饶美蛟，刘忠明．管理学新论．香港：商务印书馆，1996，289）

（1）人力资源管理是把人力当做一种资源来进行有效开发、合理配置、充分利用和科学管理的制度、法令、程序和方法的总和。

（2）传统的人事管理主要存在于雇佣关系从发生到结束的运动过程，例如人员的招聘、录用、委任考核、奖惩、职务升降、工资福利待遇、申诉控告、辞职、辞退、解雇、退休等。

（3）人力资源管理不仅涵盖传统人事管理的内容，而且注重发挥人力资源现有才能并开发人的潜力，把上层精英、中层管理者和基层员工都当做宝贵的资源加以培训开发，故它具有明显的全方位性和综合性。

（4）在工作性质上，传统的人事管理基本上等同于行政事务性工作，属短期导向；而人力资源管理重视对人的创造力、智慧潜力的开发和发挥，长期培养人才并参与高层决策。

（5）在企业性质上，传统的人事管理活动是技术含量低、低档的、谁都可胜任的文职工作；而人力资源管理是直接参与企业的决策，并具有较强的领导组织能力。

8.1.2　客房部人力资源管理的重要性

客房部的人力资源管理，就是运用科学的方法，合理选用、培训员工，不断提高员工素质，有效利用员工的聪明才智，不断提高客房部的劳动效率。它不仅影响到客房部的经营效益，更关系到客房部员工队伍素质的提高与饭店的发展。

（1）有利于提高劳动效率。客房工作效率的高低取决于多种因素，如客房物资设备、技术水平、客流量等。但在技术和设备一定的条件下，决定性因素则是对人力资源合理的组织与管理、合理地组织客房服务员的工作，以充分发挥人力资源的作用，做到用人少、办事快、效率高，保证客房各项工作任务的顺利完成。

（2）有利于提高客房服务质量。在客房工作中，活劳动消耗是主要的，劳动力的合理调配对提高客房服务质量起着重要作用。进行科学的劳动管理，就抓住了这一中心环节，可以有效地提高服务质量。

（3）有利于降低经营成本。客房成本是客房经营活动中消耗物资设备和活劳动的货币表现。客房成本的高低取决于物资设备及劳动力的利用。因此，进行科学的劳动管理，可以提高设备的利用率，降低人力消耗，从而降低客房的成本费用，增加利润。

8.1.3　客房部人力资源管理的特点

客房服务是为宾客提供住宿所付出的劳动。如果没有客房服务，客房的经营活动就无法正常进行，客房的各种物资设备和生活用品也不能成为宾客的消费对象，客房的价值就无法实现。

（1）客房服务是直接面对人的服务。客房服务过程中不仅有物质要素（客房各种物资设备和生活用品等），而且必须要有服务对象——宾客这个因素，这是客房服务工作与一般企业劳动的根本区别，它决定客房劳动的存在和发展。一方面，从服务对象来看，饭店接待的对象有本国公民、外国旅游者、华侨、港澳台同胞，宾客来自不同国家，不同地区，风俗习惯、生活需求差异性很大，客房服务必须根据宾客的心理特点来组织工作。另一方面，从客房部人员来看，员工的个性、习惯、爱好、兴趣等千差万别，通过培训和教育，使员工在工作中要能够善解人意，用诚意感动宾客，用细致周到、彬彬有礼的服务赢得宾客。

（2）客房劳动量受客房出租率的影响。客房劳动量取决于客房出租率的高低，而客房的出租率并不完全由饭店决定，它还受旅游业发展水平和季节波动性等各种因素的影响。虽然客流量有一定规律，但很不均衡，旺季宾客显著增加，淡季宾客明显减少。因此，表现在客房服务上就是忙闲不均，客房出租率高时，工作量可能会成倍增加；而客房出租率较低时，工作量会大幅减少，但房间仍然需要布置清扫，家具物品仍然需要维修保养，有时甚至经过多次服务还不能出租，这就决定了客房服务还有一定比例的无效劳动。

（3）客房劳动的标准化和程序化。客房劳动依据不同饭店客房服务质量标准，制定有关数量、质量、时间、服务态度等详细、具体、统一的要求，如录用员工标准、服务质量标准等。同时，客房劳动的阶段性，规定了客房工作各阶段的先后顺序及每个阶段的工作内容，要达到的标准、责任者和完成的时间。程序化能够使客房服务井然有序，各环节协调配合、紧密衔接，并保证饭店正常运转和经营目标的实现。

8.1.4 客房部人力资源管理的任务

（1）合理安排和配备劳动力。客房部要分析客房劳动力和物质要素的结合状况，合理制定工作定额，编制定员，科学合理地配置劳动力，改善劳动组织结构，挖掘劳动潜力，贯彻定额定员管理，提高劳动效益，降低劳动消耗，提供优质服务。

（2）正确处理劳动人事关系。饭店是一个劳动密集型企业，人力资源管理直接面对着个性千差万别的员工，要正确认识员工，尊重员工的劳动成果，对员工进行热爱本职工作及遵纪守法的教育。制定各种业务操作规程，贯彻执行以经济责任制、岗位责任制为中心的各项劳动制度，关心员工生活，加强劳动保护，防止事故发生，增强员工的安全感。

（3）加强员工教育培训。组织员工学习饭店服务技能和管理知识，学习旅游知识和外语知识，努力提高员工业务技术水平，不断提高员工整体素质，以适应饭店业发展的需要。

（4）合理分配劳动报酬。加强对员工的日常考核工作，按照员工的工作情况和贡献大小，决定员工劳动报酬，贯彻按劳分配制度。

要完成上述客房人力资源管理任务，必须坚持知人善任、人尽其才的原则。充分利用各种管理手段，挖掘员工的工作潜能。这就要求管理者必须公平合理地分配工作，发出明确的指示，对员工的工作成绩要有正确的评价。在平时检查督导过程中，要制定一贯的工作标准，以诚恳的态度倾听下属员工的建议或投诉，对员工要有深刻的了解，善于发现他们各自的长处并不断进行有效的激励。

8.2 客房部员工招聘

招聘工作是饭店获得人力资源的基本方式，其核心任务是为组织目标的达成做好人力资源的准备。当把招聘活动上升到战略的高度时，那么，无论是通过内部晋升，还是从外部来源获得，招聘工作都具有了更广泛的意义。在这种情况下，招聘已经不再是一种简单的部门活动，它包括了更多的内容和思想。

8.2.1 招聘理念

招聘理念是在招聘活动中表现出来的一种思想倾向，包括内部招聘和外部招聘、填补空缺和为工作而招聘等。招聘理念是指导招聘工作的基本原则。虽然招聘理念是较为抽象的概念，但仍然可以从一些活动中体现出来。

1. 内部招聘

内部招聘和外部招聘是饭店获得人力资源的两条途径。有些饭店倾向于内部招聘，而外部招聘则成为另外一些饭店的主要途径。采取内部招聘还是外部招聘要根据饭店的具体情况，二者各有优缺点。

1）内部招聘的优点

① 健全完善内部的竞争机制。客房部所有员工都知道通过自己的辛勤努力，一定可以获得晋升，那么就会产生强烈的竞争意识。

② 调动员工的积极性。内部招聘政策会对员工产生极大的激励作用，他们会积极地充实自己，去适应工作的要求。

③ 申请人熟悉情况，能尽快进入角色。因为申请人来自饭店内部，他们对饭店的特点、文化都非常熟悉，获得晋升后，能够很快地进入工作角色。

④ 节省评价费用。与外部申请人相比，饭店对内部申请人的了解显然要多一些，因此可以免去许多用来评价申请人的活动。

⑤ 保持饭店政策的连续执行。饭店在稳定发展时期，特别需要政策的一贯执行。内部的申请人由于对饭店活动有着较为深刻的了解，便于保持政策的一贯性。

2）内部招聘的缺点

① 很难摆脱原有各种关系的制约。错综复杂的各种关系，尤其是在一些规模较大的饭店，往往会制约工作的开展。

② 不能接受外界的经营思想，缺乏创新意识。员工会排挤来自外部的人员及思想。整

个组织由于得不到新鲜的思想，因而缺乏创新意识。

③ 容易出现论资排辈的现象。如果员工认为只要自己的年资积累到一定程度自然就会得到晋升，那么饭店内部就会出现论资排辈的情况。这样员工的思想消极，工作效率低下。

④ 瘸子效应。随着饭店规模的扩大，客观上要求有更高水平的人员来经营饭店，如果现有的人力资源状况无法达到要求的水平，此时如果饭店还执行内部招聘政策，员工能力同工作要求的差距越来越大，饭店就无法正常经营。

2. 外部招聘

1）外部招聘的优点

① 能够接受外部新的思想，调整饭店的知识结构，增强创新能力。外部招聘所获得的人员往往会带来新的知识、新的处理工作的方法。这将在一定程度上会对现在的、想当然的方法提出一些改进意见，为整个组织注入活力。

② 节省培训费用。由于外部招聘倾向于有相关经验的申请人，这些申请人只需要一个简单的上岗培训，就能很快适应工作。而内部招聘则需要对候选人进行长期的培养，有时成本是极高的。

③ 外部招聘政策能够给饭店内部造成竞争压力。目前的竞争上岗就是为了给内部人员造成就业压力。当员工意识到来自外部的压力很强烈时，就会努力表现，这也是外部招聘的波及效果。

2）外部招聘的缺点

① 招聘的费用偏高。尤其是对那些职位较高的人员，招聘往往要通过职业介绍所或猎头公司，这时的费用是很高的。

② 外聘人员缺乏对饭店的忠诚。由于外聘人员认为自己同饭店仅仅是雇佣关系而已，因此这类人员的流动性也相对较高。

③ 进入角色的时间较长。对一种文化的适应需要很长一段时间，因此外聘人员往往很难同整个组织融为一体，真正进入角色的时间也就延长了。

3. 填补空缺与为工作招聘

填补空缺和为工作招聘是两种截然不同的思想。只有当饭店内部出现诸如员工的意外死亡、突然离开或退休时，饭店内出现职位空缺，才开始考虑招聘。这种思想显然单纯是为了填补工作空缺。而为工作招聘，则是饭店不断考察工作与现有工作者之间是否匹配，如果现有工作者的能力水平已不能满足工作的要求，虽然他还没有到退休的年龄，但饭店从人与工作相匹配的角度考虑，会招聘更适合的人选。如果说填补空缺的思想导致被动，那么为工作招聘则是一个主动、连续的过程。人力资源部门应不断对工作进行分析，对人与工作的适应性进行考察，并随时提出招聘建议。

此外，在招聘中，很多饭店为了能够吸引申请人，在招聘材料中倾向于夸大其词，例如夸大饭店实际状况，许下无法实现的诺言等。也确有许多申请人为其所吸引，待进入饭店后，发现理想与现实差距太大，无法安心工作。这实际上涉及另一种招聘理念，即招聘中的伦理。招聘的目的是为饭店招聘到高质量的人才，因此必须注意招聘的道德和规范，坦诚地对待每一位申请人，以此来换取申请人对饭店的信任及新招聘到的员工与饭店的长期合作。目前，有些饭店已经开始改变了过去的观念，向申请人现实地展示工作环境。

8.2.2　招聘的过程和方法

1. 招聘与应聘双方对招聘过程的理解

作为招聘方的组织和作为应聘方的申请人对招聘过程的认识不尽相同，如图 8－2 所示。

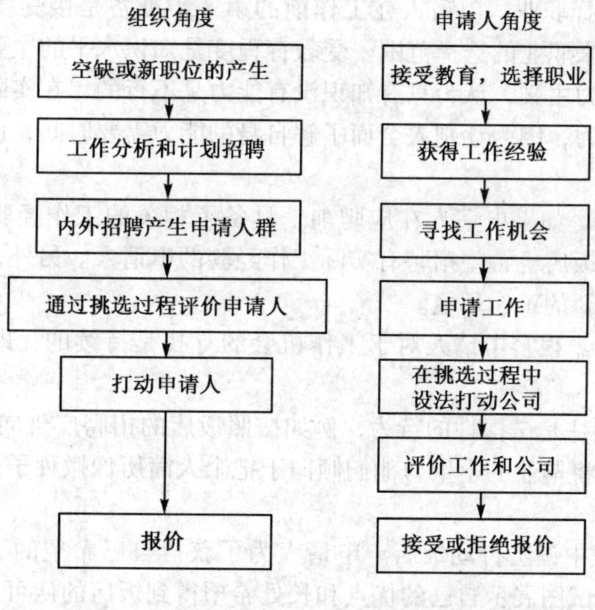

图 8－2　组织和申请人两方面对招聘过程的看法

1）从组织角度看

（1）空缺或新职位的产生。组织由于人员流动，包括组织内部的流动、向外部流动及人员的退休等情况，会在组织内产生空缺。而饭店组织结构的变化，又会产生新的职位。空缺或新职位成为组织招聘的原因。

（2）工作分析和计划招聘。组织必须对要招聘的人员有一个要求，这个要求主要是工作要求，包括对申请人的知识、能力、技能的要求。否则，招聘目标的不明晰会引来大量的申请人而增加工作负担，也得不到所需要的人员。这就要求饭店在招聘前，一定要做好工作分析，对要招聘的人员有明确的认识。在工作分析的基础上，饭店还要计划整个招聘工作，使招聘有条不紊地进行。

(3) 内外招聘产生申请人群。招聘的来源有两个：一个是通过饭店内部晋升或调动，另一个是饭店外部。有些饭店往往是只采用一个渠道，结果造成申请人总是不完善。

(4) 通过挑选过程评价申请人。内外招聘产生的申请人往往会超过饭店的实际需要量，为了更好地掌握申请人的情况，饭店还要通过各种方式对申请人做出评价。

(5) 打动申请人。对于满意的申请人，饭店自然要千方百计获得。在招聘过程中，饭店会通过可视、可读的材料来吸引申请人，使他们对饭店产生兴趣，觉得在饭店工作非常有挑战性，机会很多等。

(6) 报价。饭店对自己满意的员工进行综合衡量后，提出一个综合的报价，往往包括工资等级、福利待遇等，这也是饭店认可的申请人价值的体现。

2) 从申请人角度来看

(1) 接受教育，选择职业。申请人在工作前的第一步准备是接受教育，而且教育程度在很大程度上决定了未来职业的选择范围。受教育程度是知识水平的主要决定因素。在过去一段时间，人们大谈能力主义，认为只有知识没有能力是不行的。在实际招聘中，申请人不可能充分展示自己的能力，因为让别人全面了解自身的能力需要时间，而招聘中的毕业证书则是可以具体可衡量的。

(2) 获得工作经验。如果申请人在应聘前，具备了相关的工作经验，那么应聘时就占据了很大的主动。许多饭店也希望招聘有实际工作经验的申请人。另外，有一定工作经验的申请人能够很快地适应新的工作环境。

(3) 寻找工作机会。很多申请人对于工作机会的寻找是持续的，即他们总希望有更好的就业和工作可能。

(4) 申请工作。往往是试探性的行为，例如按照饭店的招聘广告向饭店提供个人简历。申请人，尤其是大学即将毕业的学生，他们倾向于把个人简历像撒种子一样寄给各个可能的企业，提出工作申请。

(5) 在被挑选过程中设法打动饭店。申请人为了获得自己希望的工作，在饭店对申请人的挑选过程中，总是试图展示自己的优点和长处希望得到饭店的认可。

(6) 评价工作和饭店。这种评价往往发生在申请人已经得到饭店的认可后，在挑选过程中，通过与招聘人员的接触，对饭店也有了更进一步的了解，申请人将同时申请的几家饭店做一比较，或是将其与现有的工作比较。

(7) 接受或拒绝报价。当饭店表示了对申请人的兴趣后，主动权就转移到了申请人这边。申请人会通过对各种因素的衡量，做出最后的决定。

2. 招聘的方法

了解了招聘过程之后，要考虑用什么方法进行招聘。招聘分为内部招聘和外部招聘。在招聘方法的选择上，应根据这两种不同来源设计专门的方法。

1）内部招聘的方法

目前内部招聘主要采用的方法是工作竞标法。这种方法是把要招聘的岗位以及能力要求登在布告栏或内部的刊物上，员工在得到招聘信息后，通过对自己能力的衡量，提出应聘要求。这是一种非常公开、公正的方法。员工比照招聘标准，发现自己的不足，从而不断丰富自己，为未来的机会做准备。如果饭店内部能够形成这样一种氛围，那么内部招聘活动所期望的激励作用就达到了。

☞ 案例分析

不适应的晋升

小李大学毕业后就应招到了一家三星级酒店工作，这两年里他在工作上勤勤恳恳，曾做过客房服务员和领班，现在做客房主管。这些不同的职务不仅让他对客房部的各项业务有所了解，也使他进步非常快。他在和其他员工接触时并没有自认清高，而是平易待人，员工们非常喜欢和他交往。客房部经理也很欣赏他的才干。周末下午 4 点左右，客房部经理请小李到办公室并告诉他说：“我已经接到通知被安排到另一家酒店工作，酒店决定由你来接替我的位置。”这件事令小李感到意外。客房部经理简单地把工作的大概情况向小李做了介绍，并反复强调，他相信小李的工作能力，还告诉小李，新的岗位肯定需要他付出更多的精力，可他的报酬也会随之增加。小李说：“我非常喜欢现在的工作，而且我也特别感谢您和酒店为我所做的一切，可是我担心，一旦我接受了客房部经理这个职务，不知道自己能不能承担这份责任。”

小李委婉地对客房部经理说出自己不大想做客房经理的想法，听了他的话，客房部经理皱起了眉头，明显有些不高兴，他直截了当地问到：“你该不是告诉我，你不想做吧？”小李觉察到，他与客房部经理的谈话要陷入僵局。客房部经理的反问使他有些害怕，担心他得出的结论会对自己不利。小李对客房部经理说：“我们可不可以下周见面时再详细谈这个问题”。一听到小李这样说，客房部经理觉得小李并不想拒绝这次提升。就这样，他们约定星期一的早晨在客房部经理办公室见面详谈此事。

✍ 点评

在本案例中主要存在三个方面的问题。一是晋升管理制度的不合理。这次晋升可以说是客房部经理自己一手操办的，就连被晋升的小李都一直被蒙在鼓里。客房部经理只注重小李的工作能力，而忽略了他是否喜欢这份工作。这种管理方法可能会使员工“机器化”、“零件化”。人只有在做自己喜欢做的事情时，才会有最大的主观能动性；只有工作适合员工的个性素质时，才有可能充分发挥个人所具备的才能。另外，这种非正规的晋升过程缺乏透明度，员工无法得知有关晋升的情况，工作绩效和晋升的关系被卡断，晋升作为一种激励的效用就大大降低了。二是上下级之间缺乏沟通。客房部经理如果在提升前先与小李进行一次深入的交谈，把自己希望提升他的想法、观点和感受传达给小李。另外，应认真倾听小李对这次提升的看法，了解所存在的问题，然后可以通过协商的方法来解决问题。

三是会造成上下级关系紧张。如果小李马上回绝对自己的提升，这将激起客房部经理对小李的不满，激化双方的矛盾。小李也会被认为是一个不求上进的员工，这会对他以后的工作和晋升机会留下阴影。这种不合理的晋升也使酒店存在着人才流失的危机，因为有才干的员工有许多选择的机会。

那么酒店在晋升管理方面应当怎样做到才尽其用呢？从员工的角度看，绝大部分的员工都渴望有晋升的机会，因为晋升是自我价值实现的一部分。再者，较高的职位往往意味着较重的责任，较大的工作权力，较多的工作自由和较好的福利待遇，以及更大限度施展自己才华的舞台。从晋升对员工的作用我们可以看出，晋升制度是酒店激励员工的重要手段。公平合理的晋升才会对员工起到激励作用，否则会适得其反。所以，酒店对人员进行提升时，应注意遵循内部晋升的一些原则。

(1) 唯才是用。被晋升人员具有一定的管理才能，比其在原有岗位能够发挥更大的作用。

(2) 被提升的人能够令大部分员工心服口服，能调动大部分员工的积极性。

(3) 有利于提高工作效率。

(4) 应建立一种新的晋升管理制度——“自我申告制度”，即让员工用一定的方式，把自己对工作的希望向酒店的人事部门申报的一种制度。自我申告制度对酒店至少有如下好处：

① 了解员工本人对工作的自我感觉和意见要求，作为晋升的参考，尤其对工作适应性问题，个人申告有很大的参考价值；

② 自我申告制度创造了一条上下级之间相互交流的渠道，更有利于促进集体的协作配合；自我申告中的上下级面谈可以在日常任何时候进行，不受限制；

③ 自我申告制度为酒店业的人才能力开发提供了素材，它能使员工意识到个人所具有的工作自主性和酒店主人翁地位。

(本案例摘自：严金明，徐文苑．旅游与酒店管理案例．北京：北京交通大学出版社，2004)

2) 外部招聘的方法

根据外部来源的不同，外部招聘的方法主要有以下几种。

(1) 报纸广告。据调查，国外的报纸招聘广告已占所登广告数量的1/4。在我国的新闻媒体中，人才招聘广告也开始占有越来越多的份额，而且这种招聘形式也是效果最好的一类。在利用报纸广告进行招聘时，需要注意报纸的读者群、报纸的覆盖面、报纸广告的投入产出率等因素。

（2）职业介绍所。20世纪80年代初期，我国恢复建立了职业介绍制度。目前我国职业介绍机构和队伍已经初具规模。到1996年，我国已拥有各种职业介绍机构3万多家，其中，劳动部门在城镇已建有职业介绍机构4 000多所，社会团体、企事业单位及私人开办的各类职业介绍机构分别达到530所、2 200所和2 000所。农村地区的乡镇劳动服务站（所）约2.7万个，职业介绍机构正在向多层次、多形式、广覆盖方向发展。1983年到1996年，仅劳动部门职业介绍就业就达7 000万人次，其中失业人员再就业达3 000万人次。

（3）校园招聘。越来越多的饭店倾向于从国内的大专院校直接招聘所需的人员。这样做的一个原因是，他们认为，这些大学生已经具备了充分的理论知识，他们有朝气，敢于面对挑战，同那些有工作经验的人相比，他们在工作时，反而不会受到过去经验的束缚，能够大胆创新。

（4）熟人推荐。对于特别重要的工作岗位，或对一个地区的情况不太熟悉时，往往希望能够通过熟人或已有的员工来推荐。

☞ 案例分析

糟糕的员工招聘方式

有一家广州的三星级酒店因面临开业，急需招进大批员工。为了吸收更多的专业人才，酒店多次在报纸上刊登招聘广告，以至每天前来酒店填表应聘者达100人左右。为造就优秀的员工队伍，达到理想的经营目标和经济效益，人事部经理要求每个员工必须由她亲自面试。但事实上人事部经理不可能把全部时间都安排面试新员工，由此就出现了应聘者填完表而不能马上面试，需要另约时间见面的情况。

周末的一天，有一位王小姐前来应聘楼层领班。因当时应聘人太多，而负责发表格的只有一个人，所以王小姐等一批人在填完表之后就有可能不能当场面试。当这位王小姐填完表，做好心理准备要参加面试时，人事部工作人员告诉她说："今天前来应聘的人太多，所以请你下星期三（相隔一个星期）再来面试。"王小姐一早就到了酒店，但由于人事部经理开会久久不能出来面试，众人让她等了好几个小时，现在却被告之她今天白等了——王小姐等一批人当然不愿离开，酒店无奈之下便让行政主任对她们做了一个十分简单的问话："你身高多少?""1.65米。"，"会讲广州话吗?""不会"。"不好意思！我们要会讲广州话的员工。"行政主任见王小姐的形象不是很好，就不再深问，便叫下一个人进来面试。王小姐深感不满地吼道："你们登广告时为什么不说清楚点，弄得我辛辛苦苦等了一天，就只等到你问这几个令我大受委屈的问题？现在你要我回去可以，但请把填好的那份应聘表还给我，因为那是我花两块钱买的。"她说完一把从行政主任手里抢过那份应聘表，可行政主任又迅速把应聘表抢回来："不好意思，我们的应聘表是不外流的。"王小姐听了以后气得二话不说，拿起桌子上的订书机扔向行政主任，然后撒腿就跑。面对这种情况，几位在场进行招聘的部门经理顿时拍案而起，忙叫门口保安员拦住王小姐，但由于王小姐完全不理会保安员，行政主任愤怒地冲向王小姐，把她硬拉向经理室。

✍ 点评

本案例归根到底是由于酒店招聘广告设计不全面和酒店管理层态度不好而造成的。现在酒店的招聘大多以登报为主。虽然登报的费用较高，但招聘简章的内容还是应该完整，其中应该包括酒店介绍、招聘工种、招聘要求、筛选方法、录用条件、报考方法及工作待遇等。例如，酒店介绍的文字必须简练，其要点包括酒店全称、企业性质、坐落地点、经营规模、星级水准等。如果是酒店开业前招聘，还应该注明开业日期、招聘工种与招考要求，对招聘工作及人数可按部门分类。招考要求可分为基本要求与专业要求两类。对应聘人员的基本要求，如品学兼优、勤奋上进、容貌端正、身体健康等方面要书写详细；专业要求则包括年龄、性别、学历、实际工作年限、专业水准（技术等级）、语言能力、体格条件（身高、视力）等方面；筛选与录用条件方面：应聘者必须经过报名、考试（面试与笔试）筛选；甄选合格者须经过体检、政审（如是否有违法犯罪记录、有无黑社会背景等），签订合同后，才能被酒店录用；在工作待遇方面，招聘简章应如实告知应聘者被考核录用后所享受的待遇。这样，酒店不仅可少接一些电话，在安排面试方面也可减轻一些工作量，而应聘者也不会那么盲目，他们也可以做自我选择。

在本案例中，酒店的行政主任虽然说属于性格较直的一种人，而且说话态度也一直是这样，但这些都不能用做怠慢求职者的理由，而且也不只是酒店行政主任一个人的问题。每个人只要是站在酒店的某一岗位上工作，就要遵循酒店的工作原则和要求。作为一个招聘考官不应有匆忙、焦急和不耐烦的表情，不要以高人一等的姿态对应聘者讲话或忠告，不要显示权威或进行说教，更不要同应聘者争论。在提问题时不要像对待囚犯一样审问应聘者，也不要采取讽刺或漫不经心的态度，因为招考官的态度和说话的语气、腔调都会对应聘者产生较大的影响。

面临开业的酒店，正处于急需员工的阶段，酒店在此时此刻应让某些部门的高级管理人员到位，然后人力资源部经理在这种特殊情况下应该放权，安排好一定时间让这些部门负责人直接对应聘者进行面试，但酒店也要对这些部门负责人进行必要的培训，强化他们面对应聘者的谈话技巧，强调酒店对员工的各种要求，这样才能更好地提高工作效率，减轻工作量，达到较为理想的招聘效果。

案例中几位部门经理对待此事的态度也欠妥。第一，他们当时一直都坐在行政主任旁边，应该早就察觉出暴发冲突的可能性，但由于他们心态不对而未能及时去阻止问题的发生。他们觉得发生什么事也只是酒店人力资源部的问题，与他们并没什么直接关系，而他们之所以会叫酒店保安员拦住王小姐也只是出于看不过眼而已。其实酒店是一个大团体，各个部门之间都存在着一定的联系，虽然并不是建议一个部门的人员去插手另一个部门的事情，但在这种特殊情况下各部门经理应有全局意识，让自己起到一位管理者的积极作用。

（本案例摘自：严金明，徐文苑．旅游与酒店管理案例．北京：北京交通大学出版社，2004）

8.2.3　人员的测试与选拔

如何在应聘的人员中选择合适的人员，以符合组织的需要？接下来的工作就是要通过一套系统的甄选方法，筛选出最好的员工。

1. 选拔过程

人员选拔的程序大致可以按下述步骤进行，即初审简历材料、初选、复试、汇总分析和体检。

（1）审查简历材料，评价求职申请表。求职者通常需要填写求职申请表，提交自己的个人资料。求职申请表中应包括教育程度、工作经验及有关具体工作的信息。人力资源管理部门可根据简历和求职申请表提供的资料，对求职者进行初选，筛选出较适合人选，再进行面谈、笔试等甄选。

（2）初选与复试。一般采用面试的方法，这是获取求职者有关个人资料最常见的方法之一。从根本上来说，它是一种衡量的程序，衡量一个人能做什么，以及将来可能的发展潜能。衡量的结果可以检测求职者在智力、专业技能和个性方面的特质。客房部的经理或副经理通常参与复试过程，而不能由人事部门一包到底。由于面试的重要性，这一环节将在下面特别展开叙述。

（3）汇总分析。面试结束后，相关人员要整理面试记录，并进行总结分析，对应聘者做出具体的评价，同时还应核对有关资料，做出决定。

（4）体检。检查身体是选拔的最后一关。对患有传染病的，或体能上不适合某类工作的应预作筛选，以减少饭店未来的管理成本。

关于选拔，应当注意的是，最后录取与否的决定权是属于客房部（或其他用人单位）的，人事部门只应提供功能性的建议及一系列的具体作业性服务。

2. 面试

由于面试方法能够更多地了解申请人的情况，基本上所有饭店在挑选申请人的过程中，都使用了面试方法。另外，对于缺乏实际工作经验的学生其重要性显得尤为突出。

1）面试的基本形式

面试有三种形式：结构化面试、半结构化面试和非结构化面试。结构化面试是指面试时有一套标准的程序，面试者提出相同的问题，而且问题多是封闭式的，让每一位申请人回答。这种方法的优点是重点突出，方法固定，简单易行，便于比较选择。缺点是过于刻板，不能给申请人更多阐述自己观点的时间，因而不易了解到较深层次的情况。结构化面试一般在初次选拔或筛选时运用。

非结构化面试是面试时不拘泥于固定的问题和顺序，可以根据需要和申请人自由交谈。这种方式的特点是比较灵活，便于了解到特殊的信息。但它对主持招聘的人要求较高，有时会顾此失彼，所花的时间较长。如果有些申请人特别愿意表现自己，而且懂得应聘的技巧，面试气氛往往会被他们左右。

半结构化面试则介于两者之间，对某些问题做标准化提问，另一些问题可以自由回答。这种方式比较实用，也是当前常用的方法，一般包括4个部分：

(1) 比较宽广的问题：为了创造宽松的环境，开始时，先问一些一般性的问题；

(2) 比较具体的问题；在申请人渐渐进入状态后，可以提一些比较具体的问题；

(3) 探查：更详细的问题，如工作经验等；

(4) 非常具体的问题：如果通过上述的阶段后，认为该申请人是较为理想的人选，在最后，就要问一些诸如期望的工资、职位等问题。

2) 面试前的准备

为了提高面试的效果，面试前的准备是非常重要的。

(1) 准备一个安静的面试场所，以确保面试过程不被干扰。除此以外，还要准备一个供面试候选人休息等候的场所，但要离面试场所稍远一些。

(2) 制定面试提问提纲。面试提问提纲对面试的质量影响很大，因此针对每一个候选人，都要制定一个具有针对性的提问提纲，提问提纲的内容主要围绕着要证实的疑点和问题。所以，要认真研究工作说明书的任职资格和应聘人员所提供的各种材料，找出问题和疑点，记录下来，供面试时使用。

(3) 制定面试评价表。面试评价表是记录主考官对候选人的评价，在录用决策时作为参考。

3) 面试应注意的两个基本问题

在面试过程中，有两个特别需要控制的环节。一是面试进程的控制。面试时间一般只有十几分钟，最多也不超过几十分钟。因此，有效地利用面试的时间，使候选人能够提供进行判断的足够信息，是面试人的任务。二是面试人的主观性控制。面试结果的可靠性程度，在很大程度上取决于面试人的主观判断。因此，面试人必须注意自己主观因素对判断的客观性的影响。首先，面试人必须摆脱"定型"的影响。每个面试人的内心都有"理想"人选的定型。在面试过程中，面试人实际是在用这个"理想人选"作为评价的标准。由此可见，面试人必须学会用第三者的眼光客观地评价候选人。其次，面试人也要摆脱"定势"的影响。面试人的判断除了受"定型"的影响外，还受信息的影响。也就是说，面试人受消极信息的影响要比受积极信息的影响要大，而且这种影响总是伴随一定情景的。一个面试人，面对的信息价值是同样的，不管是积极的信息还是消极的信息，如果与工作要求无关，同样不应加以考虑。

8.3　客房部员工的培训与开发

现代饭店为了健全组织和提高服务质量，必须对员工进行有计划性的教育培训，从而使员工充分发挥潜力，达成组织的目标。培训是组织和员工个人双重受益的行为，可用表 8－2 表示。从人力资源的维护和开发角度来看，培训是人力资源管理中的重要一环。培训既可以是为饭店内因设备投资配套的短期员工技能教育，也可以是延伸到饭店中的普通知识教育。目前的趋势通常是结合使用“教育”和“培训”两种手段，有关特定技术性或专业性的知识灌输，多采用短期的培训方式，以此开发组织内广大的人力资源。在客房服务工作中，如何使客房服务人员能够按规定的服务程序操作，达到规定的服务标准，必须经过严格、有序、有效的培训，才能达到这一目的。

表 8－2　培训对饭店与员工的益处

饭　　店	员　　工
竞争力增强	获得知识，提高技能
从容应对变化	更强的工作动机
提高士气和效率	深刻认识工作与饭店
提升服务质量	提高工作自信心
留住人才	有助于职业生涯发展
节省成本	开发潜能

8.3.1　培训的原则

① 补充教育与正规教育并重。为求育才用人相互配合，应对新入职员工进行职前的培训，使其了解必要的工作方法与常识。在任用之后，为业务发展的需要，经过一定时间后，也应给予员工进修或业务技术培训的机会，补充员工的知识。

② 通才教育与专业教育并重。即专才与通才的培养并重，通才应特别注意培养其担任管理人员所需要的组织能力与领导能力；专才应特别注意培养其担任技术骨干所需要的专门学识与专门技能。

③ 理论与实务结合。有理论框架而忽略了实务作业，可能使培训流于空泛，但只重实务叙述而忽略了理论框架，也很难培养举一反三的创造发展能力。所以，培训必须理论与实务并重，两者互相印证，才会对业务的执行与改进有所助益。

④ 充分发挥考核及选才作用。培训应与考核相结合，培训应服务于饭店内的晋升、调职工作，对受训成绩优良者应给予较高职务或较重要责任。只有如此，才能激发员工重视培

训，真正发挥培训的功能，使员工随时补充因环境变化所需的新知识。

8.3.2 培训的种类

职业培训一般分为职前培训与在职培训两大类。职前培训是指对新进人员在任职之前给予培训，使其对将担任的工作及工作环境有初步的认识与了解，知道如何有效地工作。在职培训是指对现职人员予以补充培训，如主管人员培训、各类专业人员培训等。对在职培训进一步划分，可分为脱产培训和在岗培训两类。前者是指受训者脱离工作岗位，在工作场所以外的环境下接受培训，后者则是指受训者通过实际参与某项工作、操作某种设备，并接受相应现场指导来学会有关技能。

除了上述分类外，培训的分类方式还很多：如按照培训方式来分类，有定位培训、实习培训、委托外面单位培训、轮换培训、会议式的案例研究培训等；如按培训的对象来分类，可分为员工的培训、管理人员的培训；如按培训活动的管理分类，又可分为内部培训与外部培训等。

1. 新员工培训（定位）

新员工培训是指有计划地指导一个新进员工，使之对所属岗位、所任工作及其同事有所了解并能采用适当方式加以适应，这是培养员工适应能力的过程。对新进员工，饭店应介绍其认识新的工作环境，使员工获得满意工作所必需的知识、技能与态度。同时，原有的员工也必须继续不断地适应饭店的新政策、人员及物质环境的改变。

新员工培训可以采用两种形式。其一为非正式培训，如引进一个新进员工时，有关组织环境的一切，由人事部门作简单的口头介绍，有关工作的一切，由主管做扼要的说明。定位过程中只有简单的口头说明，称之为非正式定位。其二为正式培训。正式的定位是有组织的方案或正规的课堂教学。这种定位又分两种，即主管进行的培训和课堂培训。所谓课堂培训，就是用正式的开班来培训，这种方式较为深入具体。同时，如有政策、制度、法令、规章等方面的改变，也可纳入课程内容之中；也可以将老员工纳入定位计划之中，使新进员工及老员工都了解这些改变，以便适应环境。

2. 员工培训

所谓员工培训，包括主管人员以下人员的所有培训计划，其目的在于提高员工的工作技能，开发员工未来适应不同岗位的工作要求。

员工培训可分为两种。第一种为一般教育课程。这种培训的目的在于使员工发展成为一个善于处理组织内的人际关系和其他一般管理技能的人，但与工作内容无直接关系。这种教育的课程很多，其性质与范围亦无限制。第二种为工作培训。工作培训是直接有关工作执行的能力培训或技术培训，其目的是要能够实际推动工作绩效的改善，而不像一般教育，只是增加员工知识，奠定良好的基础。

3. 实习培训

实习培训是一种准备性的工作培训。新进的员工在经过定位后，由于工作与环境的复杂性等原因，很难立即有效地进行工作。通常饭店要给新进员工提供实习培训的机会。所谓实习培训，顾名思义，就是在完成实际的工作任务时给予专人指导，而不是任其自行工作，从摸索中自行发展。

4. 管理人员开发

管理人员一般分为高层、中层与基层管理人员三个层次。管理层的开发没有统一的做法，各部门常按业务的需要，各自确定其实施的形式，如用讨论会、讲座的形式，对个别案例进行讨论，旨在增加管理人员对问题的了解及提高其管理技巧。此外，还有很多种管理技巧开发的做法。

（1）有计划的工作轮换。所谓工作轮换，就是将一位主管从某一个工作岗位调动至另一工作岗位，藉工作的变动，给予其学习机会，增加工作经验。工作轮换必须先将轮换人员的优缺点，以及其发展的潜能加以分析，才能切实发挥他的才能。在轮换的工作性质方面，也要加以考虑，其原则是相近似，但要有差异。一般来说，工作轮换是将一位有经验的人员调离他原有专业岗位，对于工作的效果，可能会发生不良的影响。因此，工作性质近似但又要有差异的原则必须特别遵守。但如果希望通过工作轮换开发其作为一般管理人员的能力，就不必太多考虑其原有的专业才能。

（2）定期的会议。用定期的（每周或每月）会议来达成管理培训的目的。这种会议也是有计划的，而最重要的是会议的主持人必须了解与会人员的优缺点，以及现阶段管理的状况，有什么问题需要加以研讨，有什么事项需要启发。换而言之，他必须了解饭店业务发展的需要、员工发展的潜力及开发方法。在这种培训性的会议中，因主持人的多方面启发，可能引起与会人员的共鸣，从而提出一些新观念。因此，定期会议不但可以交换管理观念及技术方面的意见，还可以促起新观念的形成，从而得到管理上真正的改进。如果有适当的主持人，此种培训能够取得很好的效果。

8.3.3 培训计划与实施

客房培训工作是一项长期、系统的工作，其过程与步骤如图 8－3 和图 8－4 所示。

1. 培训需求分析

培训需求就是特定的工作岗位的实际要求与任职者现有能力之间的差距。培训需求分析就是通过周密调研、科学诊断，确定员工现有的知识、能力与从事本岗位所要求的知识、能力之间的差距状况的一项活动。培训需求分析是培训工作的起点，是培训质量控制首要的一

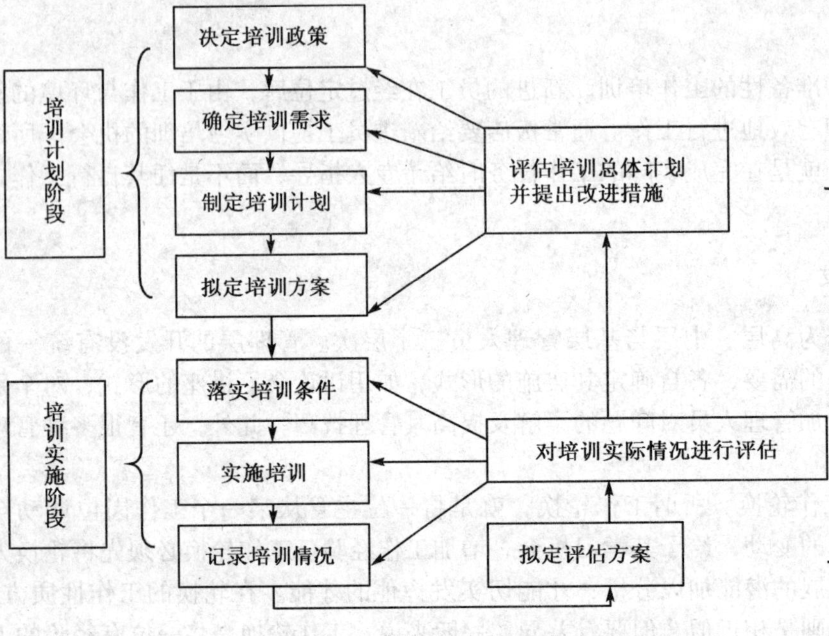

图 8-3　培训的循环过程图

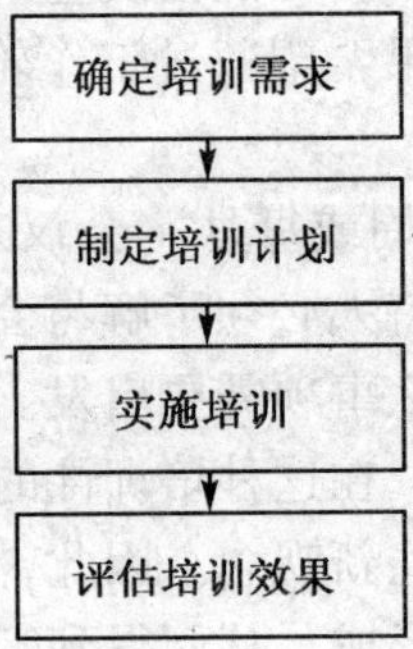

图 8-4　培训活动的基本步骤

环。客房培训工作要取得实际效果，就要提高培训课程的针对性。因此，了解员工的真正需求显得尤为重要。进行培训需求分析的方法主要有座谈、问卷调查、观察、测试、检查、客人投诉、暗访、会议、工作活动分析等，这些方法最好同时并用，将有助于全面、正确把握问题，为下一步培训方案的制定打下良好基础。

在进行培训需求分析时，要考虑以下问题：

1）关于员工

（1）有多少员工需要参加培训？

（2）员工来自哪些岗位，他们的工作职责是什么？

（3）他们向谁负责，他们的工作与谁有联系？

(4) 员工工作的哪些方面能够运用到培训的内容?

(5) 员工的年龄、性别、专业、学历等情况如何?

(6) 员工彼此了解的程度如何?

(7) 他们在工作中遇到过哪些成功与失败?

2) 员工的知识、技能和态度

(1) 员工对培训中将要讲述的内容熟悉程度如何?

(2) 员工对以前学到的知识、技能,曾有多大机会去运用与实践?

(3) 他们对培训的看法和态度如何?

3) 员工的希望

(1) 他们对将要参加的培训有何期望?

(2) 员工认为这样的培训对工作会有多大帮助?

(3) 他们有无特殊的需求,希望培训涉及哪些内容?

4) 环境因素

(1) 领导是否支持他们来参加培训?

(2) 他们对参加培训是否有顾虑?

(3) 他们是自愿来学习,还是为了完成任务而来?

(4) 员工的上级对这次培训有何期望?

5) 其他

(1) 在现有的培训中能够学到什么?

(2) 需要开发哪些新课程?

(3) 课程的使用周期?

(4) 开发课程的成本?

(5) 谁来做培训需求调查?

(6) 培训需求调查的时间?

(7) 培训需求调查的层次、范围?

(8) 培训要使用哪些资源,使用多少资源?

(9) 怎样确立培训评估标准?

(10) 怎样制定培训需求分析计划?

(11) 怎样克服各种干扰?

2. 制定培训计划

在进行完备和详尽的培训需求分析之后,要有效地实施培训,就必须制定详细的、切实可行的培训计划。一个完整的培训计划应包括培训目标、指导思想、培训对象、培训内容、训导师、培训形式及方法、培训时间及地点、培训教材、培训要求、培训考核、费用等内容。培训计划要尽可能细化,操作性要强。下面以“如何进入客房”(见表8-3)为例,对具体培训方案进行说明。

表8－3 “如何进入客房”培训方案

培训项目	如何进入客房	时　　间
培训目标	训练结束时，学员应知道如何进入客房的步骤。	40分钟
培训标准	要等客人从房内回答，如果没有回答，要等5秒钟才能打开客房房门。	
培训工具	房间钥匙、客房门	
培训方法	讲解与示范相结合	
讲　　课	教员清楚地解释如何敲门以及应等待多久让客人做出反映。	10分钟
示　　范	教员示范如何敲门（用指关节敲）及用卡片钥匙开门。如果房门上挂着“请勿打扰”牌或上了双保险，就不要敲门。	10分钟
练　　习	学员按照教员所示范动作重复作一次，即如何敲门、开门。	10分钟
测　　试	① 为什么要等待客人反映？② 为什么需要用指关节敲？③ 为什么不能敲挂有“请勿打扰”牌及上了双保险的门？	8分钟
总　　结	在进入客房前得先敲门，并等候客人的反映（每敲一次门需等候5秒钟）。	2分钟

1）培训目标

培训目标可以因岗设定，也可因项目或专题而定，但都要具体、明确。一般来说，受训者所需达到的工作要求、完成工作要求所需的素质与技能、受训者应达到的合格标准，这三方面是构成培训目标不可缺少的要素。

2）指导思想

用什么理念指导培训工作，对培训计划的实施非常重要。

3）培训对象

培训对象即培训接受者，可以按照培训对象的岗位、工种、职务、年龄、能力等不同情况予以组织安排。培训对象要落实到每一个人，他们在培训时的本职工作要有妥善安排。

4）培训内容

这是培训计划的核心部分，要以培训应达到的目标为依据制定相关内容。

5）培训方式

客房部进行培训的方式有很多。从培训时间安排上，培训可分为脱产、半脱产、不脱产培训等。从培训的组织形式上，培训可分为内部培训、委托培训、远程教学等形式。具体培训方法包括讲授法、演示法、研讨法、视听法、角色扮演法和案例研究法、模拟与游戏法等。各种培训的方法具有各自的优缺点，为了提高培训质量，往往需要将各种方法配合运用。

6）经费预算

培训经费应作为饭店的成本，纳入部门预算中。

7）培训管理

在培训中，安排专职人员负责培训活动的日常管理，使整个培训活动有序地进行，例如执行考勤制度或签到制度等控制手段，监督培训计划的进展情况。

8）培训考核

培训结束后，一般以笔试、口试、实际操作等方式对参加培训人员进行考核，以便确定培训是否按计划达到预期目标。最后，将培训人员考核成绩填入考核评价表中，存入员工个人培训档案。

3. 实施培训

发现培训需求为培训工作确立了目标，制定培训计划则为培训提供了依据和指导，而实施培训计划则是实现培训目标的关键。在培训正式开始前，应使员工明确培训的必要性，以及对员工发展的益处，提高员工参加培训的积极性和主动性。在实施培训时，应针对不同的培训内容和对象准备好不同的培训材料、场地和设备。完整、清晰的培训材料有助于员工对培训内容的把握；充分利用现代化的培训工具，采用视听设备，可以增加员工的感性认识；而在进行服务操作技能培训时，还应有操作工具供员工亲自操作，加深体会。在培训的具体实施过程中，最重要的是如何增强培训效果。培训效果取决于客房部管理人员是否做好组织工作，培训师是否能够运用培训的艺术，员工是否合作等。

客房部应根据培训计划安排和要求，采用多种方式进行培训。培训的常见方法及主要特点见表8－4。

表8－4　培训的主要方法与特点

方　法	特　点
课堂讲授	一人演讲　众人听讲　讲座形式
分组讨论	确定主题　集思广益　代表发言
案例分析	个人分析　集体研讨　导师点评
操作示范	现场讲解　现场示范　现场演练
角色扮演	模拟情景　扮演角色　动态感悟
管理游戏	选好主题　控制过程　讨论归纳
问卷方法	据题设卷　自照镜子　调整自我
视听教学	运用媒体　电化教学　直观形象
模拟训练	模拟现实　反复操练　解决知行
参观考察	学习借鉴　取长补短　比较提高
现场培训	导师指导　实际学习　掌握运用
工作轮换	轮换岗位　考察优弱　多维培养
集体参与	共同努力　协作完成　解决问题
经营演习	电脑仿真　模拟对手　经营竞争
拓展训练	调整心态　培养进取　增强自信

4. 培训效果评估

无论是哪一种培训，其目的都是根据工作需要，促使员工增长知识，获得技术，改变态度，以有效实现组织的目标。因此，为确保培训效果的达成，必须通过考核来鉴别、发现受训人员的技能与知识的变化。培训效果评估是依据组织目标和要求，运用科学的理论、方法和程序从培训项目中收集数据，以确定培训的价值和质量的过程。培训者应征求参加培训的员工的意见及建议，并从培训内容、培训方式、组织管理及培训效果等方面进行评估和总结，以便今后改进和提高培训管理和技能水平。在评估培训效果时，应坚持科学性与可行性相结合、定量与定性相结合的原则，做到知识、能力、态度全面评估。

1）培训评估的过程与指标体系

客房部的培训评估一般应按以下过程进行：

(1) 确定评估者、评估目标，制定评估指标体系与标准，选择评估方法；

(2) 按照评估方法进行评估，核实评估结果，收集评估资料；

(3) 研究评估结果，进行加工整理。

对培训效果进行评估，应该设立多项指标，并将这些指标按受训者、教师、管理者三类分类，最后构成评估的指标体系。对于受训者的评估指标，一般指标体系如图 8－5 所示。

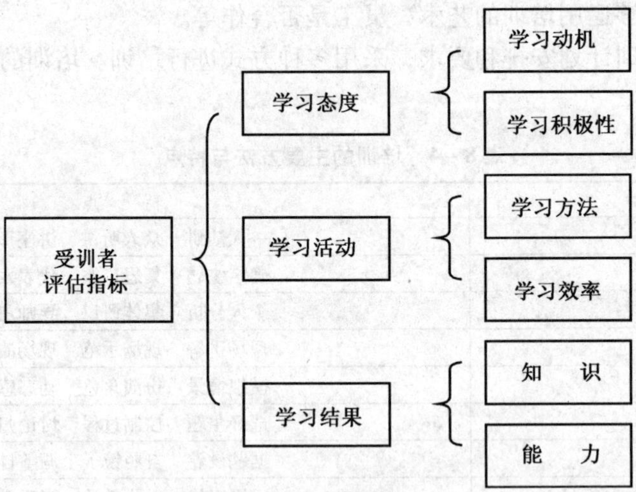

图 8－5　受训者评估指标

2）学员学习评估

学员学习评估并不是考核每个学员的学习成绩，而是一种对学员培训效果的宏观评估。这种评估将对学员开始学习到运用的全过程进行评估。其内容主要是知识、技能和态度三方面。知识大多可以通过学习成绩来检查，属于定量评估；技能则既可通过考试，也可通过技能考核，还可根据工作表现，因此是以定量为主，有一定程度的定性评估；态度的评估主要是指通过培训后在工作态度、劳动纪律、合作精神及人际关系方面的进步，态度是一种心理表现，按照管理心理学的态度理论，学员的态度建立、态度迁移和态度转变都比较复杂，对态度的评估，多是定性评估。

评估小组可以采用多种方法，然后综合各种评估成绩，便可获得较为全面、可靠的结论。

(1) 学员自我评估。自我评估是成年人的一种经常性的心理活动。员工在培训中，尤其会产生这种日常性的、内省方式的自我评估，以检查自己的学习进度、质量和成绩，改进学习方法及增强学习自信心。在培训时，定期地安排学员自我评估，如要求学员写学习心得、小结等，或组织座谈会、评比会等，都可以促进学员的自我评估活动。

(2) 组织评估。由培训组织对学员进行培训效果的评估，最常用的就是学习结束的考试。除此之外，组织专人调查也是组织评估的常用方式之一，调查的对象除了学员的老师外，还有同事、亲友。这类评估，不论产生的是正激励还是负激励，对学员学习行为都有明显的影响。

(3) 社会评估。员工学习的社会评估一方面是来自于宣传媒介，另一方面来自员工家庭、邻里、同学和同事。社会评估大多与组织评估结合进行，对学员也有一定的激励作用。

(4) 具体评估方法。主要有笔试法、提问法、观察法、调查了解法及成果发表报告法。这几种方法所起到的作用如表 8－5 所示。

表 8－5 几种评估方法对评估内容的作用

方法 内容	提问法	个别了解法	成果报告法	笔试测验法	实验测验法	观察法
知识	○	△	○	○	—	—
技能水平	○	○	—	△	○	○
精神状态	○	○	○	—	△	○

注：○为适用，△为可以适用，—为不适用。

3) 培训教学评估

依照一定标准，对培训的教学过程、教学行为、教师水平、教学效果进行评估，有利于调整教学方法，改进教学质量，提高教学水平。教师是教学活动的主导，对教学进行评估，在培训评估中也起主导作用。

教学评估的内容应包括：第一，教学计划与实施情况——计划是否符合实际，目标与员工需求是否一致，完成计划的程度，教学秩序是否正常，教学结构是否合理，教师配备是否周到等；第二，教学内容与效果——内容是否符合大纲，是否符合实际需要，学员对教学任务所规定的内容掌握了多少，学员通过培训，除在知识、技能方面，还有哪些收获等；第三，教学方法——教学方法是否符合学习理论，是否受学员欢迎，教学方法的科学性与先进性，教学手段与教学工具是否合理，教师的方法是否有特色，教学气氛是否良好，师生沟通程度如何等。

教学评估的方法包括以下几种。

(1) 教师自我评估。教师在教学中，对照教学目标、教学计划及教学任务，同时根据学生学习的反馈进行自我检查，自我评估。通过评估，发现和肯定自己的成绩，积累经验，也找出差距与不足，以利于改进自己的教学工作。

(2) 学员对教师评估。大多采用调查问卷方式，定期或不定期地向学员征求意见；也有座谈会形式，当面听取学员意见，可以请任课老师在场，采用讨论式，也可不请教师，采用问答式。调查内容可以是教学态度和教学水平，甚至包括仪表、仪容等。

(3) 组织听课及调查。组织听课是一种提高教学水平的方法，也可以用于培训评估。听课后的座谈会，往往是一种很好的评估形式。

4) 培训管理评估

客房部培训的管理是培训职能部门和客房部共同来执行的。因此，对培训的管理评估，主要是指评估客房部的管理职能。客房部的培训管理评估包括两方面内容。一是基层管理的培训职能。例如，客房部的培训职能应控制在什么范围内，它与培训职能部门的培训职能有何关系，客房部应如何发挥培训职能，如何把培训工作与其他管理职能有机地结合起来。二是培训管理的绩效。例如，在客房部培训中，哪一个岗位工作较好，有何成功的经验；哪个岗位较差，有何教训，以及部门培训有哪些自己固有的特点和优势，各岗位是如何看待与利用这些特点和优势的，等等。通过对客房培训管理的评估，可以为饭店培训管理及饭店管理提供第一手资料。

客房部培训管理的评估方法包括以下几种。

(1) 部门自我评估。主要采用会议总结或书面总结的方式。客房部首先进行调查研究工作，在此基础上，根据规定或上级的指示进行会议总结或撰写书面总结，该总结也可以作为部门培训管理的档案资料。

(2) 组织评估。由上级组织或培训职能部门对客房培训工作进行定期或不定期的检查、评估。这种评估可以弥补自我评估中的不足，便于发现问题和发现典型，为上级部门的自我评估提供依据，同时也是对部门管理的一种激励，以便表彰先进、督促后进。

具体的评估办法与学员评估及教学评估相类似，即建立指标体系，进行调查研究，运用科学方法评估，得出正确结论。

一般认为绝对的合理、公正与公平的考核是不易做到的，但相对的合理、公正与公平应该是可以达到的。培训评估的方法很多，如评估人员跟班听课或参与培训活动进行观察；与参加培训对象进行交谈，收集他们对培训的态度、收获、建议等方面的信息；对参与培训的对象实施考核，以确定他们对新知识或技能的掌握情况；可以发放调查表让培训对象填写；对培训对象进行跟踪调查，考察他们在培训前后工作行为或绩效的改善情况。值得注意的是，应用是体现培训效果的最终环节，要解决好理论与实际的结合问题。若员工学习的内容就是工作岗位需要的，学用一致，培训就发挥了积极的作用。受训者应自觉地将所学知识、技能应用到工作中去，促使培训知识和技能向工作实际的转移，最大限度地发挥培训的效用。

总之，培训效果的评估对于员工培训十分重要。通过评估，既可以了解培训产生的效益，又可以为未来的培训打好基础，以利于进一步开发人力资源。

☞ 案例分析

他培训后辞职了

有一家饭店管理公司声誉很高，但是有一点，他们的管理人员流动得非常快。

小何在来这家酒店工作以前，已经在别的酒店里工作有15个年头了。虽然小何知道，即便自己已经有了15年的工作经验，但按照这家酒店的要求，他还是要完成酒店内部提供的6个月左右时间的全部培训课程。应聘酒店客房部经理岗位的第二天，小何开始了他的正式培训课程，他先被分配到一家酒店做客房服务员、领班已经3个多月了，他在所有的培训岗位上都表现得很出色，甚至比酒店对他要求的都要好。小何开始对自己仍然被留在现有岗位工作感到不满足了。由于被安排在现有岗位工作这么长时间，小何怀疑自己可能正在被酒店利用，成为他们要达到节省劳动力目的的工具。因为他知道，其他接受培训的管理人员也都需要在基层培训很长的时间，大概酒店这么做的目的就是为了能够节省劳动力成本。小何经过简单的了解后得知，公司目前的预算很紧张，酒店里每一笔开销都不能超出总公司的预算。所以，他们把正在接受培训的管理人员作为酒店临时的钟点工，尽量减少酒店的额外支出，这也就不足为奇了。他对酒店的这种做法不太赞成。

在基层工作了约有15周左右的时间，通过人事经理的帮助，小何终于有机会做客房部主管了。此时，在涉及公司内部的员工培训计划及管理的作用方面，小何与总监、部门经理之间产生了不同的看法——他对自己能否得到提升根本没有信心。由于他一直认为酒店在利用他们这些培训人员做廉价劳动力，以达到节省开支的目的，所以他开始考虑自己是否应该继续留下工作。

由于有了这些想法，小何在酒店工作的热情、效率明显地降低，对自己分内应承担的责任也不太在乎。由于感觉到小何对培训计划已经没了兴趣，再加上酒店并不想失去这样一个很有潜力的经理，总经理匆匆忙忙地结束了小何的培训计划。同时，小何也越来越感觉到这家酒店经营管理的模式与自己的想法相差甚远，他觉得酒店这种培训方式一方面会让他们失去自己在工作中的信心，另一方面也有损于他们在员工眼中的形象，这对他们以后的管理工作是非常不利的。小何希望自己能成为一名有能力、有前途的好经理，所以他在该酒店工作了5个月后就辞职不干了。不久以后，他接受了另一家很有竞争实力的外资酒店客房部经理的职位。

✍ 点评

这家酒店的培训计划有它的优劣之处。

(1) 酒店实行岗位培训有利于员工从岗位中了解到实际工作需要。岗位培训是酒店必不可少的和最重要的培训工作内容，酒店各部门每个岗位员工应掌握哪些岗位业务知识？以怎样的态度服务宾客？培训教材都有所规定。要获得胜任某一岗位工作必须具备的素质，最有效的方法就是通过岗位培训。这家酒店在培训员工时让员工在岗位上做实际的工作，对培养员工的操作技巧是很有帮助的，并且能够对员工接受培训后做出正确的评价，这家酒店的培训计划能正确地认识到这一点是对员工负责任的表现。

(2) 酒店对员工实行多方面的岗位培训，有利于员工综合素质的提高。让员工在不同的岗位中工作，从一个岗位再到下一个岗位，平衡员工的操作技巧。这有利于员工在岗位培训中了解自己的劣势与优势，然后加以培养与发扬；酒店了解到员工情况后，也可以为其提出正确的指导。酒店的管理人员的素质要求是比较高的，如丰富的从业知识、随机应变的能力等，只有让其从事不同的岗位工作，才能得以提高。

(3) 酒店没有注意培训的时效性。酒店新员工培训与学校培训不一样，必须要在较短的时间内产生效用，否则是失败的。酒店招聘员工后希望马上能使用，而不是经过长时间慢慢地培养，这样不仅使员工感到枯燥，心中产生不良印象，而且会离职走人。因此，这家酒店的培训计划时间长而且成效性很低，反而使酒店人员流动过多，不利于酒店的管理与发展。酒店虽懂得如何控制成本，但没有注意到发展前景，人才的流失周而复始，是在浪费酒店的资源。所以，酒店在搞好培训的同时也应做好挽留人才的工作。

(4) 酒店培训计划缺乏弹性。计划的弹性度关系到培训成效的好坏。这家酒店的培训计划只是以酒店的角度为侧重点，没有考虑到员工接受培训后会产生什么样的效果，没有把员工的工作经验作为重要的考虑因素，只把其当做一般的普通新员工对待，从而使小何等管理人员产生不良的想法，降低了工作热情。酒店在出现了这种问题时又没有相应的应变措施，没有从中吸取经验。因此，在制定培训计划时要把个人因素、企业因素结合起来考虑，才能做出良好而有效的酒店培训计划。

为此，现就酒店的上岗培训谈一些看法。

(1) 不是每一个新员工都应该经过同样的培训。因为每个酒店的培训计划不同，所用的培训时间长短不一。如果让每个员工都经过同样的培训，虽然使员工经过培训学有所成，但最终会使员工流失，不为酒店尽职服务，不仅达不到培训效果，反而增加成本，浪费资源，不利于酒店的可持续发展。所以，应该制定不同时间段的培训计划，面向不同岗位的员工。因为每个员工的性格特点都不同，认知与接受能力也不同，所追求的发展方向、空间也不同。例如，对一些刚毕业的学生或经验较少的新员工可以采用这家酒店的这种培训计划，而对一些经验丰富、有一定领导能力和见解的新员工，则可以采取一种时间短又能让其尽快适应工作岗位的培训方案。不同的方案对控制员工流动，留住酒店所需人才，提高整体绩效是很有用的。

(2) 培训与工作变动具有互为关系。① 员工培训是每个饭店所必需的。它是一个指导员工获得知识、培养技能、提高整体绩效的过程。培训的成效越好，工作变动就越小，反之亦然。② 培训与工作变动是互相影响的过程。当一个饭店的员工不足时，工作发生变动，就要重新招聘新的员工，新的员工又未能熟悉饭店的操作程序，这就要通过培训达到目的。同时，培训的质量又影响着工作变动的变化。③ 培训能够促进工作变动向良性方向发展。员工经过培训后，就可以考察到他的处事方式、技能水平等。这样，饭店可以从中择优录用，就不会造成过度的资源浪费而使成本增加，而且又能减少工作的可变性。

(3) 酒店培训计划的实施办法。① 分析培训的可行性与成效性。一个有效的培训方案应该满足组织结构的预期目标和优先考虑的问题，同时也应满足个人的期望。这样的方案需要对实际培训需求进行系统而又详细的评估分析。可以通过考察组织及整体技能要求，进行工作分析、员工评价及了解各方面的培训需求。② 确定培训目标、设计方案。要知道受训人员在参加完某一项培训方案后能学到什么，能带来什么样的效果。而且，要针对酒店不同的阶段与结构，设计合适的方案。例如淡季培训方案（可以进行大规模的培训）、旺季方案（可以进行小规模的培训）、各部门平时岗位的培训方案、全年培训方案、新员工入职培训方案等。③ 实施培训计划。根据所设计的方案，开展一系列的培训工作，安排员工岗位，明确实际工作意义。可以让熟练的培训人员参与进来，因为他们是很好的交流者和推动者，这样更能达到事半功倍的目的。要让员工多做尝试，学习解决问题、处理投诉等方面的技巧。④ 评估培训成效。在培训后对受训者进行测试，应根据标准评定成绩。要评价该计划是否收到成效，可以通过制定问卷调查表，让员工反馈真实的情况，以便结合员工意见制定更为完善的培训方案。此外，在制定培训计划时，可以加入一些激励员工的方法，以提高员工的培训效果。例如，对一个较长的培训计划，可以采用“如能在较短的时间内达到培训标准，就可以减少培训时间，提前转为正式员工”的方法来增加员工的上进心等。

（本案例摘自：严金明，徐文苑．旅游与酒店管理案例．北京：北京交通大学出版社，2004）

8.4　考绩、人事调整与报酬

员工在进入饭店并得到必要的知识和技能的培训之后，能否有效地完成工作，达到饭店的目标，在很大程度上取决于饭店的激励制度是否合理。绩效考评是公平合理的激励制度的基础工作，而晋升与报酬则是饭店激励制度的重要组成部分。

8.4.1 业绩考评

业绩考评是指按照员工所从事的工作岗位要求，据以鉴定其成绩和资格的过程。从员工进入工作岗位起，他们的上级主管人员就有责任对其工作业绩、工作能力和工作态度进行评价，以确保符合饭店的工作标准。

1. 业绩考评的作用

业绩考评的作用主要有：作为加薪、晋升、调职、解聘的依据；分析员工的优缺点，作为培训员工的依据；让员工了解自己的不足，作为自我改善的指导；作为一种重要的诱因，让员工感到他们的贡献与成果没有被忽视；为人力资源管理部门评价管理成果、改进管理行为提供客观的、有价值的信息。

2. 考绩的形式与方法

建立正式的考绩制度对一个组织而言显然是十分重要的。常用的考绩方法主要有以下几类。

（1）书面评语。写书面评语是最简单和常用的一种方法。评定人用书面形式描述被评定人的优缺点、过去的表现、将来的发展潜力及建议需要改进的地方等。写评语不需要什么复杂的技能和专门培训就能完成，但鉴定的质量在很大程度上受评定人的主观因素影响。

（2）关键事件法。业绩评价中的关键事件法是建立在工作分析中的关键事件分析方法之上的。通过工作分析确定员工应在岗位上完成的关键事件（指影响工作目标的达成与否的行为）。在评估期内，上级管理人员对下级员工的各种杰出表现或者不良的行为都需要记录在案。评估时应引述具体的行为，而非记载笼统的个性特征。这样，每个员工都有一张关键事件表，在考评时能提供丰富的事例，指出哪些是要求的行为，哪些是不理想的行为。关键事件法强调评定人的注意力应集中于关键或主要的行为，以区分有效的或无效的工作绩效。

（3）排序法。此法是把员工直接地互相比较，通常以“总的绩效水平”为准，做出从最佳到最差的排序。排序又可分为成组排序、总体排序和两两比较三种。排序法尽管简单，对主管人员的评价技巧要求较少，但也存在一些局限：第一，对人数众多的群体排序较困难；第二，作为一种相对评价方法，排序法不能体现个体间绩效差异的程度；第三，处于不同工作群体的人很难比较。此外，也不能排除评定人员在排序时的个人主观因素影响。

（4）目标管理法。根据目标管理的方法，让员工根据组织目标来制定自己的绩效目标。一旦此目标为下属接受，他就会努力实现那些虽有一定难度，但却可能实现的目标。这样，下级的绩效基本上是按其达到特定目标的水平来评价的。由上下级共同确定目标和达到目标的进度，在计划期末时，上下级之间再评估目标的完成情况。这种方法可以避免上级单方面建立评价基准的缺陷。

3. 反馈与面谈

考评制度的最后一个步骤是向下属反馈其绩效评估的结果，即上下级之间做一次面谈，讨论过去的表现和今后的努力方向。这件工作不是可有可无的小事，鉴定面谈的效果往往决定评估过程的效果。有效的考评制度要求反馈过程是建设性的，尽量提供以后改进工作的指导，而不是对个人的批评。因此，对管理人员做适当的培训将有助于他们提高鉴定面谈的效果。按照计划采用多种形式和方法进行评估后，评估人一般需填写评估表（见表8-6）。

表8-6　员工表现评估表

姓　名		员工编号		部门		班组		
职　位		评估日期	自　年　月　日至　年　月　日					
1	工作守时与考勤	员工是否守时及经常保持出勤？ 员工是否经常迟到或请病假、事假？						
	A	保持很好的考勤记录，在评估期限内绝无迟到或缺席。						
	B	能基本保持良好的考勤记录，在评估期内缺勤不多于3天。						
	C	能保持平平的考勤记录，在评估期内偶有迟到并有超过4天的缺勤。						
	D	考勤记录甚差，在评估期内经常迟到并有缺勤超过5天的记录。						
2	仪容仪表	员工是否注意修饰、整洁？						
	A	对个人清洁卫生非常注重，并经常保持适当的修饰。						
	B	通常注意修饰整洁。						
	C	偶然有不整洁或不适当的修饰。						
	D	衣着不整洁及错误的修饰。						
3	工作知识	员工对本职工作的应有认识如何？ 员工是否了解自己工作的一切功能、要求与责任？						
	A	对本职工作各方面有充分认识，极少需要指导。						
	B	对本职工作多方面基本上有足够的认识，偶尔需要引导。						
	C	对本职工作某方面缺乏认识，经常需要引导，并需继续培训。						
	D	对本职工作多方面缺乏知识，经常需要引导，并需继续培训。						
4	工作质量	员工是否处事精确及不易出差错？ 员工的工作是否有条不紊、容易使人接受？						
	A	工作做得很好，极少发生差错						
	B	工作良好，只稍有些错处，极少犯相同错误						
	C	工作表现平平，工作要经审核才能被接受						
	D	处事十分粗心大意，经常犯同样错误						
5	可信赖程度	员工是否值得信赖并对委派工作谨慎尽责？						
	A	非常值得信赖，经常准时按要求完成指定工作，极少需要督导。						
	B	大多数情况都可以信赖，只是偶尔需要督导。						
	C	在完成工作需要经常核查。						
	D	不可以信赖，需要经常密切监督。						

续表

姓　名		员工编号		部　门		班　组	
职　位		评估日期	自　年　月　日至　年　月　日				

6	进取态度	员工是否有创业精神及具有善于应变的能力？ 即使没有提醒员工，能否主动担负起自己的职责？	
	A	能主动应付工作，善于发挥能力及智慧去完成工作。	
	B	基本能够主动地完成经常性的工作，偶然会有疏忽。	
	C	工作中需要提醒才能完成本职任务。	
	D	需要经常催促，不能主动完成工作任务。	
7	礼貌与合作态度	员工对公司、同事及客人是否谦恭有礼？ 员工是否十分乐意地与上司、同事及下属协调地工作？	
	A	非常注重礼貌待人接物，经常保持和颜悦色，乐于助人。	
	B	基本做到彬彬有礼，乐于与人合作。	
	C	只对喜欢的人有礼貌及愿意分工合作。	
	D	没有礼貌及不愿意分工合作。	
8	管理能力（如运用）	员工是否具有启发下属工作热情与工作目标的能力？ 员工是否具有指引、监督及对下属提供技术指导的能力？	
	A	能有效地激励与指导下属去完成工作。	
	B	基本能够保持良好的工作环境。	
	C	需要改善个人的领导作风，使下属更好地协调工作。	
	D	不能监管下属，使其完成工作。	
总评分		适合管理 ／ 降职 ／ 予以转正	
		表现满意 ／ 表现一般 ／ 延长试用期/不予录用	
	A	是一位工作表现非常良好的员工，有一贯卓越的工作表现。	
	B	是一位工作表现良好的员工，具有能力去完成预期的工作。	
	C	是工作表现颇好的员工，在若干方面具有长处，但仍需改进以收到更佳的工作效果。	
	D	是一位工作表现平平的员工，需要继续努力以求达到更佳工作表现。	
	E	员工需要改善工作表现才能达到基本要求。	

8.4.2　人事调整

在一个组织中，常因工作需要产生了新职位，或因人事的变动，而使一个职位出现空缺。这些职位的人员补充方法包括调职、晋升或降职等。所谓人事调整，就是将一个人由甲职位转移到乙职位。这种职位的转移有三种情况：第一种情况是甲职位与乙职位在工作上的职责轻重与难易完全相似，从而转移的结果不发生变化，也不影响工作者的报酬，这种情况就是调职；第二种情况是职位改变以后，工作的职责加重，工作者的报酬也随之增加，这就是晋升；第三种情况的结果与第二种情况相反，工作在组织中的层次和重要性下降，报酬也随之减少，即降职。除此之外，还有一些特殊情况，譬如出现了临时性的岗位空缺，一时找不到工作人员，只有从其他职位上抽调，这一过程虽然改变了员工的工作权责，但在报酬方面并不发生改变，这就是临时调用。此外，也有一种由低层次职位晋升到高层次职位但不增加报酬的情况，这主要用于培训未来的管理人员之用，不全是升职。有时也有职位调低，但报酬也不变的情况，这通常是重视人性因素与人际关系的结果，减少人事调动的阻力。总之，调职、晋升或降职及临时调动等活动都是期望饭店内部人力资源的更佳运用与发展，以获得更好的组织效率与成果。

另外，辞退、解雇也是人事调整的一种形式。人事的辞退制度主要在规定何人根据何项规定可以使用这一职权。辞退的情况可分下列 5 种。

（1）退休。分自请退休或命令退休。

（2）告退。即自请辞职。

（3）裁退。因业务减缩将不能继续任用者予以裁退。

（4）辞退。对违反纪律方有过失、不遵调遣者所给予的处分。

（5）撤职。凡触犯法律，依刑事或民事裁决所给予的惩处。

☞ 案例分析

措手不及的调岗

小梅今天上早班，她像往常一样走进更衣室换工作服。早到的几个女孩子也还是像以前那样爱在一起闲聊。而这次，他们见到小梅后却立即住口不讲了，大家看一眼小梅便走开了。敏感的小梅察觉到这里一定有问题。一个老员工悄悄地告诉她：主管已经决定将她调去工服房了，可能是由于酒店大量吸收了实习生，内部部分人员需要相应调整的缘故吧。这个消息，对踌躇满志的小梅来说犹如晴天霹雳，本来她喜欢直接为客人提供服务，看到客人满意的表情是她最大的享受，况且她正等着晋升领班之位。而现在，不管消息是真是假，她都没心情工作了。好不容易熬到了下午，也许是主管看到她一整天没精神，便将她传到了办公室。小梅说出了自己的想法，但主管却对她说，要调岗是没有的事，还开玩笑地说他也想找到造谣的人。得到主管确认的答案后，小梅从心里深深地松了一口气，很愉快地回去了。

然而第二天早上，还是在主管的办公室里，主管神态自然、郑重地告知小梅，她被调到了工服房了。刚刚放下的心一下子被提到了嗓子眼上，小梅懵了。她不知道主管为什么要捉弄她，她询问原因，但主管只是敷衍她说是内部的工作需要，便不再细说，让她尽快就位新工作岗位。主管对昨天的事好像完全不记得了。这天下班后小梅不知道自己是怎么走回去的。她很生气，但又别无选择，因为现在就业前景不是很好，再找一份工作也很难。从今以后，便再也看不到那个爱说爱笑、对工作充满激情和干劲的小梅了，她仿佛一下子衰老了许多。也许这次的调动对她打击太大了，也许有一天她最终想通了，还是会笑逐颜开的。

✍点评

本案例存在着三个方面的问题，需引起注意。

一是酒店管理人员对这件事的态度与做法不正确。主管不重视员工的个人感受，缺乏必要的沟通。他应该向小梅详细说明此次调岗的原因，并因其前后矛盾的态度向小梅道歉。

二是酒店管理人员不应随便向员工许诺。作为酒店的主管，其一言一行势必影响着员工的情绪，承诺了就要兑现。俗话说得好，凡事要"一诺千金"。

三是酒店管理人员对情绪低落的员工没有进行安抚。主管应对小梅正面说理，或寻求其他有效的激励方法，使其尽快恢复信心并进入最佳工作状态。

以下是酒店管理者与员工沟通的几点措施。

① 管理者要重视每个员工。酒店是一个整体，客房部是这个整体的一部分，而客房服务员小梅，又是这一部分中的一分子。所以，作为酒店的管理者，不能仅仅把员工当做"完成任务的工具"，而要真正把员工当做一个人来关心。因为许多员工，虽然在酒店里扮演着同样的"角色"，但实际上每个人都是不一样的。比如像小梅那样，她有自己的优点，且表现不错，如果主管对她有意识地培养，并让她发挥自己的特长，小梅肯定会成为一名不错的酒店基层管理者。

② 管理者要尊重每个员工，绝不可"出尔反尔、言行不一"。互相尊重是工作顺利开展的前提，中国是礼仪之邦，更应如此讲究。主管对小梅的感受不屑一顾，有明显的以权压人的倾向。如果此次调岗事件确有不可向外公开的秘密，也应该很和气地向小梅说明，至少应该表示歉意。这样，才有利于管理者在员工心中树立威信，方便以后管理工作的开展。

③ 管理者应在自己的管理工作中加入点人情味。此次事件在小梅心里产生了两次落差，她的希望在瞬间消失，导致心灰意冷，这是很不利于工作的。但事到如今，主管要做的应是正确引导员工、激励员工、关心员工、开导员工，而不能对之不闻不问。

记得有位酒店管理大师说过：只有当管理者能把员工"个人的事"当做"酒店的事"来关心的时候，员工才会把"酒店的事"当做他"个人的事"来尽心尽力地去做。这说的就是管理者与员工之间必须建立一种"以心换心"的关系。有句行业名言是这么说的："只有愉快的员工，才有愉快的客人。"它给我们的启迪是：在日常的工作中，管理者要用以情感人的方式去激发员工为客人提供优质服务的积极性。让员工在酒店内时时处处感到温暖，员工才能把自己的热情融进待客服务之中。

（本案例摘自：严金明，徐文苑．旅游与酒店管理案例．北京：北京交通大学出版社，2004）

8.4.3 报酬与激励

一个组织除了要有一个公平合理的考绩制度外，还必须有一个好的报酬制度。理想的报酬制度不仅能有助于吸引人才，留住人才，而且能在合理成本的基础上激励员工取得良好的绩效。但是许多饭店的报酬制度并没能成功地实现这些目标。一个成功报酬制度的制定，涉及工资水平、工资结构和个人工资的决策。

1. 工资水平决策

在市场经济中，一个饭店通常要决定本组织的工资水平，即在本地区同行业中高于、低于或等于现行的平均工资率。多数饭店会选择与行业水平接近的工资率；效益不好的饭店只能低于平均水平；有些饭店为了成为“高工资的领先者”，则有意支付高于平均水平的工资，以吸引和留住高素质的员工。此外，劳动力市场的供求对工资水平也有很大的影响。例如，当失业率高时，工资水平会降低；反之，失业率低，劳动力稀缺，则工资水平会提高。一旦决定了工资水平，还需要有关外部信息以帮助饭店确定实际的工资率。劳资人员需要了解劳动力市场中有关职务的最高、最低和平均工资数据。通常需要进行地区工资调查以收集这些信息。

行业平均工资水平只为取得“外部公平”创造了条件。饭店根据调查数据支付接近平均水平或高于平均水平的工资率，只是保证了“外部公平”原则的实施，员工通常要求组织内部工资的分配也应公平合理，即所谓“内部公平”问题。内部公平是指饭店内部不同的职务相对于其他职务得到的工资收入是否公平合理。内部公平的问题在组织中，由合理的工资结构来加以解决。

2. 工资结构决策

通常，确定工资结构需要通过工作评价的程序，即对各职务相对于其他职务评估其价值，进而确定一项职务报酬的多少。掌握了这些资料，要进一步解决某项职务的劳动质量问题就有了较为具体、客观的依据。哪种技术要求、劳动强度的工作，应给多少基本工资，就先得明确工作要求，然后根据工作要求来确定一项职务相对于其他职务的工资差异水平。这项工作通常由人事部门来做。其目的是为了消除组织内各岗位之间的报酬不公平。常用方法如下所述。

(1) 排队法。这是最简单的一种工作评价法，即根据职务描述，对每种职务做出笼统的评价，然后根据职务要求的高低，排出各职务的先后顺序。例如，从饭店中应拿最高工资的总经理至最低工资的服务员排序。其具体做法是，先在某类工作中，找出几种大家熟悉的、在本饭店所属各部门中要求和内容基本一致的工作，然后排出它们的顺序。这些典型的职务被称为“基准”，接着就可把该类其他职务大致地归放在这些“基准”职务的前后，再把每一工作职务逐一地与其前后的职务做仔细比较，调整其先后的关系。排队比较时，不但要求前后位置合理，还要照顾左邻右舍。由于评估旨在弄清其相对差别，就某一种要求而言，可统一按最低要求计。如考虑最高要求，则可能因各人的看法有出入而难以说清。排队之后，可把职务从低到高，分成几等几级。几个“标兵”的职务工资决定后，就可把其他职务的工资定下来了。

(2) 评分法。此方法是着重分析、定量的工作评价方法，其大致程序如下所述。

首先，按工作要求中应确定“报酬要素”，即影响各职务工资大小所依据的职务诸方面，例如，一项职务相关的技能高低、责任轻重、条件好坏等。选择因素不宜太多，通常以10至12个为宜，应挑选有代表性的重要因素。

其次，给要素加权。以技能而言，不是所有的工作对技能都有同等的要求。要区分因素之间的轻重，就得加权。权数的大小一般由集体决定。表8－7为国外几家大型饭店管理集团的要素加权数据。

表8－7 报酬要素的加权

报酬要素	某饭店管理集团	某饭店管理集团	某饭店管理集团	某饭店管理集团
技能高低	50%	62.5%	60.5%	45%
体力要求	15%	12.5%	22.5%	16%
责任轻重	20%	12.5%	13.5%	24%
工作条件	15%	12.5%	3.5%	15%
合　计	100%	100%	100%	100%

再次，各要素分等级定分数。各因素加权说明了因素之间孰轻孰重的问题，进一步就要为各个因素本身分等级，如分成很低、低、中、高、很高等档次。分等之后，再为每一等级规定不同的分数。各种因素应分几等不必统一规定，5至10等都可以。如对教育这一因素可分成5等（见表8－8）。

表8－8 要素的分等

要　素	很低（小学）	低（初中）	中等（高中）	高（大学）	很高（硕士）
教　育	1	2	3	4	5

第四，制定工作估值分数表。把各要素的评等分乘以它的权数，就能为某项职务对某一要素的特定要求打出分数，并制定出工作估值分数表（见表8－9）。

表8－9 与要素等级相联系的分数表

职务要素	很　低	低	中	高	很　高
教　育	20	40	60	80	100
职　责	20	40	70	110	160
技　能	20	40	80	80	100
体力要求	10	20	30	45	60

最后，用分数表计算各项职务的总分。一项职务如要求较高的教育程度，则其教育因素的分值就应较高；一项职务的工作条件如较差，则其分值的分配显然应比在安全、舒适的条件下工作的职务要高。各项职务通过对各要素仔细的研究和估值，然后就可以计算出各项职务的总分（见表8-10）。该表列举了应用分数表对各职务要素分值的分配，计算出三项职务总分的例子。一项总分400分的职务的薪酬显然应高于总分为300分的职务。应用评分法也容易向员工解释为什么一项职务的工资应高于另一项职务，这样也就加强了内部公平性。

表8-10　三项职务的总分数

报酬要素	秘　书	办公室主任	清洁工
教　育	中=60	高=80	很低=20
职　责	低=40	中=70	低=40
技　能	高=80	中=60	低=40
体力要求	低=20	低=20	高=45
总　分	200	230	145

3. 个人工资决策

最后的一个步骤是在上述两个决策的基础上决定个人的工资率。它关系到每个从事某项职务的员工究竟拿多少工资。最容易的办法是单一工资率，即对在某一分值范围中的职务都以一个同样的工资率支付工资。例如，总分在375至400分的职务，每小时工资率为5.10元。那么，凡是分值在这一级范围中的任何人的工资都以同一工资率（5.10元/小时）支付。然而，在实际操作中更为典型的方法是，在同一工资级别中分别定有若干的工资率。譬如在上例的工资级别中工资率为每小时4.85元至5.39元。然后根据不同的个人分别定出不同的个人工资率。如以资历作基准，该项职务的起始工资率为4.85元，以后每过半年增加0.05元。此外还可加上初始的资格条件（有工作经验的定较高的工资率）、贡献大小（工作业绩的好坏）等基准综合定出员工的工资率。

4. 员工积极性的激发

如前所述，报酬问题处理适当，不仅有助于吸引人才，留住人才，还能激励员工做出上佳的工作表现。工资水平可能对吸引人才、留住人才影响最大。一些高薪饭店是不愁没有人来应聘的。高工资鼓励了组织中的成员，但是员工们并不会自动产生高绩效，所以工资最好要与绩效相联系，高绩效才能拿高工资。有的饭店引入了绩效工资制，给予工作业绩最好的员工以较高的薪金。当然，要使这一制度取得效果，必须要使员工了解考绩是公平合理的，并且其差异必须拉开档次。

要激励员工的行为，首先必须从员工的需要出发。需要是指有机体由于缺乏某种生理或心理因素所产生的一种主观状态，也就是有机体对延续和发展其生命所必需的客观条件需求的反映。

（1）饭店员工的五种需要为自我实现的需要、尊重的需要、社交的需要、安全的需要、生理的需要。

（2）激发饭店员工积极性的两种方法是物质刺激和精神鼓励。一是加强劳动报酬管理，搞好劳动分配。坚持公平分配、奖优罚劣原则；采用以工资、奖金、福利支付报酬的方法；工作分级并实施考核制度。二是关心员工生活，加强福利工作。搞好员工食堂及其附属设施的建设，搞好员工个人福利的分配。三是创造良好的环境，增强员工的安全感。即舒适、整洁、安全的工作环境；安全、和谐、愉快的工作环境；团结互助、平等友好的人事环境。四是给予员工极大的精神鼓励。加强企业文化建设，增强员工的危机意识；引入竞争机制，增强员工的进取意识；充分信任员工，增强员工的主人翁意识；充分理解员工，增强员工的自尊意识。

小资料

委屈奖

酒店管理层对那些由于客人素质不高而受了委屈的员工设立每周一次的现金安慰奖，并贴红榜公告。我们的员工按酒店的规定去为客人服务而受到责难，但他们为维护酒店声誉而忍气吞声，那么酒店的领导应该给这些员工多一些理解、安慰。这样，他们也就不会再感到孤立和委屈了。

对服务员吃的“冤枉官司”，酒店管理层强调“宾客至上”，那么怎样才能让这部分员工在精神上、物质上获得心理平衡呢？设立委屈奖也不失为一个好的领导管理艺术。酒店工作的特殊性带来的员工苦衷：第一是工作时间的不稳定性；第二是酒店人在社会角色中的特殊性；第三是工作性质的特殊性；第四是工作的单调性。管理者就应该善待员工，尊重员工的感情和人格，正确对待员工的过错，正确处理员工与宾客的摩擦，掌握员工的情绪，关怀员工，并给予员工以“家庭式”的温暖。例如：实行年假制度；开展各种有意义的活动，丰富员工的业余生活；解决员工老有所靠的问题等。

（本资料摘自：严金明，徐文苑．旅游与酒店管理案例．北京：北京交通大学出版社，2004）

思考题

1. 什么是人力资源管理？其与传统的人事管理有何区别？
2. 客房部人力资源管理的特点和任务各是什么？
3. 员工招聘的渠道主要有哪些？各有何优缺点？
4. 员工培训的原则、类型和方法有哪些？
5. 客房部工作评估的方法有哪些？
6. 如何做好面试工作？

第 9 章　客房部预算管理

学习目标
◎ 了解客房预算的意义与编制原则。
◎ 熟悉客房预算的主要内容。
◎ 掌握客房预算方案的编制方法。
◎ 熟悉客房预算控制与分析的主要方法。

9.1　客房部预算的编制

客房预算既是饭店预算的基础和重要组成部分，又是客房管理的任务和经营目标的集中体现。它直接决定客房管理的资源分配、资金使用、劳动消耗及经济效益。通过制定客房预算，可以有效控制客房部的各项成本、费用，提高客房部的经济效益，同时也为今后的管理工作做好详细规划。正确编制客房预算，合理确定预算指标，充分发挥客房预算控制功能，是饭店客房管理的重要依据和首要条件。

9.1.1　客房预算的意义

预算是以货币形式反映出来的计划，是企业对将来某个经营周期内的经营活动和经济效益所做出的详细的、综合的计划。客房预算是根据饭店的经营方针和经营决策的要求，在市场调查和指标预测的基础上，对客房管理的任务和目标及其实现措施所做出的安排。为了保证利润目标的实现，客房部应对其经营活动加强预算管理，编制客房部预算，加强事前、事中及事后控制。使客房部的日常经营活动始终以预算为中心，以利润为目标，杜绝经营过程中的主观性决策，从而全面提高客房部的经营管理水平，保证客房部利润目标的实现。

客房部在经营中加强预算管理，对提高客房部经营管理水平有着十分重要意义。

（1）确立明确目标。客房预算管理的本质是目标管理的运用。它是以客房预算指标为中心，必须对客房的收入、成本、费用、利润等指标做出全面安排，形成具体的目标。只有将预算管理和目标管理结合起来，才能发挥预算控制的职能，保证预算指标的顺利完成。在预算的编制过程中，客房部管理人员必须对下一个经营周期内的各项经营活动做出计划，预测各项收支，并在确定客房部经营目标的同时，明确各个职能岗位和各个环节的分目标，使客房部各级管理人员都能明确预算执行过程中各自的职责，以预算来指导和控制各项经营活动。

（2）合理安排各种资源。为了保证经营总目标和分目标的实现，客房部的各级管理者就要制定实现目标的具体计划和措施，对经营活动事先做好组织安排，协调各职能岗位和各环节的工作，科学、合理地使用人力、物力和财力等资源，加强对经营中各种资源利用及消耗的控制，以便用最少的投入取得最佳的经济效果。

（3）提高工作效率。客房部在制定经营目标时，还应制定出考核办法和奖惩制度。经过科学、合理的预算所制定的经营目标，应是各级管理者和全体员工经过努力可以实现的目标。这样就能充分调动全体员工的积极性，明确客房部的预算目标及实现这一目标所要采取的措施，以便密切配合，相互协调，提高效率，积极主动地、创造性地完成利润目标。

（4）提供考核的依据。经营周期结束后，客房部还应将预算执行的实绩与预算进行对比，进行差异分析，做出业绩评价。而事先编制的预算，则是考核客房部实际工作成绩的准绳。

9.1.2 编制预算的原则

编制预算的原则是预算编制及预算指标贯彻执行与考核的指导思想，它形成一种理念和认识，反过来指导实际工作。客房预算编制是一项综合性和专业性较强的工作，它既是饭店总体预算的组成部分，又是客房部管理目标的集中体现。

（1）充分沟通。客房预算的编制是在饭店总经理领导下，根据饭店财务部决策的统一布置，与餐饮部、康乐部、商品部及其他部门的预算同时完成的。其中，客房出租率和客房销售收入预算必须由销售部、前厅部、客房部共同编制，报饭店财务部和总经理审批执行。

（2）实事求是。客房预算的编制必须坚持科学性原则，做到实事求是，反映客观实际，按照客房部的实际情况及经营管理需要进行确定。要正确处理好两个关系：一是预算指标的确定与客源市场的关系，即要坚持以调查资料和市场预测为基础，合理确定，不能主观臆断；二是预算指标的分解和季节波动的关系，即要充分考虑本饭店所在地区的各月、各季市场客源变化规律、饭店的发展潜力和市场推销措施，使季节客房预算指标科学合理，符合季节波动实际情况。同时，还应保持一定的先进性，充分发掘内部潜力，准确把握市场发展趋势，防止经营指标过低，要充分调动广大员工的积极性和主动性。

（3）轻重缓急。编制客房预算时，还应充分考虑预算项目的优先顺序，分开主次，一般可以按照下列次序排列。

第一优先：来年必须购置的项目。

第二优先：增加享乐程度和外观的新项目。

第三优先：未来两年内需要添置的项目。

9.1.3　客房预算的编制方法

编制客房预算时，一般要以计划期内的经营预测、经营历史资料、资源情况、客源状况等为依据，采用科学的方法，准确预测，合理确定，并且要保持预算的连续性和完整性。

1. 客房营业收入预算

客房营业收入预算是预算编制的起点，必须尽量确保其准确性。客房营业收入实际包括两方面内容。一是房租收入预算。它是客房营业收入预算的最主要内容，是由客房出租率、客房双开率、平均房价的高低决定的。二是除房租收入外的相关收入。如洗衣房收入、客房酒吧收入等。这些营业收入应与房租收入预算指标分列，真实反映本部门的预算和实际经营效果。洗衣房与客房酒吧收入可以根据上一个计划期已经达到的水平大致确定。在实际工作中，准确预测房租收入相对较为困难，需要首先确定客房出租率、平均房价等，之后才能编制预算。其计算公式为：

客房营业收入 = 客房出租间天数 × 平均房价 × 客房出租率 × 计划天数

1）客房出租率

客房出租率是指饭店实际出租客房数在可供出租客房总数中所占的比例。它是客房预算的首要指标，也是反映饭店经营状况的一项重要指标。下面介绍几种不同市场环境下预测客房出租率的方法。

（1）序时平均法。

序时平均法的应用条件是：在稳定型市场条件下（指饭店所面临的市场环境较为平稳），一定间隔期的预测对象会形成一个按时间顺序排列的动态系列，预测对象间隔期相等的实际值会有周期变化规律而又相对稳定。其计算公式为：

$$y_t = \frac{0.5y_1 + y_2 + \cdots + y_{n-1} + 0.5y_n}{n-1}$$

其中，y 为基期实际值，n 为基期期数。

（2）加权修正平均法。

加权修正平均法是以基期实际值为基础，分析不同期数的实际值对预测值的影响程度，再给出相应的权数，然后加以修正而求得预测值。其计算公式为：

$$y_t = \frac{\sum y_i \cdot D}{\sum D} + y_n - y_1$$

其中，y 为基期实际值，D 为权数值，n 为基期期数 y_1 为第 1 年实际值。

（3）修正移动平均法。

修正移动平均法主要分为三个步骤：首先，以基期实际值为基础，用简单移动平均法求初次预测值；其次，分析基期实际值的变动情况，求变动趋势值；最后，在对简单移动值的滞后性进行修正的基础上求预测值。其计算公式为：

$$y'_t = \frac{1}{n}(y_{t-1} + y_{t-2} + \cdots + y_{t-n})$$

$$r = \sqrt[m-1]{\frac{y_m}{y_1}} - 1$$

$$y_t = \left(\frac{n-1}{2} + 1\right) \times y'_t \times r + y'_t$$

其中，y 为基期实际值，n 为移动期数，m 为基期期数，t 为预测期数，r 为变动趋势值

例如：某饭店有客房520 间，前3 年及1、2、3 月的客房出租率见表9 –1。预算下一年度和第一季度（淡季）的平均房租分别为428. 68 元和298. 45 元，请分别用序时平均法、加权修正平均法与修正移动平均法预测下一年度及1、2、3 月的客房出租率，并用三种方法的平均值确定下一年度及1、2、3 月的客房出租率指标及房租收入预算（假定加权修正平均法的权数 D 分别为0. 8、1. 2、1. 8，修正移动平均法的移动期数 $n=3$）。

表9 –1　某饭店前3 年及一季度客房出租率

年　次	年　度	1月	2月	3月
1	71. 5%	48. 5%	39. 2%	56. 8%
2	72. 3%	49. 4%	41. 5%	57. 4%
3	73. 4%	49. 8%	43. 8%	58. 6%

解：（1）序时平均法。

$$y_{年} = \frac{0.5 \times 71.5\% + 72.3\% + 0.5 \times 73.4\%}{3-1} \approx 72.38\%$$

$$y_{1月} = \frac{0.5 \times 48.5\% + 49.4\% + 0.5 \times 49.8\%}{3-1} \approx 49.28\%$$

$$y_{2月} = \frac{0.5 \times 39.2\% + 41.5\% + 0.5 \times 43.8\%}{3-1} = 41.5\%$$

$$y_{3月} = \frac{0.5 \times 56.8\% + 57.4\% + 0.5 \times 58.6\%}{3-1} = 57.55\%$$

（2）加权修正平均法。

$$y_{年} = \frac{71.5\% \times 0.8 + 72.3\% \times 1.2 + 73.4\% \times 1.8}{0.8 + 1.2 + 1.8} + 73.4\% - 71.5\% \approx 74.55\%$$

$$y_{1月}=\frac{48.5\%\times0.8+49.4\%\times1.2+49.8\%\times1.8}{0.8+1.2+1.8}+49.8\%-48.5\%=50.7\%$$

$$y_{2月}=\frac{39.2\%\times0.8+41.5\%\times1.2+43.8\%\times1.8}{0.8+1.2+1.8}+43.8\%-39.2\%\approx46.71\%$$

$$y_{3月}=\frac{56.8\%\times0.8+57.4\%\times1.2+58.6\%\times1.8}{0.8+1.2+1.8}+58.6\%-56.8\%\approx59.64\%$$

（3）修正移动平均法。

① 求简单移动平均值：

$$y'_{年}=\frac{1}{3}(71.5\%+72.3\%+73.4\%)=72.4\%$$

$$y'_{1月}=\frac{1}{3}(48.5\%+49.4\%+49.8\%)\approx49.23\%$$

$$y'_{2月}=\frac{1}{3}(39.2\%+41.5\%+43.8\%)=41.5\%$$

$$y'_{3月}=\frac{1}{3}(56.8\%+57.4\%+58.6\%)=57.6\%$$

② 计算变动趋势值：

$$r_{年}=\sqrt{\frac{73.4\%}{71.5\%}}-1\approx1.32\%$$

$$r_{1月}=\sqrt{\frac{49.8\%}{48.5\%}}-1\approx1.33\%$$

$$r_{2月}=\sqrt{\frac{43.8\%}{39.2\%}}-1\approx5.7\%$$

$$r_{3月}=\sqrt{\frac{58.6\%}{56.8\%}}-1\approx1.57\%$$

③ 计算客房出租率：

$$y_{年}=\left(\frac{3-1}{2}+1\right)\times72.4\%\times1.32\%+72.4\%\approx74.31\%$$

$$y_{1月}=\left(\frac{3-1}{2}+1\right)\times49.23\%\times1.33\%+49.23\%\approx50.54\%$$

$$y_{2月}=\left(\frac{3-1}{2}+1\right)\times41.5\%\times5.7\%+41.5\%\approx46.23\%$$

$$y_{3月}=\left(\frac{3-1}{2}+1\right)\times57.6\%\times1.57\%+57.6\%\approx59.41\%$$

④ 计算平均客房出租率及房租收入预算（表 9－2）：

$$y_{年}=\frac{1}{3}(72.38\%+74.55\%+74.31\%)\approx 73.75\%$$

$$y_{1月}=\frac{1}{3}(49.28\%+50.7\%+50.54\%)\approx 50.17\%$$

$$y_{2月}=\frac{1}{3}(41.5\%+46.71\%+46.23\%)\approx 44.81\%$$

$$y_{3月}=\frac{1}{3}(57.55\%+59.64\%+59.41\%)\approx 58.87\%$$

表 9－2　房租收入预算　　单位：万元

指　　标	年　　度	1 月	2 月	3 月
客房出租率	73.75%	50.17%	44.81%	58.87%
出租间天数	139 977.5	8 087.40	6 524.34	9 489.84
房租收入	6 000.56	241.37	194.72	283.22

（4）季节指数法。

季节指数法适用于季节型市场环境（指预测对象具有季节波动性），它是在年度预测的基础上，根据预测对象的基期实际值，分析季节波动程度，求出季节指数，然后预测计划期内预测对象的各月或各季的预测值。其计算公式为：

$$r=\frac{x}{y}\times 100\%$$

其中，x 为月（季）完成数，y 为全年完成数。

$$y_t=y_0\times(1+n\%)\times r$$

其中，y_0 为上年实际值，n 为年度增减率，r 为季节指数。

（5）累计百分比预测法。

累计百分比预测法是以预测对象的累计数和累计百分比为基础，先确定预测对象预算期内的全年预测值，然后根据累计百分比计算预算期内的各月累计值和预测值。其计算公式为：

$$f=\frac{y_i}{y_n}\times 100\%$$

其中，y_i 为各月累计值，y_n 为年度累计值。

$$y_t=y_0\times(1+n\%)\times f$$

其中，y_0 为上年实际值，n 为年度增减率，f 为各月累计百分比，y_t 为各月预测累计值。

例如：某饭店有客房200间，上年各月的客房出租间天数见表9－3。根据市场调查分析，下一年度客房出租间天数将比上年增加3.82%，分别用季节指数法和累计百分比预测法预测下一年度各月客房出租间天数和客房出租率。

表9-3 上年各月的客房出租间天数

月份	1	2	3	4	5	6	7	8	9	10	11	12
出租间次	2 368	1 826	2 815	3 096	3 565	4 278	4 259	5 239	5 388	5 859	4 584	3 267

解：(1) 季节指数法。

① 预测下一年度客房出租间天数：

上年客房出租间天数累计为46 544间次。

$$y_t' = 46\ 544 \times (1 + 3.82\%) = 48\ 321.98(\text{间天})$$

② 列表计算下一年度各月客房出租率：

月 份	上年出租间天数	季节指数	下年出租间天数	客房出租率
1	2 368	5.09%	2 459.59	39.67%
2	1 826	3.92%	1 894.22	33.83%
3	2 815	6.05%	2 923.48	47.15%
4	3 096	6.65%	3 213.41	53.56%
5	3 565	7.66%	3 701.46	59.7%
6	4 278	9.19%	4 440.79	74.01%
7	4 259	9.15%	4 421.46	71.31%
8	5 239	11.26%	5 441.05	87.76%
9	5 388	11.58%	5 595.69	93.26%
10	5 859	12.59%	6 083.74	98.12%
11	4 584	9.85%	4 759.72	79.33%
12	3 267	7.02%	3 392.20	54.71%
合计	46 544	100%	48 321.98	66.19%

(2) 累计百分比预测法。

月 份	上年各月间天数	上年累计间天数	上年累计百分比	下年累计间天数	下年各月间天数	客房出租率
1	2 368	2 368	5.09%	2 459.59	2 459.59	39.67%
2	1 826	4 194	9.01%	4 353.81	1 894.22	33.83%
3	2 815	7 009	15.06%	7 277.29	2 923.48	47.15%
4	3 096	10 105	21.71%	10 490.70	3 213.41	53.56%

续表

月　份	上年各月间天数	上年累计间天数	上年累计百分比	下年累计间天数	下年各月间天数	客房出租率
5	3 565	13 670	29.37%	14 192.17	3 701.47	59.7%
6	4 278	17 948	38.56%	18 632.96	4 440.79	74.01%
7	4 259	22 207	47.71%	23 054.42	4 421.46	71.31%
8	5 239	27 446	58.97%	28 495.47	5 441.05	87.76%
9	5 388	32 834	70.54%	34 086.32	5 590.85	93.18%
10	5 859	38 693	83.13%	40 170.06	6 083.74	98.12%
11	4 584	43 277	92.98%	44 929.78	4 759.72	79.33%
12	3 267	46 544	100%	48 321.98	3 392.20	54.71%
合计	46 544	46 544	100%	48 321.98	48 321.98	66.19%

2）双开率

仅仅测算客房出租率并不能完全、准确地反映客房出租状况及产生的效益和成本费用，因为在已出租房间中，每间房住 2 位客人与每间房只住 1 位客人的成本费用和效益是不同的。因此，使用“双开率”这个指标，并与客房出租率配合使用，才能全面、科学、正确地反映客房出租状况及由此而产生的经济效益。双开率是指在已出租客房中，双人使用的房间数所占的比例。其计算公式为：

$$双开率 = \frac{双人使用的房间数}{已出租客房总数} \times 100\%$$

$$双人使用房间数 = 客人总数 - 已出租房间数$$

例如：某天某饭店共接待客人 420 人，当日出租客房 300 间，则双开率为：

$$双开率 = \frac{客人总数 - 已出租客房数}{已出租客房总数} \times 100\% = \frac{420 - 300}{300} \times 100\% = 40\%$$

3）理想平均房价

理想平均房价是指饭店各类客房以现行牌价，按不同的客人结构出租时可达到的理想的平均房价。它是一定时间内从最低价格出租客房和从最高价格出租客房价格得出的平均值。计算时要结合客房出租率、双开率及客房牌价进行。

例如：某饭店共有客房 400 间，其类型及出租牌价见表 9 - 4。预计未来该饭店的客房出租率可达 80%，双开率为 30%，计算期为 12 个月，求其理想平均房价。

表 9-4　某饭店客房类型及出租牌价

客房类型	数量（间）	牌价（元）	
		1 人住	2 人住
单人房	50	140	—
标准间	300	200	260
普通套房	40	300	400
高级套房	10	450	600

解：（1）从低档到高档计算每日客房收入。

为客人排房时，先从最低档的单人房开始，依次向高一档的客房类型递进，直至把客人全部安排完为止。由此计算出的客房收入就是每日最低客房收入。

饭店平均每天的开房数为 $400 \times 80\% = 320$ 间，每日客房收入分别为：

$$50 \times 140 = 7\,000 \text{（元）}$$

$$270 \times (1 - 30\%) \times 200 + 270 \times 30\% \times 260 = 58\,860 \text{（元）}$$

每日客房收入总计：$7\,000 + 58\,860 = 65\,860$（元）

（2）从高档到低档计算每日客房收入。

为客人排房时，先从最高档的高级套房开始，依次向低一档的客房类型续排，直至把客人全部安排完为止。由此计算出的客房收入就是每日最高客房收入。

每日客房收入分别为：

$$10 \times (1 - 30\%) \times 450 + 10 \times 30\% \times 600 = 4\,950 \text{（元）}$$

$$40 \times (1 - 30\%) \times 300 + 40 \times 30\% \times 400 = 13\,200 \text{（元）}$$

$$270 \times (1 - 30\%) \times 200 + 270 \times 30\% \times 260 = 58\,860 \text{（元）}$$

每日客房收入总计：$4\,950 + 13\,200 + 58\,860 = 77\,010$（元）

（3）计算理想平均房价。

$$\text{理想平均房价} = \frac{(65\,860 + 77\,010) \div 2}{400 \times 80\%} \approx 223.2 \text{（元）}$$

2. 营业费用预算

客房营业费用项目很多，包括房屋和家具用具、洗衣房的机器设备等固定资产的折旧、员工工资与各项福利开支、水电费、燃料费、各种物料消耗、维修费用及税金等。客房营业费用预算是在客房收入和出租率预测的基础上制定的，格式参见表 9-5。下面以物料消耗品为例：

$$\text{物料消耗预算} = \sum(\text{某类消耗品每间客房配备量} \times \text{客房出租间天数} \times \text{预算期天数} \times \text{客房出租率} \times \text{某类消耗品平均单价})$$

例如：某饭店共有客房400间，年平均客房出租率预测为80%，茶叶和牙具每天每间客房配备量分别为2包和2只，单价分别为0.3元和0.5元，确定茶叶和牙具的年度预算。

解：根据上述公式，茶叶和牙具预算分别为：

$$2\times400\times80\%\times365\times0.3=70\ 080\text{（元）}$$
$$2\times400\times80\%\times365\times0.5=116\ 800\text{（元）}$$

物料消耗预算也可以先测算出单位变动费用（即间天变动费用），然后再确定预算期客房费用。其计算公式为：

预算期客房费用＝客房单位变动费用×预算期客房出租间天数

例如：某饭店在客房内为客人提供的一次性消耗用品平均为25元/间天，预计年度客房出租间天数为43 800间天，确定一次性消耗用品年度预算。

解：一次性消耗用品年度预算＝25×43 800＝1 095 000（元）

表9－5 某饭店客房营业费用预算总表 单位：元

项目	上年实际	上年预算	本年预算	备注
第一优先项目				预计今年出租率上升9%，补齐缺编10名员工。
工资	338 400	340 000	430 560	增加物价上涨因素（按15%计）。
工作服	16 920	17 000	26 000	增加员工，今年每人需发皮鞋一双（70元/双）。
医药费	25 560	23 560	27 960	240元/人年×104人＋3 000元重病超支保险费
床单			57 600	急需补充两套，30元/床。
洗衣房洗涤剂	36 000	35 000	45 000	业务量增加，洗涤剂价调15%。
客房PA洗涤用品	15 000	18 000	9 600	部分改用国内产品。
客房易耗品	245 000	230 000	226 000	去年有剩余。3.3元/间×240间×82%出租率×365天×95%消耗率。
维修保养费	70 000	75 000	38 000	去年购置烘干机一台4万元。
第二优先项目				
清洁工具等	9 000	15 000	1 100	考虑上涨因素。
临时工工资	12 000	10 000	6 000	去年用得多，今年旺季用一些。
差旅培训费	4 800	5 000	4 500	去年批量实习，今年少数骨干培训。
邮电通讯费	2 100	2 000	2 100	
第三优先项目				
办公用品及印刷品	4 000	5 000	3 000	去年有剩余。
员工生日及生病等	2 700	3 000	2 800	
奖金	293 280	280 000	330 000	员工、业务增加，计划增长10%。
劳保用品	16 920	18 000	18 720	
累计			1 238 840	

3. 营业利润预算

客房营业利润预算是以收入预算和成本利润预算为基础的。营业利润是由预算期客房的各项营业收入减去客房的营业成本、营业费用和营业税金后的余额。

例如：某饭店的客房年营业收入预算为：房租收入10 932.74万元，客房酒吧收入111.05万元，洗衣房收入129.06万元。营业费用预算为：管理费用306.12万元，维修费用196.79万元，水电费用262.39万元，洗涤费用153.06万元，棉织品费用87.46万元，客用品费用174.92万元，清洁用品费用229.59万元，其他费用1 727.37万元，固定资产折旧612.07万元，营业税金714.44万元。试确定该饭店的客房年营业利润预算。

解：客房年营业利润预算＝10 932.74＋111.05＋129.06－306.12－196.79－262.39－153.06－87.46－174.92－229.59－1 727.37－612.07－714.44＝6 708.64（万元）

9.2 客房部预算的控制与分析

控制是管理的基本职能之一，客房预算的控制是饭店内部管理的重要部分。只有预算而缺乏有效的控制，预算就会失去实际意义，无法实现经营目标。客房部预算经过审批后，必须严格执行，并对执行情况进行检查，一旦与实际状况发生较大误差，必须及时采取措施，以确保预算指标的完成。同时，还要对客房预算的执行情况、经营状况等进行研究与分析。

9.2.1 客房部预算的控制

1. 客房部营业收入的控制

饭店应建立健全客房收入的内部控制制度。通过客房收入的发生、确认、计算、取得、汇总等一系列活动，对饭店客房收入进行有效的控制。

1）内部控制的原则

（1）合法性。客房收入的内部控制必须在合法的前提下进行，无论是客人入住手续，还是房费的计价、增减，都应符合相关法律法规、有关部门及饭店企业管理的程序。

（2）完整性。饭店企业的所有客房收入都必须无一例外、一分不漏地全部统计在内。

（3）准确性。饭店企业的客房收入应用科学的方法准确地计量，并在相当长的一段时间内，保持计量方法的一致性。

(4) 及时性。饭店企业的客房收入应按规定及时入账，暂时收不回来的，应该有相应的措施加以催收。

2) 饭店企业客房收入的内部控制体系

客人办理完毕入住手续，住进客房，开始享用客房住宿使用权后，则标志着销售实现；向客人提供和保持整洁、舒适的客房环境，并且为满足其各种合理需求而进行相关工作，就意味着提供服务；在客人离店时，结算收取其享用客房及服务的相应款项即为收款。这一系列的工作涉及销售部（或前厅部）、客房部、财务部3个主要部门。3个主要部门相对独立，又相互制约，构成一个控制体系。该体系以前台结账为中心构成一个收入信息系统，如图9－1所示。

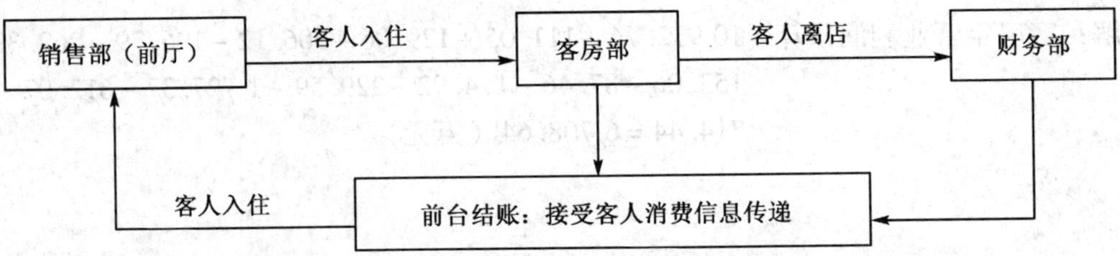

图9－1　饭店客房收入内部控制体系图

2. 客房部费用的控制

客房经营作为饭店的主要项目之一，其营业收入占整个饭店营业收入的一半左右。加强客房部费用的日常控制与管理，对降低整个饭店的费用支出具有重要的意义。

客房经营过程中发生的各项支出可以通过营业费用进行核算。客房费用的高低与客房出租率的高低有直接的关系。客房费用分为固定费用和变动费用两部分。因此，控制客房费用的支出，降低消耗，应从这两方面着手。

(1) 降低单位固定费用。客房费用中绝大部分支出属于固定费用支出，且该项支出的绝大部分又都是在投资时决定的，所以要有效地控制固定费用需从投资时开始，要进行详细的市场调研、准确的市场定位和饭店企业的档次定位，控制好投资总额。在饭店企业建成后，要通过出租数量的增加来降低每间客房分摊的固定费用。另外，还要做好对固定设施的日常维护和保养，延长设施使用寿命，减小提前报损的比例。

(2) 控制单位变动费用。变动费用虽然相对于固定费用来说占用的比例较小，但其控制的难度较大，若重视不够就会积少成多，造成客房费用的上升和浪费，应做好以下几点。

① 制定并很好地执行客房消耗品支出定额。消耗品定额是对可变费用进行控制的依据，必须按饭店企业的不同档次制定消耗品配备数量和等级规格。对一次性消耗品的配备数量，要按照客房出租情况落实到每个岗位和个人，做好登记，以便对每个人所管辖的客房消耗品数量进行对比和考核，并根据具体情况和有关规定进行相应的奖励和处罚。对于非一次性用品的消耗，要按饭店企业的档次和正常磨损的要求确定耗用量，尽量减少使用不当造成的损

耗。要加强布草房的领发料控制和安全保卫工作，以减少损失。

② 对水电消耗进行有效控制。有的饭店采用划分水表、电表的方式，并通过给部门下达控制指标的方法进行部门控制；还有一些有条件的饭店，通过再投资进行更新改造，实行电子磁卡门锁等装备，有效地降低了电费的消耗。

③ 饭店要适应时代发展的需要，开发建设绿色饭店企业，注重环保意识的培养和符合环保要求的饭店产品的开发，降低洗涤费的支出，减少对环境的污染程度。

☞ 案例分析

新湖饭店标本兼治——为节约者设大奖

背景资料

千里之行，始于足下。无论一家酒店有多么雄厚的资产，都经受不了来自于内部的无端损耗，比起因管理不善而引起的资源浪费来说，贪污公物、挪用公家财产的危害更大。熟悉酒店经营的人都深知，酒店的每一分钱利润都来之不易，而相反通过贪污挥霍所引起的亏损却是触目惊心。当然，类似于一次性用品这样的问题，的确也存在管理上的技术问题，简单粗暴的方法不行，过分迁就的路子也不对。关键在于，管理者下的决心有多大，花的心思有多深，毕竟这并不是不能解决的难题。

洛阳市新湖饭店坐落在繁华市区，是一家中外合资的现代化宾馆。饭店里装饰高雅、气势恢弘，给洛阳人带来了崭新的消费概念，甚至于为住店客人配备的一次性用品也成了人们竞相收集的精品。一次性用品通过非正当渠道大量流出饭店，仅 5 月份一个月就损失了约 5 万多元，而且屡禁不绝，形成了一个巨大的“黑洞”。

巨大的黑洞震动了新湖饭店的全体员工。据调查，大量流失的一次性用品，除了少部分是由房客带走外，大部分是饭店服务员顺手牵羊，带出去送给亲朋好友，个别胆大包天的员工还用提包偷走整盒的香皂、牙具，然后在自家的小商店里兜售。对此，客房部管理办煞费苦心，出台了一个又一个的规章制度，也重罚了几名违纪员工，但收效甚微。

分管客房的方副总对此非常重视。他放下手头所有工作，撇开所有以往的报告资料，亲自深入各个服务楼层，反复征询各方意见，最后制订了一套全新的管理方案。他说：“败也萧何，成也萧何。”流失现象主要是由客房和仓管部的员工造成的，那么节约工作也理应由他们来完成。以前虽然也意识到了这一点，并采取了“总承包”、员工下班查包和突击检查员工衣柜等方法。虽有一些作用，但也只能治标而不能治本，因为流失现象已经不是个别现象了。

“要彻底有效地堵住这个漏洞，就必须充分调动起员工的积极性。以往用‘赔’的办法，工作方法还是简单了一些。现在看来。必须改用‘疏’的办法，将员工自身的经济利益和一次性用品的节约联系起来，使员工把节约当成自己的事。这样就不但不会流失，而且有些住店客人没有使用的用品还可以再次使用，真正达到了节约的目的。”

在方总的支持下，客房部迅速制订了具体的实施办法。其中的主要内容有：

第一、以每周住房的实际人数为基础，每位客人每天一套为限额，统计实际需求量；

第二、由仓管部、客房部共同统计、核定每周实际使用量，分楼层、分班次核算；

第三、在此基础上将实际使用量与实际需求量对照，使用量大于需求量较多时，则为严重流失，扣除该班组全月奖金；使用量小于需求量时，则为节约有方；将客人未使用的用品回收使用，专设“节约奖”；各班组间展开竞赛，完成节约指标者奖，流失情况屡无起色者严肃处理。

以“疏”代“堵”的节约奖实行后，立竿见影，一次性用品的严重流失得到了基本控制，同时在员工中也开展了一场“爱店如家”的思想教育活动。

点评

成本监控宜“疏”“堵”结合。

一次性用品的成本监控宜“疏”“堵”结合。与酒店其他设施设备的高昂造价相比，一次性用品确实显得微不足道，但倘若将一次性用品的费用列到客房的日常开支表中来看，便不难发现：一次性用品的开支是客房日常成本中的大头，直接影响到客房销售利润。从全年来看，购买一次性用品的投入是一笔颇有分量的资金。

在与中山大学酒店管理系学生的座谈会上，白天鹅宾馆总经理杨小鹏向全体学生提出了一个问题：如果服务员有夹带香皂、洗头液出店的现象，怎么办？由此可知，一次性用品的流失是酒店行业非常普遍而又难以禁绝的现象。除了给酒店带来了经济上的直接损失外，还危及酒店在社会公众中的形象，至少人们会觉得这家酒店管理松懈，员工的敬业精神差，将酒店财产当做了自家物什。“黑洞”的长期存在将侵蚀管理工作的权威性，不久人们的手又将伸向舞厅的唱碟、餐厅的银餐具……

许多管理者意识到了这一点，千方百计想堵住漏洞。有的在早班服务员下班前组织全体管理人员搞突袭式的检查。堵住所有的出口，所有楼层的员工同时接受检查，凡个人提包里装有一次性用品的都予以重罚。这种方式的缺点就是容易造成上下级之间的对立情绪，而且声势浩大，频率不可能太高。日子久了，次数多了，服务员也就和管理人员之间玩开了“官捉强盗”的游戏，有时管理人员刚准备出动，所有服务员就已严阵以待了。

也有的酒店图省事干脆将用品数量总承包。具体到楼层来说，每个月你领走2 000套，多不退，少不补。这种方法操作简单，问题也明显：一方面会降低整体服务质量，服务员将开封过的针线包、牙刷等又留给下一位客人；另一方面，这种做法也表明了管理者的无能，降低了管理威信，增加了员工的不自觉性。

新湖饭店推行的“节约奖”也没有达到十全十美的程度，尤其是对于职业素质差的员工而言作用不显著，所以还应配套以强硬的“堵”的措施。但是它抓住了一个关键因素，即充分重视并积极调动员工的主观能动性，将节约堵流变成员工自己的事情，以“疏”代“堵”，“疏”“堵”结合，不失为一个好点子。只要能持之以恒，奖惩兑现，是完全有可能解决好这个难题的。当然，此方法更重要的还是员工的敬业精神和职业素质及管理者实事求是的作风和令人信服的威严。

9.2.2　客房部预算的分析

1. 盈亏平衡点

客房部预算的编制与控制，除了对营业收入和营业费用进行预测外，还应对其进行盈亏平衡点分析，预测预算期内客房部的保本营业额。盈亏平衡点也称“保本点”，是营业收入与成本费用相等、不亏不盈的分界点。对客房而言，保本点可以用客房出租间天数表示，也可以用营业收入和出租率来表示。其计算公式为：

$$保本客房出租间天数=\frac{保本营业额}{平均房价}=\frac{固定成本总额}{平均房价\times（1-变动成本率）}$$

$$保本营业额=\frac{固定成本总额}{1-变动成本率}$$

$$保本出租率=\frac{保本营业额\div平均房价}{客房出租间天数}\times100\%=$$

$$\frac{固定成本总额}{平均房价\times客房总数\times计划期天数\times（1-变动成本率）}\times100\%$$

例如：某饭店共有客房 500 间，客房的平均房价为 100 美元，2004 年 8 月客房营业收入为 105 万美元，固定成本为 34 万美元，变动成本率为 52%。试分别用月客房出租间天数、营业收入和出租率来表示盈亏平衡点。

解：$保本客房出租间天数=\frac{340\ 000}{100\times（1-52\%）}\approx7\ 084$（间天）

$客房保本营业额=\frac{340\ 000}{1-52\%}\approx708\ 333$（美元）

$客房保本出租率=\frac{708\ 333\div100}{500\times30}\times100\%=47.2\%$

如果这家饭店的客房出租率低于 47.2%，饭店就会亏损；若高于 47.2%，饭店就可以盈利。

2. 因素替换法

因素替换法也称因素分析法、连环替代法，是对影响预算指标的各个因素的影响程度进行分析。其具体步骤是：

（1）列举出影响预算指标的相关因素及关系式。

(2) 排列因素并按顺序对相关因素进行替代。

(3) 分别测定各因素对预算指标的影响程度。

(4) 综合并汇总各因素对预算指标的总体影响，找出问题所在。

1) 客房营业收入分析

例如：某饭店客房部的年营业收入预算为876万元，预计平均房价为200元/间天，预计年客房出租间天数为43 800间天。而预算期内客房部的实际年营业收入为843万元，实际平均房价为210元/间天，实际年客房出租间天数为40 150间天。

解：(1) 影响客房营业收入预算的主要因素是平均房价和客房出租间天数。

本例中的实际营业收入 = 实际平均房价 × 实际客房出租间天数

= 210 × 40 150 ≈ 843（万元）

(2) 用预计平均房价和客房出租间天数逐步进行替换。

营业收入a = 预计平均房价 × 实际客房出租间天数 = 200 × 40 150 = 803（万元）

营业收入b = 预计平均房价 × 预计客房出租间天数 = 200 × 43 800 = 876（万元）

(3) 分别测定平均房价和客房出租间天数两个因素对营业收入预算的影响程度。

① 平均房价的影响

实际营业收入 - 营业收入a = 843 - 803 = 40（万元）

由于实际平均房价高于预计平均房价10元/间天，使得实际营业收入比预计营业收入增加40万元。

② 客房出租间天数的影响

营业收入a - 营业收入b = 803 - 876 = -73（万元）

由于实际客房出租间天数比预计客房出租间天数少3 650（间天），使得实际营业收入比预计营业收入减少73万元。

(4) 综合分析。

由于受平均房价和客房出租间天数两个因素的共同影响，使得该饭店客房部实际营业收入比预计营业收入减少33万元。

2) 客房营业费用分析

例如：某饭店客房部的年营业收入预算为876万元，而预算期内客房部的实际年营业收入为843万元。预算期的年棉织品损耗额预计为26 280元，预计年棉织品损耗率为0.3%。而预算期的棉织品实际损耗额为33 720元，实际损耗率为0.4%。

解：(1) 影响客房部棉织品损耗额预算的主要因素是营业收入和损耗率。

本例中的实际棉织品损耗额 = 实际营业收入 × 实际棉织品损耗率 =

8 430 000 × 0.4% = 33 720（元）

（2）用预计营业收入和损耗率逐步进行替换。

棉织品损耗额 a = 预计营业收入 × 实际棉织品损耗率 = 8 760 000 × 0.4% = 35 040（元）

棉织品损耗额 b = 预计营业收入 × 预计棉织品损耗率 = 8 760 000 × 0.3% = 26 280（元）

（3）分别测定营业收入和损耗率两个因素对棉织品损耗额预算的影响程度。

① 营业收入的影响

实际损耗额 - 损耗额 a = 33 720 - 35 040 = -1 320（元）

由于实际营业收入低于预计营业收入 33 万元，使得实际棉织品损耗额比预计损耗额减少 1 320 元。

② 损耗率的影响

损耗额 a - 损耗额 b = 35 040 - 26 280 = 8 760（元）

由于实际损耗率高于预计损耗率 0.1%，使得实际棉织品损耗额比预计损耗额增加 8 760元。

（4）综合分析。

由于受营业收入和损耗率两个因素的共同影响，使得该饭店客房部棉织品损耗额比预计棉织品损耗额增加 7 440 元。

3. 比较法

比较法又称对比分析法，是通过对可比性的指标进行对比来确定指标间的差距，发现问题，查明原因。一般可以用计划作为标准，也可以将历史资料作为标准，或是以同行业的相同指标作为标准。

4. 结构分析法

结构分析法是以统计资料为基础，分析构成客房部的某一项预算指标（如营业收入、营业费用等）的各种要素在总体中的比重及其变化，从而找出主要原因的一种方法。

例如：某饭店共有客房 438 间，2003 年第三季度的客房销售及前后两期的相关资料见表 9-6。试用比较法和结构分析法对该饭店客房销售收入及其变动情况进行分析。

表 9-6　某饭店客房销售收入统计表　　单位：万元

项　目	三季度计划	三季度实际	二季度实际	去年同期
出租率	82.5%	84.2%	81.6%	83.4%
平均房价	328.4 元	335.6 元	312.7 元	329.8 元
折扣率	90.2%	92.8%	88.4%	89.5%
出租间天数	33 244.2	33 929.23	32 881.54	33 606.86

续表

项　目	三季度计划	三季度实际	二季度实际	去年同期
房租收入	984.75	1 056.68	908.93	991.98
其中：散客	418.52	441.69	395.38	422.58
商务	181.19	215.56	152.74	180.54
团队	262.93	248.32	232.78	273.79
其他	122.11	151.11	128.03	115.07

解：（1）比较法。

具体运用比较法时，对不同标准进行比较的计算方法基本相同，一般可以采用绝对数比较和相对数比较的形式。

① 绝对数比较。

就是利用绝对数进行对比，从而寻找差异的一种方法。以平均房价为例，2003 年第三季度与计划数、第二季度和去年同期比较，增减变动情况分别为：

$$335.6-328.4=7.2\text{（元）}$$
$$335.6-312.7=22.9\text{（元）}$$
$$335.6-329.8=5.8\text{（元）}$$

② 相对数比较。

就是以增长百分比或完成百分比指标来进行分析的一种方法。同样以平均房价为例，2003 年第三季度与计划数、第二季度和去年同期比较，增减变动情况分别为：

$$7.2\div328.4\times100\%\approx2.19\%$$
$$22.9\div312.7\times100\%\approx7.32\%$$
$$5.8\div329.8\times100\%\approx1.76\%$$

其他指标的计算方法相同，结果见表 9－7。

（2）结构分析法。

用结构分析法可以对房租收入结构的变动情况进行比较分析。以与计划期比较为例，2003 年第三季度与计划数、第二季度和去年同期比较，增减变动情况分别为：

散客为：$441.69-418.52=23.17$（万元）

增加：$23.17\div418.52\times100\%\approx5.54\%$

商务客人为：$215.56-181.19=34.37$（万元）

增加：$34.37\div181.19\times100\%\approx18.97\%$

团队客人为：$248.32-262.93=-14.61$（万元）

减少：$-14.61\div262.93\times100\%\approx-5.56\%$

其他客人为：$151.11-122.11=29$（万元）

增加：29 ÷ 122.11 × 100% ≈ 23.75%

其他指标的计算方法相同，结果见表 9 - 7。

表 9 - 7　客房销售对比分析表

单位：万元

项　目	绝对差异			相对差异		
	与计划比	与上期比	与去年同期比	与计划比	与上期比	与去年同期比
出租率	1.7%	2.6%	0.8%	2.06%	3.19%	0.96%
平均房价	0.000 72	0.002 29	0.000 58	0.000 219	0.000 732	1.76%
折扣率	2.6%	4.4%	3.3%	2.88%	4.98%	3.69%
出租间天	685.03	1 047.69	322.37	2.06%	3.19%	0.96%
房租收入	71.93	147.75	64.70	7.3%	16.26%	6.52%
其中：散客	23.17	46.31	19.11	5.54%	11.71%	4.52%
商　务	34.37	62.82	35.02	18.97%	41.13%	19.4%
团　队	-14.61	15.54	-25.47	-5.56%	6.68%	-9.3%
其　他	29.00	23.08	36.04	23.75%	18.03%	31.32%

思考题

1. 客房预算的意义与编制原则是什么？
2. 客房预算的主要内容有哪些？
3. 什么是盈亏平衡点？进行盈亏平衡点分析有何意义？
4. 怎样做好客房预算的控制工作？
5. 预测客房出租率的方法主要有哪些？
6. 客房预算分析的主要方法有哪些？
7. 计算下例中的平均房价。

某饭店共有客房 300 间，预算客房出租率淡季为 61.5%，旺季为 89.4%，双开率分别为 28.4% 和 72.8%。饭店制定的客房牌价见表 9 - 8。试预算该饭店在淡、旺季的客房理想平均房价。

表 9 - 8　某饭店客房类型及出租牌价

客房类型	数量（间）	淡季牌价（元）		旺季牌价（元）	
		1 人住	2 人住	1 人住	2 人住
单人房	40	180	—	270	—
双人房	30	290	385	435	570
标准房	180	380	505	540	720
套　房	50	740	980	960	1 270

第 10 章　客房服务质量管理

学习目标

◎ 熟悉客房服务质量的特点及内容。
◎ 了解客房清洁保养质量控制标准。
◎ 了解客房质量管理制度。
◎ 掌握客房全面质量管理的特点及实施方法。

10.1　客房服务质量概述

10.1.1　客房服务质量的含义

服务质量是指客房部的各项服务在使用价值上（包括物质和精神上）适合和满足宾客需要的程度。衡量客房服务质量优劣的主要标志就是要看饭店客房在以直接劳动形式所创造的使用价值作为消费对象能否满足宾客的各种不同需要及其满足的程度如何。

10.1.2　服务质量的特点

1. 服务质量是有形性与无形性的组合

由于服务质量是有形性和无形性的组合，就给服务质量的标准带来特殊性。服务质量的有形性指设施设备、饮料食品等；服务质量无形性是指环境气氛、安全、劳务等。

根据这一特点，客房管理者要做到：

（1）对客房服务质量要有全面的观念；

（2）要制定客房服务规程，使其服务规范化、程序化、标准化；

（3）要了解市场信息和客人的需要，以及国内外客房服务质量的新动态。

2. 客人对客房服务的评价标准不同

饭店的宾客来自五湖四海，客人中由于身份、地位、职业、国籍、地区、民族、宗教信仰、经济基础等的不同，往往对饭店的服务质量的评价不同。每个客人对服务质量的评价带有很大的个人主观性，符合他们需求的认为质量好；反之，不符合他们需求的则认为质量不好。

根据这一特点，客房管理者在服务质量管理中要指导下属做好以下几个方面。

1）针对性服务

所谓针对性服务，就是指除了满足宾客一般共性需求外，针对宾客的特性需求而提供的一种服务。如一对来自法国的度蜜月的青年男女，入住某饭店。该饭店为了祝贺他们新婚，要求客房服务员送一束黄菊花，但客人接到后反而进行了投诉，因为黄色在法国是不吉祥的。但如果给他们送一束紫罗兰，则会让他们非常满意。所以，要做到针对性服务，除了需要管理者有知识经验外，还需要管理者善于现场观察，从观察客人微小的变化中推断客人的需求，指导下属做好针对性服务。

客房服务员在针对性服务中应做到以下几个方面。

（1）随机应变，投其所好，满足宾客的个性需求是非常重要的。

（2）建立宾客个性需求档案，实行跟踪服务。例如：一位客人要睡高枕头，枕头忌讳朝西；另一位客人习惯晚睡晚起；还有位客人有特别的洁癖等个性需求，这些要求仅靠服务员记忆是不可靠的，更不能长久。因此，客房部应把经常来店的客人的需求、习惯、癖好、忌讳都储入电脑，客人再次光临，不用开口，服务员就能为其提供针对性服务。

（3）制定相应规范，设立专门的服务项目，满足客人潜在的个性需求。例如，某饭店对入住 20 次以上的客人，列入常客档案，客房的信封、火柴上面就印有他烫金的姓名，打开衣柜，一件合身定制的浴衣，也绣有他的姓名。这样客人的身份在这里得到了体现，自尊得到了最大限度的满足。

2）预料性服务

所谓预料性服务，就是指在客人到达饭店前根据得到的客人需求信息，做好接待前的准备。例如，某饭店在接待国际篮球赛球员入住时，客房部需提前整理好房间，加长床位，原因在于国际男子篮球队的球员身高多数在 2 米以上，而饭店的床一般都是 2 米长的居多。

为了做好预料性服务，客房管理者除了要善于总结接待服务的规律，按规律办事之外，还要在接待服务前了解住客有什么要求，有哪些忌讳或特殊爱好等，从而指导下属做好预料性服务。

3）超额性服务

所谓超额性服务，就是指在完成客房规定的服务项目、内容之外，还给住客提供额外的服务，如帮助客人寻找亲友、带客人看病、临时看护小孩等。

客房管理者在指导下属做好超额性服务时，要注意两点：

（1）核实情况，确认哪些是宾客急需帮助的；

（2）教育下属树立宾客观念，讲究旅游职业道德，主动服务，不能在超额服务中向客人索取小费。

4）情感性服务

所谓情感性服务，就是指在服务中对客人提供富有“人情味”的服务。情感性服务具体体现以下几个方面。

（1）有语言的服务，而不是哑巴服务。这是指在服务中正确运用服务语言，谈吐文雅，应对大方得体，用好敬语。例如，客房楼层服务员第二次与客人见面时必须用客人姓名去称呼客人，让客人感受到自己受重视，从而有一种亲切、友好感。

（2）尊重客人，坚持微笑服务。在客房服务中要主动热情、殷勤好客，客房服务做到客人开口之前，让客人有一种“宾至如归”之感。

（3）营造客房温馨服务的气氛。在声、光、色、陈设方面下工夫。

3. 客房服务质量是多层次服务的结果，具有综合性

“100 - 1 = 0”是指客房在服务质量问题上的信条，是质量否定公式，也就是说不论哪个环节、哪个工种岗位，每次服务在质量上都必须做到100%，只要失误1%，质量分就是零。这说明客房服务是由多个不同内容的一次次具体的服务所构成的，服务质量也是由一次次服务过程的服务质量构成的，每一次服务出了差错，都是无法补救的。例如，香港一位女士某日中午到达某饭店客房楼层，台班服务员忙于电脑操作，卫生班又忙于做房，对这位女士到来未点头招呼，脸色冷漠。这位女士感到自己好像不受重视和欢迎，心情很不愉快，于是她在第二天就搬到了另一个饭店去住宿。又如，某间饭店客房设施设备完善、颜色和谐，客房服务员的微笑服务，客人都很满意，但某日客人目睹客房卫生员用同一块抹布抹台面、抹马桶、洗涤茶具、抹洗脸盆和浴池，客人很不满，并于当日退了房……从这两个案例，我们可以进一步理解客房服务质量是多层次服务的结果，可能会因为某一环节服务不合格，会导致宾客对整个服务质量的否定。在客房服务质量管理中，管理者一是要加强现场管理控制，及时发现问题，注意住客对每一次服务的反映，积极及时采取补救措施，挽回影响；二是要加强对服务员的督导，防患于未然；三是建立协调网络，即如果不是自己的职责范围的，应及时上报或向其他部门反映，力求迅速补救。

4. 服务员的服务水平对客房服务质量有直接影响

客房服务质量的优劣，在很大程度上与客房服务员的服务水平有直接关系。因为服务员对宾客提供的服务，是面对面的服务，所以客房服务员的精神状态、礼节礼貌、仪容仪表仪态，服务员的服务技能，服务员的服务语言等都会对服务质量有直接影响。因此，客房管理者在服务质量中要把对服务员的培训列入管理工作的重要内容，特别应在以下几个方面培训服务员。

（1）敬业精神与宾客意识的教育培训。

（2）客房服务语言培训。

（3）客房服务技能技巧培训。

10.1.3　客房服务质量的内容与要求

客房服务质量内容一般包括客房设施设备、服务水平、安全私密、环境气氛等几个部分。

1. 客房服务设施设备条件

客房的服务设施设备条件是客房提供服务质量的物质基础，是客房硬件部分，它是星级档次的基础，也是宾客评价客房服务质量的首要内容。客房服务质量对其服务设施设备要求是:

（1）服务设施设备总体水平达到星级标准相应的水准；

（2）服务设施设备尽可能完善，让住客感到实用、方便；

（3）各种设施设备处于良好的状态，让住客感到舒适愉快；

（4）建立严格、高效的维修保养制度，确保客房的接待服务正常运转。

2. 服务水平

客房服务水平是客房服务质量的主体，是检验客房服务质量的重要内容，这也是人们常说的软件部分。其内容包括以下几个方面。

1）礼节礼貌

礼节礼貌是整个客房服务水平中最重要的部分，它反映饭店客房服务员的精神文明和文化修养，是客房部员工最重要的职业基本功，它体现了客房对住客的基本态度。针对客房服务方面，其基本内容和要求如下所述。

（1）外表是个人的形象，应符合饭店要求，做到庄重、大方、整洁、美观、和谐。不强求一律，不与客人争俏斗艳。

（2）语言上要符合客房服务语言规范。在客房接待服务中要讲究语言艺术，谈吐文雅，注意语气语调，应对自然得体，同时还要用好敬语。

（3）行为举止上要符合饭店客房的服务规程。举止大方、彬彬有礼、不卑不亢；坐、立、行都要有正确的姿势，注意克服易引起客人反感的无意识的动作。

2）服务态度

服务是宾客享受到的，而态度是宾客感觉到的。服务态度可概括为八个字：热情、主动、耐心、周到。

（1）热情。热情服务是客人的第一需求，主要表现在服务中待客如亲人，笑容常展，语言亲切。

(2) 主动。主动服务主要表现以宾客为中心，服务在宾客开口之前。主动服务有两类形式：一类是按服务规程提供服务，它是有一定规律的服务，如对入住的客人主动介绍情况、客到茶到等；另一类是按宾客临时需要而提供的主动服务，如客人醉酒后的主动照料等。

(3) 耐心。耐心服务主要表现在任何情况下服务员都保持态度和蔼、不急躁、不厌烦、百问不厌、遇事不急、处理果断。

(4) 周到。周到服务主要表现在待客诚恳、服务细致热心、照顾周到、服务效果超乎客人的期望。

3) 服务技能

服务技能可概括为以下4个方面。

(1) 操作技能。客房操作技能主要是指做房、设施设备维护保养技能等。

(2) 处理特殊问题的技能。如对醉酒客人的处理、客人投诉的处理等。

(3) 推销技能。例如对住客介绍饭店服务项目以刺激其在饭店的消费。

(4) 沟通技能。包括内部沟通和与客人沟通的能力。

4) 服务项目

服务项目反映了客房的功能和宾客至上的程度。饭店客房应为宾客提供尽善尽美的服务，使宾客感到方便、舒适、满意。

服务项目可分为两大类：一类是按服务规程的规定，对每个宾客都需要的项目；另一类是宾客临时提出的、不一定是每个宾客都需要的项目，如代购物品、代印名片、代找亲友、代客煎药等。

5) 清洁卫生

清洁卫生是客房工作的一个重点，也是客房服务质量的重要内容。随着社会物质文明和精神文明建设的发展，人们对饭店的卫生要求越来越高。因此，管理者在质量管理中，要做到以下几点。

(1) 转变观念。如清洁卫生应以保持干净为标准，而不能以搞了多少次为标准。

(2) 制定各项清洁卫生的标准。认真落实我国《旅游涉外饭店星级评定有关公共区域设施设备维修保养及清洁卫生质量的标准》、《旅游涉外饭店星级评定中有关客房设施设备维修保养及清洁卫生质量标准》等。

(3) 落实清洁卫生制度，加强检查，做好原始记录登记，以此作为奖罚的依据。

(4) 对服务员的个人卫生进行督导，对服务员的操作要有卫生要求。如拿茶杯、水杯不能拿杯子上部的三分之一；客房清扫要用三至五块抹布操作等。

6) 服务效率

服务效率是一间饭店素质的综合反映。客房服务效率是指提供服务的时限，可分为以下3类：

（1）工时定额的服务效率，如打扫一间客房的工时等；

（2）时限服务效率，如住客挂出请速打扫牌，服务员在 30 分钟内完成打扫房间工作等；

（3）时间感觉的服务效率，如客房的马桶坏了报修后，多长时间来修理完毕。

客房服务效率是容易引起住客投诉的问题之一。因此，在质量管理中，客房管理者首先要树立效率观念，要尽量在减少宾客等候时间方面下工夫；其次要核实客人交代的、投诉答复的项目内容，督促有关人员迅速办理；再次就是要有全局意识，主动协作，共同提高服务效率。

3. 安全私密

保证每一位住客的生命和财物安全是客房服务质量最重要的一环。安全私密是客人第一需要，因此客房要建立严密的保安制度，如防盗、防火、防劫、应付电梯故障、断电、台风等意外事件的防范措施。此外，还要尊重宾客的私密性，如不在电梯间或公众场所谈论客人的姓名、房号，不能擅入客人房间等。

4. 环境气氛

客房的环境气氛是由建筑、装饰、陈设、设施、灯光、声音、颜色以至员工的仪表仪容等因素构成的。这种视觉、听觉印象对客人的心理感受影响颇大，客人往往把这种感受作为评价客房服务质量优劣的主要依据。因此，客房管理者必须十分注意环境气氛的设计，让宾客感到安静、舒适、愉快。

10.2　客房清洁保养质量控制标准

国外一家机构曾对宾客选择饭店中各种要素的排列顺序做过调查，其结果显示：卫生要素的得分率为 63%，服务因素的得分率为 42%，设备因素的得分率为 35%。由此可见，在宾客选择饭店的诸因素中，卫生状况首当其冲。清洁保养水平对饭店来说的确非常重要，其管理好坏不仅影响到宾客对饭店的选择，还直接影响到饭店的形象、气氛乃至经济效益。而饭店的清洁保养水平往往取决于客房部的管理，因为客房部通常承担饭店大部分区域的清洁保养工作，尤其是前台区域。

10.2.1　贯彻“预防为主”的质量控制方针

“预防为主”的管理是 GB/T19004.2 - 1994 idt ISO9004 - 2：1991（质量管理和质量体

系要素第二部分：服务指南）（以下简称《服务指南》）一再强调的观点，也是全面质量管理与传统质量管理的重要区别点。客房清洁质量的控制必须以“预防为主”，就是要变客房清洁质量的“事后把关”为以“事前预防”为主，把管结果变为管“过程”和管“因素”，使清洁卫生的质量问题消失在质量的形成过程中，做到防患于未然。正如《服务指南》所强调的那样：“质量体系应强调预防性活动以避免发生问题，同时在一旦发生故障时，不丧失做出反应和加以纠正的能力。”

客房清洁保养工作之所以十分必要，是因为“脏”的存在。客房“脏”的存在形态不外乎四种：一是垃圾灰尘和泥沙；二是水溶性污渍，如茶渍、水渍及饮料渍等；三是油溶性污渍，如机油、动植物油或马路上带进来的柏油等；四是胶类污渍，如口香糖或胶鞋印等。饭店客房80%以上的污染都是人为因素造成的，如进店客人穿了不干净的鞋、随便向地上吐痰、乱扔口香糖，以及在地面上倒酒水饮料等。有20%左右的污染是自然因素，即空气中的尘埃所致。因此，客房清洁卫生质量控制的关键点是要采取预防性的清洁措施，将客房的主要污染源截留在进入客房区域前。

（1）在饭店的大门前铺设隔尘垫（蹭鞋垫）。饭店的管理者应有这样的观念：既要舍得花钱买大理石、花岗石及羊毛地毯等豪华的地面材料，又要舍得花钱买相应的高效率的清洁工具和设备。选择摩擦性强，吸水性、贴地性好，长约4～6米的深色隔尘垫铺在饭店大堂的门外，即可去掉客人脚上所带来的80%以上的泥垢和污物。在雨天，还应增加隔尘垫的长度，并及时更换被雨水和泥土弄脏的隔尘垫。

（2）随时清洁大堂地面和电梯厢。大堂地面面积较大，只要随时用经过牵尘剂处理过的尘推清洁大堂地面，及时清除脚印及其他污染痕迹，用吸尘器及其他清洁工具定时清洁电梯厢，客房区域被污染的机会就会大大减少。

（3）及时清除污迹。客房区域的地面一般用地毯铺设。由于地毯是用纤维制成的，很容易吸附灰尘及沾染污垢。日久污垢会渗入地毯底部，从而滋生细菌，发霉发臭，这样不仅破坏地毯，而且危害人们健康。而且，地毯上约70%以上的灰尘小于3微米（人的头发为50微米，正常人的眼睛一般可以看清10微米的东西），因此当人们可以用肉眼看见地毯上的灰尘时，地毯已经被严重污染了。客房部的管理者应教育员工和建立相应的制度：只要有人使用过的地毯，每天都必须吸尘；一旦发现污迹，必须当天清除，因为污迹留在地毯上的时间过长，就会很难清除。

饭店贯彻客房清洁卫生工作以“预防为主”的方针，每天通过对清洁卫生工作规程的控制，坚持有计划、定时、定人的清洁保养制度，不仅能省时、省力，保洁效果好，还能有效地延长客房设备和用品的使用寿命。这是管理人员应有的质量控制意识。

10.2.2 制定客房清洁整理的标准

客房的清洁卫生质量与管理者制定的标准及检查制度和检查标准有关，同时也与这些标准的贯彻程度有很大关系。

10.2.2.1　标准化管理的涵义

标准化是对重复性的事务和概念通过制定、发布标准，达到统一，以获得最佳秩序和社会效益的活动。饭店的标准化管理是指在饭店服务的过程中，通过服务标准的制定和实施，达到服务质量标准化、服务方法规范化、服务服务过程程序化，以获得稳定的优质服务的过程。饭店的优质服务意味着饭店经济效益和社会效益的提高。

1. 标准化管理的内容

客房服务工作要有一个明确的标准，这个标准是做好服务工作的依据。服务质量标准化、服务方法规范化、服务过程程序化均属于标准化范畴，是标准化管理的主要内容。

1）服务质量标准化

服务质量标准化是就饭店服务工作制定和实施明确的服务标准的过程。实行质量标准化，能使客房的清扫和其他服务工作以及每个服务员都有了明确的目标。客房的质量标准化主要包括两个方面。

① 标准摆件。标准摆件是明确规定摆件的顺序、位置、方向、件数与种类，例如客房卫生间“四巾”的数量及摆设规格。

② 标准分量。标准分量是指明确规定每种用品或实物的数量定额，例如标准间规定的壁柜中的衣架数量定额。

2）服务方法规范化

服务质量标准是服务工作应该达到的目标。怎样才能达到这个目标呢？当然必须有一个科学的、切实可行的方法。服务方法规范化是指员工按照饭店明文规定的保证服务质量标准的方法进行服务工作。例如，客房清洁整理所规定的从上到下、从里到外的清扫规范。规范化的服务不但可以提高服务的质量，而且也便于检查和管理，避免差错和不必要的体力消耗。

3）服务过程程序化

为了达到某项服务的质量标准，不但要有保证服务质量的一套方法，还要在服务过程中有一套严格的程序。程序的实质就是对所要进行的行动规定先后次序。服务过程的程序化是指员工按照规定的合理的次序进行服务的过程。客房的每一项工作，无论是直接服务或是间接服务，如果都能按照规定的程序进行，服务质量就能得到基本的保证。客房清扫的“九字诀”就是对客房清扫工作的先后次序做了合理的规定，以达到客房清洁质量所规定的标准。

2. 标准化管理的意义

标准化的管理方法着眼于对饭店员工的动作、行为及其劳动成果规定科学的统一要求，从而提高饭店的服务质量，实现饭店的目标。客房部清洁卫生质量标准的制定和实施，意味着客房部的工作在优质服务的高水平上达到了统一。它的意义在于：

（1）在客房的管理和服务工作中建立了最佳秩序，使客房部的工作做到事前指导有标准，事故差错可防患于未然，以争取最佳效果，而且事后检查有依据，便于纠正偏差，提高工作质量；

（2）有利于提高服务人员的素质和服务能力，使其有章可循，明白应该怎样干；

（3）便于管理，避免浪费；

（4）减少客人因服务质量不稳定而引起的投诉，提高客房及饭店的信誉。

10.2.2.2 制定客房清扫标准的原则

1. 饭店的经营方针和市场行情

饭店的档次和星级的高低主要反映的是不同层次的客源的不同要求，标志着建筑、装潢、设施设备、服务项目、服务水平与这种需求的一致性和所有住店客人的满意程度。饭店的档次和星级不同，其服务规格的高低和服务项目的多少必然有所区别。客房部在制定客房清洁整理标准和规格时，都应以饭店的经营方针和市场行情为依据。

2. 尽量少打扰客人

客房的清洁整理工作是客房部管理水平、人员素质等内容的综合体现。客房之所以成为客人休息、睡眠的区域，成为客人的“家外之家”，有两个条件：一是整洁，否则无法很好地生活；二是安全，否则无以称其为“家”。因此，客房部管理人员在制定有关客房清洁整理的程序和规范时，应将尽量少打扰客人作为一条重要的原则。

3. “三方便”准则

所谓“三方便”准则，就是指在制定有关标准和程序时，必须依照方便客人、方便操作和方便管理的准则来进行。

1）方便客人

实行标准化管理的目的在于使客人获得满意的服务，使其有“宾至如归”的感受。“宾至如归”就是要让客人在客房的起居生活，感到像在家里一样方便，且享受家里没有的氛围。因此，客房的清洁整理标准包括家具设备摆放的位置、用品的配备，各项服务标准都必须以此为出发点。脱离了客人的需求，单纯强调一切标准化是没有任何意义的。标准化的管理要注意结合客人的特点，客房服务的对象是人，因此在客房的清洁整理工作中，既要按相应的规范提供服务，以保证服务的质量，同时又应根据客人的不同特点和要求，进行灵活机动的针对性服务。

2）方便操作

节省时间，方便员工操作，减少不必要的体力耗费，提高工作效率，是制定标准应遵循的一个准则。因此，制定的客房清扫标准应该简明、实用。如果清扫客房的操作程序和规范要求让员工感到费力难做，就失去了标准化管理的本来意义。

3）方便管理

实行标准化的管理在于减轻管理者的负担，便于贯彻管理意图，使客房服务工作有一个统一的质量标准。客房的清洁整理标准不是什么新东西，各个饭店都有，而且国内外不少饭店都有自己成功的经验。但这些标准是否都合理，是否都适合自己的饭店，是否都有利于提高工作效率，就不一定了。客房服务标准的制定和贯彻是管理的一种手段。因此，客房部的管理者凡事都要有自己的管理思想，都必须根据自身的情况，包括客房设施设备的条件、清洁器具的配备和员工素质，甚至自己的管理风格等，来制定和实施符合自己饭店客房实际情况的标准，而不应照抄照搬别人的东西。

10.2.2.3 确定客房清洁整理标准应考虑的具体因素

1. 进房次数

进房次数，即进入客房进行清洁整理的次数，是客房服务规格高低的一种重要标志。但进房次数增多，意味着客房各方面的成本都将上升。因此，客房部究竟实行几进房制，应根据本饭店的档次、客房的等级和房价的高低、客源对象和营业费用做全盘考虑。就我国目前情况而言，一般应以二进房制为主，亦即实行对房间白天的例行大清扫和晚间夜床服务。当然，不论规定几进房制，一旦客人需要整理客房，饭店则应尽量满足；对 VIP 客人和住豪华房间的客人，还可实行每天三进房甚至四进房制。

2. 操作方法与标准

操作方法与标准应包括对操作细节的研究和单项操作的标准时间。例如，西式铺床是从床的一侧开始整理，还是站在床头开始整理；甩第一张床单应在多长时间内完成；等等。

3. 布置规格

布置规格应以图文说明，以确保规格一致和标准的统一。布置规格应讲求美观、实用、简洁，方便操作和客人使用。

4. 整洁状况

如前所述，客房的整洁状况标准包括生化标准和视觉标准两个方面。由于各个饭店“硬件”的不一致，以及人力条件的差异，在掌握清洁卫生的视觉标准尺度上会有一定的差异，但对生化标准必须严格执行。同时，客房整洁与否，要看饭店能否把握客人的要求。唯有多了解客人的要求，从中总结出规律性的东西，不断改进，才能使每一个客人都能接受直至感到满意。

5. 速度和定额

客房部员工整理清洁房间的速度往往不会是一样的，但是经过培训合格的熟练工，其打扫标准间的平均速度应达到：走客房 30 ～ 40 分钟/间，住客房 15 ～ 25 分钟/间，空房和夜床约为 5 分钟/间。当然，在实际工作中由于受诸多因素的影响，员工的清扫速度常常会有例外。

规定员工整理清洁房间的速度与定额，下列因素必须予以考虑。

（1）是否是专职的卫生班服务员。不少饭店由于人力紧张，往往让客房服务员既做台班服务，又兼做客房的清洁卫生，这必然会影响整理房间的速度和质量。员工当班的任务要单一化，这样才能提高服务质量，这是管理的常识。

（2）是否跨楼层清扫客房。从节省时间、提高效率的角度考虑，最好不要让员工跨楼层清扫客房。因此，饭店在设计每一楼层的房间时，其数量一般为服务员工作定额的整倍数，否则会影响员工的房间清扫量。

（3）客人的素质。来自不同国家和地区的不同类型的客人，由于他们所处的社会经济环境不同、生活习惯不同，以及文化修养不同，对客房环境破坏的程度往往相差较大。客人的素质是影响客房清扫速度和定额的重要因素之一。

（4）其他因素。客房员工的素质、客房的工作环境、洗衣房布件的供应、客房整洁的规格标准及工作器具的配备等，都将影响客房清扫的速度和定额。有关这一部分内容请参见本书有关章节。

10.2.2.4　客房清洁整理标准的内容

本章的前几节已就清洁整理客房的程序、规范和清洁卫生质量标准做过介绍，其内容主要包括以下几个方面：

（1）客房清扫前的准备；

（2）选房程序；

（3）如何进房；

（4）客房清扫基本方法；

（5）卧室清扫程序（包括住客房、走客房、空房）；

（6）西式铺床程序；

（7）卫生间清扫程序（包括住客房、走客房、空房）；

（8）晚间服务规范（包括小整服务）；

（9）客房卫生视觉标准；

（10）客房卫生生化标准；

（11）客房卫生的消毒规范；

（12）客房计划卫生制度。

这几方面的内容，便是清洁整理客房标准的内容。

饭店制定清洁整理客房的标准，让员工按标准、程序行事，可使他们工作程式化，从而养成良好的职业习惯，有利于为宾客提供优质的服务，也可使服务工作不因员工的变动而引起质量的波动，同时还便于控制工作的进度，避免操作人员过多的体力消耗和意外事故的发生。各饭店都应有自己的管理标准，并根据客人需求的变化和饭店的发展定期予以修改和补充。

10.2.3 客房清洁保养质量标准

客房清洁保养质量标准主要有两个指标：一个是生化指标，它往往是由卫生部门做定期的抽样检测，得出量化的结果；另一个是视觉指标，它在一定程度上依赖于经验和感觉。根据国家旅游局颁发的《旅游涉外饭店星级的划分及评定》中关于清洁卫生评定标准，饭店客房的清洁卫生应达到以下标准。

1. 房间卫生质量标准

（1）房门卫生。房门每天擦拭，门面、门框、把手等清洁完好，做到无污迹、无灰尘，房门开启自如。

（2）天花、墙面与地面卫生。

① 天花和墙面应保持平整、光洁，要求无漏水和水印，不能有灰尘、蛛网，无油漆脱落和墙纸起翘现象，墙饰、壁画应保持整齐、美观，饰品及画框上不能有灰尘。

② 房间地面要求平整、美观、洁净，地毯无破损、烫痕、卷边、起翘，地面不能有污迹、灰尘和纸屑等，更不能有卫生死角。

（3）窗及窗帘卫生。窗及窗帘要求整洁美观，做到开启自如，不能有破损、脱钩现象，窗轨、窗帘上不能有灰尘和其他污迹。

（4）灯具卫生。灯具每天擦拭，做到光洁、明亮、无灰尘。

（5）家具、用具卫生。

① 各种家具、用具每天擦拭，始终保持干净、整洁，摆放在饭店规定位置，以方便客人使用。

② 桌面、椅子、行李架、衣橱、电视机、小酒吧（吧台和冰箱）、电话等表面光洁，做到无灰尘、污迹、手印等。

③ 玻璃制品每天擦拭，做到光亮、洁净，不能留有水迹和其他痕迹。

④ 镜子、画框每天擦拭，保持镜面明亮，不能有灰尘和其他污迹，亦不能有水银脱落。

⑤ 电镀制品表面光洁，无污迹和手印。

（6）客房床铺卫生。

① 客房床铺每天整理，床单定位准确，包角包边平整，装枕四角饱满，棉被、床罩铺放平整。

② 整个床铺始终保持清洁、整齐、美观，做到无异味、无污迹。客人用后恢复原样。

（7）客用品卫生。

① 床单、枕套要求每日一换，按卫生规定洗涤并消毒，床单、枕套不能破损，不能有毛发和污迹。

② 浴巾、面巾、地巾和方巾在客人用后，通常一天一换，按卫生规定进行洗涤并消毒，要求不能破损，不能出现毛边，更不能有毛发、污迹和异味。

③ 茶杯、口杯、酒杯每次用后更换，按食品卫生法每天进行洗涤消毒，并擦拭干净；口杯、酒杯用防尘袋装好并用杯垫垫好后放在规定位置；杯具做到明亮无水渍、手印。

④ 毛毯、床褥（衬垫）、床罩、窗帘、被套等定期更换、定期洗涤，要求做到表面干净、柔软，不能有污迹和毛发。

⑤ 地毯不能有斑渍、印迹等。现代饭店发展趋向绿色化，即住客房并非都是一日一换，而是在客房内放置一张环保卡，根据宾客的需要来确定是否需要更换，但前提是布件应整洁。

（8）饮用水与采光照明卫生。

① 客房饮用水要求水质透明、无色、无异味和异物，不含病源微生物与寄生虫卵。

② 每毫升水中细菌总数不超过 110 个，大肠菌群不超过 5 个。

③ 经加氯消毒完全接触 30 分钟后，游离余氯每升不超过 0.2 毫克。

④ 室内自然采光照度不低于 60 lx，灯光照明不低于 45 lx，要求光线充足、均匀、不炫目。

（9）噪声与活动空间。

① 客房内噪声最高不超过 40 dB，走廊噪声不超过 45 dB，客房附近基本无噪声源。

② 客房房间面积，符合星级饭店要求，客人活动空间每人不低于 3 平方米。

（10）空气与微小气候。

① 要求客房冬季温度不低于 16℃，夏季不高于 28℃。

② 走廊冬季温度不低于 14℃，夏季不高于 29℃。

③ 相对湿度 30%～65%，风速 0.1～0.2 m/s。

④ 一氧化碳含量每立方米不超过 5.5 mg，二氧化碳含量不超过 0.12%。

⑤ 可吸收颗粒每立方米均不超过 0.2 mg，细菌总数不超过 2 200 个。

⑥ 新风量每人不低于 18 立方米/小时，整个客房室内空气比较新鲜，无异味。

2. 卫生间卫生质量标准

（1）门。卫生间门每天擦拭，门面、门框、门锁把手完好无破损，并保持整洁，不能有灰尘和其他污迹。

（2）天花、墙面及地面卫生。

① 天花。卫生间天花要求光洁、明亮反光，不能有任何蛛网、灰尘、印痕及水印。

② 墙面。墙面满铺瓷砖或花岗石，要求做到平整光洁，无灰尘、污迹和水印等印迹。

③ 地面。卫生间地面平坦、无破损，要求必须采用防滑措施，地面应每天擦洗，不能有废纸、烟头及其他杂物，不能有积水，更不能有卫生死角，并经常采用有效的防虫害措施，室内不能发生虫害。

（3）换气扇。通风设备要求完好、有效、噪声低。

（4）洗脸台面、面盆等。

① 洗脸台面、面盆、水龙头、镜子、毛巾架等每天擦洗，做到表面光洁、明亮，不能留有水渍、皂迹或毛发，下水管和水龙头不能堵塞、滴漏。

② 洗脸台上的水杯，客人用后每天更换，按要求洗涤并进行消毒；盥洗用品，客人用后及时补充并保持用品干净、整洁，按照饭店内的规定进行摆放。

（5）浴缸。客人用后每天擦洗浴缸、水龙头、淋浴喷头、浴帘、皂盒等，浴缸内及四周保持洁净，不能留有水迹、皂迹或毛发，不能有堵塞或滴漏；水龙头、喷头、拉手、浴帘杆保持光洁、明亮。

（6）恭桶。

① 恭桶应每天冲洗消毒，保持表面光洁、无水渍和印迹，四壁不能有污迹，恭桶不能有异味产生。

② 手纸托架要保持清洁、光亮；女士用卫生袋应完好，无破损。

（7）灯具、电源插座。灯具、电源插座应保持完好、有效、安全，不能有破损，亦不能积有灰尘或其他污迹。

（8）客用品卫生。

① 浴巾、面巾、地巾、方巾客人用后及时更换，按规定洗涤消毒，做到无破损、无毛边、无异味。

② 浴帘定期撤换洗涤，不能有霉点、污迹。

③ 牙刷、牙膏、浴帽及其他卫生用品，客人用后每天换新，始终保持完好、卫生。

（9）空气与微小气候。

① 卫生间温度、湿度、风速，以及一氧化碳、二氧化碳含量和可吸入颗粒物和新风量等的卫生标准和客房相同。

② 卫生间细菌总数每立方米不超过 4 200 个；室内照明度不低于 45 lx，噪声不超过 45 dB。

③ 水质符合国家规定的饮用水卫生标准。

④ 卫生间的装饰材料不得对人体有危害，而且要求室内清洁、明亮、整齐、美观、空气新鲜、无异味，环境舒适。

3. 楼层公共区域清洁卫生质量标准

(1) 走廊通道卫生。

① 地面、天花、墙面、灯具。走廊地面、天花、墙面、灯具的卫生标准与客房相同。

② 烟缸。烟缸每天擦拭清理，做到完整、无破损、无灰尘、无污迹，保持表面光洁、明亮。

③ 服务台。服务台区域保持整洁，周围不能有各种污迹、纸屑及其他杂物，家具物品上不能有灰尘，亦不能被损坏。

④ 其他。走廊通道上的其他物品，如指示牌、指示灯、楼道门、消防设施等保持完好、有效、无破损及无故障发生，各种物品上不能有污迹、印迹及积尘等。

(2) 工作间、茶水间、消毒间卫生。有些饭店茶水间、消毒间合在一起使用，而与工作间分开。楼面工作间、茶水间、消毒间每天清理，做到物品摆放整齐、规范，工具、用品良好、有效、安全、无破损，天花、墙面、地面做到平整、无脱落、无裂缝、无灰尘、无蛛网、无水印，亦无积水、堵塞、滴漏现象。

(3) 员工洗手间。员工洗手间要求每天彻底清扫，天花、墙面、地面不能有灰尘、蛛网、水印、污迹、积水、堵塞、滴漏；恭桶保持完好、清洁、无污迹、表面无水迹；通风效果好，无异味。

(4) 楼层公共区域。楼层公共区域空气、噪声、温度、湿度等微小气候标准与客房的标准基本相同，做到通风良好、空气新鲜、无异味。

10.3 客房质量管理制度

10.3.1 制定客房的逐级检查制度

客房清洁整理标准的制定使客房的清扫工作有了明确的标准和规范。但这些标准和规范是否能得到执行？是否奏效呢？同时，我国一些饭店客房部员工的总体素质水平不是很高，这就要求客房部的管理人员必须抽出 2/3 以上的时间深入现场，加强督促检查。这是客房质量控制的关键所在。

检查客房又称查房。客房的逐级检查制度主要是指对客房的清洁卫生质量检查实行领班、主管及部门经理三级责任制，也包括服务员的自查和上级的抽查。由于员工的检查方法和标准会有差异，采用逐级检查制度是确保客房清洁质量的有效方法。

1. 服务员自查

服务员每整理完一间客房，应对客房的清洁卫生状况、物品的摆放和设备家具是否需要维修等做自我检查。服务员自查应在客房清扫程序中加以规定。

（1）检查的侧重点：客人直接使用和能看到的部位和用品、消耗品及家具设备是否按布置规格定量、定位。

（2）检查的方式：采用边擦拭灰尘边检查的方式，同时在清扫房间完毕，准备关门前，应对整个房间进行一次回顾式检查。

（3）自查的意义：

① 加强服务员的责任心和检查意识；

② 减轻领班查房的工作量；

③ 提高客房的合格率。

2. 领班普查

领班普查是服务员自查之后的第一关，常常也是最后一关。因为领班负责 OK 房的报告，总台据此就可以将该客房向客人出租。客房部必须加强领班的监督职能，让其从事专职的客房某楼面的检查和协调工作。有的饭店既让楼层领班担负客房清扫的检查工作，又给其规定一定数量的客房清扫任务，使其检查的职能往往流于形式。

（1）领班查房数量。

① 领班查房数量，不同的饭店有不同的规定。例如，有的饭店规定，日班领班一般应负责 60 ～ 80 间房的工作区域，每天要对负责的全部客房进行检查并保证清洁质量合格。有的饭店领班工作量较重，要负责带 6 ～ 8 个服务员，检查 80 ～ 100 间客房，至少也应检查 90% 以上的房间。

② 夜班领班的工作量一般为日班领班数量的两倍，要负责 120 ～ 160 间客房的工作区域。

（2）普查与抽查的房间。

① 日班领班必查的房间：

——首先检查那些已列入预订出租的房间；

——尽快对每一间整理完毕的走客房进行检查，合格后尽快向总台报告；

——检查每一间空房和 VIP 房；

——检查每一间维修房，了解维修进度和家具设备状况；

——检查每一间外宿房并报告总台。

② 日班领班抽查的房间。日班领班原则上应对其所负责的全部房间进行普查，在特殊

的情况下才对下列房间进行抽查：

——住人房；

——对优秀员工所负责清扫的房间，以示鞭策和鼓励。

③ 夜班领班的查房。夜班领班查房的重点是对其负责的区域的每一间空房和夜间清扫完毕的走客房，以及维修房进行检查，同时抽查夜床服务情况。夜班领班还要负责对楼面公共卫生、安全情况及夜班服务员工作状况进行检查。客房部经理要充分发挥夜班领班的作用。

（3）检查的方法。

① 查房时应按环形路线循序渐进，发现问题及时记录和解决。

② 注意对新员工进行跟踪检查。只要领班的工作方法得当，这种检查可以起到在职培训的效果。

③ 领班查房时，对服务员清扫客房的漏项和错误，应开出返工单，令其返工。

（4）领班查房的意义。

① 客房清扫质量控制的关键。

② 现场督促指挥。

③ 执行上级的管理意图。

④ 反馈信息。

⑤ 拾遗补漏。

3. 主管抽查

客房主管是客房清洁卫生任务的主要指挥者。主管只说不做不行，只做不说也不行。加强服务现场的督导和检查，是客房主管的主要职责之一。

（1）主管抽查数量。楼层主管对客房清洁卫生质量实行抽查，数量一般为领班数量的15%～20%。

（2）检查的重点。主管检查的重点是：检查领班实际完成的查房数量和质量；抽查领班查过的房间，以观察其是否贯彻了上级的管理意图；检查领班掌握检查标准和项目的宽严尺度是否得当。主管在抽查客房卫生的同时，还应对客房楼层公共区域的清洁、员工的劳动纪律、礼节礼貌、服务规范进行检查，确保所管辖区域的正常运转。

（3）检查的方法。

① 检查每一间 VIP 房；抽查长住房、OK 房、住客房和计划卫生的大清洁房。

② 检查每一间维修房，促使其尽快投入使用。

（4）主管抽查的意义。抽查的意义在于事先并未通知，是一种突然袭击，所以检查的结果往往比较真实。这种检查方法能有效地促进本部门各项基础管理，让领班扎扎实实地做好工作。具体意义有以下几个方面：

① 检查督促领班工作，建立楼层合格的骨干队伍；

② 保证客房部经理管理方案的执行；

③ 为客房部管理收集信息。

4. 经理抽查

楼层服务是客房部工作的主体。客房部经理也应拿出一半以上的时间到楼面巡视和抽查客房的清洁卫生质量。这对于掌握员工的工作状况，改进管理方法，修订操作标准，更多地了解客人的意见，具有十分重要的意义。

（1）抽查数量。经理抽查房间每天应保持一定的数量，并特别注意对 VIP 客房的检查；同时，客房部经理还应定期协同饭店其他有关部门经理，例如房务总监和工程部经理等，对客房内的设施进行检查。

（2）检查方法。客房的逐级检查制度应一级比一级严格，所以经理的查房要高标准、严要求，亦即被称为“白手套”式的检查。经理的检查宜不定期、不定时，检查房间的重点是房间清洁整理的整体效果、服务员工作的整体水平，以及是否体现了自己的管理意图。同时，客房部还应建立与之相关的领班查房每周小结的例会制度。

5. 总经理抽查

饭店总经理要控制客房的服务质量，也必须充分运用检查这一职能，其检查的方式为不定期和不定时，或总经理亲自抽查，或派大堂副理或值班经理代表自己进行抽查，以获得客房部管理水平和服务质量信息，督导客房部经理的工作。

6. 定期检查

定期检查是一种有计划的公开检查，一般事先有布置，有明确的检查时间和检查内容。目的是制造声势，创造气氛，促进工作。饭店对客房的定期检查，一般采取由总经理办公室主任、质检部经理、工程部经理、前厅部经理及大堂副理组成检查小组，由总经理或住店经理带领的方式，每月定期对客房清洁卫生进行检查，或选择重要任务来临前进行检查。

7. 其他检查

（1）邀请第三者检查。饭店聘请店外专家、同行、住店客人，检查客房的清洁卫生质量乃至整个饭店的服务质量。这种检查看问题比较客观，能发现一些饭店自己不易觉察的问题，有利于找到问题的症结。这是值得推广的一种有效方法。

（2）拜访客人。客房部经理定期或不定期地拜访住店客人，可以及时发现客房服务中存在的问题，了解客人的需求，便于进一步制定和修改有关清洁保养的标准和计划。

（3）客房设置意见表（见表 10－1）。为了及时征求客人意见，让客人有机会对客房质量发表意见，客房部和饭店可在客房放置意见表。客房意见表应简单易填，统一编号，月底收集汇总，禁止乱撕乱扔，并以此作为考核服务员工作好坏的重要依据。

表 10－1　××大酒店宾客意见书

1. 接待处 Reception

	满意 Good	一般 Average	不满意 Poor
● 迎送员 Doormen	□	□	□
● 询问处 Information	□	□	□
● 接待处 Receptionists	□	□	□
● 电话员 Operator	□	□	□
● 行李员 Bellboys	□	□	□
● 结账处 Cashier	□	□	□

意见 Comments：________

2. 客房服务 Guest Room

	满意 Good	一般 Average	不满意 Poor
● 干净 Clean	□	□	□
● 设施 Facilities	□	□	□
● 服务 Services	□	□	□
● 洗衣 Laundry	□	□	□

意见 Comments：________

3. 餐厅 Restaurants

	满意 Good	一般 Average	不满意 Poor
● 中餐 Chinese Restaurant	□	□	□
● 华丽宫 Magnificent Palace	□	□	□
● 火锅城 Hot Pot City	□	□	□
● 西餐 Western Restaurant	□	□	□
● 自助餐 Buffet	□	□	□
● 咖啡厅 Coffee Shop	□	□	□
● 功夫茶座 Gongfu Tea	□	□	□

意见 Comments：________

4. 康乐 Recreation Facilities

	满意 Good	一般 Average	不满意 Poor
● 游泳池 Swimming Pool	□	□	□
● 的士高舞厅 Disco	□	□	□

● 卡拉 OK Karaoke	□	□	□
● 夜总会 Night Club	□	□	□

意见 Comments：________________

5. 阁下订房是通过

Did you make your reservations request through

- ● 直接向酒店办理 Directly with the hotel □
- ● 旅行社办理 A travel agent □
- ● 公司安排 A company □
- ● 其他途径 Others □

意见 Comments：________________

6. 阁下为何选择本酒店

Why did you choose our hotel?

- ● 以前住过 Previous experience □
- ● 公司安排 Company referral □
- ● 酒店声誉 Reputation □
- ● 他人推荐 Personal recommendation □
- ● 广告 Advertisement □
- ● 其他原因 Others □

意见 Comments：________________

7. 对酒店总体评价 General Comment

	满意 Good	一般 Average	不满意 Poor
● 卫生清洁 Cleanliness	□	□	□
● 服务态度 Service	□	□	□
● 维修保养 Maintenance	□	□	□
● 收费标准 Charges	□	□	□
● 总体评价 General Comment	□	□	□

意见 Comments：________________

8. 阁下对本酒店的其他意见或建议

Further remarks or suffusions：

姓名 Name：________________

房号 Room No.：________________

入住日期 Date of Visit：________________

通信地址 Address：________________

10.3.2 实行表格化管理

1. 表格和报表的作用

客房部的管理主要是通过各种制度和计划，将客房的服务工作科学地组织起来，完成饭店预订的目标。因此，客房部在日常工作中要及时掌握情况，制定、检查和调整各种计划和措施。所有这些都离不开原始的记录。表格和报表的重要作用就在于，它们是实行规范化管理的一种定型和定式化的手段，备用以供员工及时具体地记录各种原始数据，为客房部的管理者考核员工业绩、控制营业费用提供准确的信息。

1）实行规范化管理和操作的保证

整理客房、检查客房的表格和报表是按照客房部规定的服务质量标准设计和制作的。客房各级管理人员和员工在进行整理、检查客房的工作中，都必须填制必要的表格和报表，这样就可以使他们按服务标准、服务程序和方法办事。另一方面，由于表格和报表都是用事实和数据说话，可以定性定量地反映客观事实，用以评估客房整理、检查质量的高低，揭示客房部运转的规律，从而及时发现服务和管理中存在的问题，为客房部实行科学管理提供客观依据。

2）考核的依据

客房整理和检查的表格和报表是关于客房楼层服务和管理活动的各种原始数据和事实的真实记录，是对客房部员工进行评估和考核的依据。

3）控制营业费用的手段

从饭店的实际情况来看，客房的费用中，消耗品的费用占较大比重，却伸缩性很大。客房部可以通过服务员工作报表和领班报表控制每个服务员及楼面的消耗品使用，达到既满足客人需要，又降低营业费用的目的。

2. 常用的表格和报表

饭店的等级、规模及管理者管理风格的不同，表格和报表使用的种类常有差别，但常用表格除前所述外，还包括房态检查报告表（见表10－2）、领班查房表（见表10－3）、客房清扫员工作考核表（见表10－4）、楼层服务员工作考核表（见表10－5）、楼层主管工作单（见表10－6）、客房返工单（见表10－7）、工程维修单（见表10－8）、日常消耗品申购单（见表10－9）、每月物资消耗分析对照表（见表10－10）、设备登记卡（见表10－11）、客房物品申领表（见表10－12）、每日楼层消耗品汇总表（见表10－13）、客房布件换洗单（见表10－14）、布件报废单（见表10－15）、单项操作时间测试表（见表10－16）等。

表 10－2　房态检查报告表

楼层：　　　　　　　　　日期：　　　　　　　　　时间：

房号 RM NO.	重锁 DL	请勿打扰 DND	住客 O	外宿 S/O	离店 C/O	空房 V	待修 OOO	备注 REMARKS

表 10－3　领班查房表

楼层：　　　　房号：　　　　服务员：　　　　领班：　　　　检查时间：

	项　目	清洁状况	性　能	项　目	清洁状况	性　能
房间卫生	门			门		
	窗户			天花板		
	窗帘			墙面		
	天花板			地面		
	墙面			灯具		
	地面			面盆、台面		
	家具			浴缸、淋浴喷头、浴帘		
	床铺			恭桶		
	灯具			电话副机		
	酒具			镜子		
	电器			不锈钢配件		
	镜子			吹风机		
	饮具			体重秤		
	文具夹			客用品		
	印刷品			换气扇		
	垃圾桶					
	其他					
计划卫生：			维修项目：		备注：	

表 10－4　客房清扫员工作考核表

清扫员姓名：　　　　　　　　　　　　　　　　　　　　　　年　　月　　日

扣分 应得分 项目		房号	房号	房号	房号	房号	房号	房号	房号	房号	房号	房号	房号	房号	房号	房号	房号	房号
房门	1																	
壁橱	2																	
冰箱	1																	
三联柜	4																	
服务夹	2																	
镜子	2																	
台灯	1																	
电视机	1																	
垃圾桶	1																	
茶具	1																	
座椅	1																	
窗台	1																	
窗帘	2																	
床头板	1																	
床头柜	1																	
床	8																	
床头灯	1																	
挂画	1																	
墙	1																	
地毯	4																	
空调	1																	
落地灯	1																	
卫生间门	1																	
镜子	2																	
脸盆台	4																	
坐便器	4																	
浴缸	6																	
地面	4																	
浴帘	2																	
垃圾桶	1																	
五金件	4																	
毛巾	3																	
消耗品	3																	

续表

项目＼应得分＼扣分		房号	房号	房号	房号	房号	房号	房号	房号	房号	房号	房号	房号	房号	房号	房号	房号	房号
灯	1																	
维修	2																	
总体印象	3																	

仪容仪表	2		爱护设备	2	
服从分配	2		节约用品	2	
礼节礼貌	2		汇报问题	2	
操作规范	2		迟到早退	2	
团结互助	2		其他	2	

当日得分________

领班签名________

清扫员签名________

表10－5 楼层服务员工作考核表 年 月 日

项 目	应得分	扣 分	项 目	应得分	扣 分
仪容仪表	2		公共区域卫生	6	
礼节礼貌	5		清洗公共卫生间	3	
爱护设备	2		工作间保洁	3	
节约用品	3		消耗品统计	3	
汇报问题	2		楼面安全	2	
服从分配	2		专项清洁	4	
操作规范	4		分送报纸	3	
团结互助	2		维修保养	3	
遵章守纪	4		保管分发物品	4	
换洗茶具	6		代办服务	2	
烧水送水	4		布置工作车	3	
为客人开门	3		其他	4	
做夜床	8				
管理小酒吧	3				
迎送客人	3				
清扫客房	5				
合计					
总得分					

楼层________ 服务员________ 经理________

表 10－6a　楼层主管工作单（正面）

姓名：　　　　　　　　　　　　　　　　　　　　　　　年　　　月　　　日

交班内容		晨会内容	
住房 C/I VIP		计划卫生检查项目	
当日主要客情		领班及呼叫器号码	
楼层检查情况		工作安排	

表 10－6b　楼层主管工作单（反面）

房　号	房间检查情况	得　分	房　号	房间检查情况	得　分

续表

房　号	房间检查情况	得　分	房　号	房间检查情况	得　分
结束工作					
交接内容					
报修维修		备注			

表 10－7　客房返工单

房号 ________　　　　日期 ________　　　　姓名 ________ 请完成下列工作：   完成后请交还，谢谢！

表 10－8　工程维修单

维修单位 ________　联系人 ________　工程部签收 ________

维修地点 ________　维修内容 ________

维修员 ________　派工时间 ______ 月 ______ 日 ______ 时　完工时间 ________ 月 ________ 日 ________ 时

耗用材料 ________________

报修单位验收 ________　工程部当值 ________　备注 ________

待修房号	开始日期	维修日期	完工日期
归还可售客房			

部门主管：________

表 10－9　日常消耗品申购单

致：采购部经理 请供应以下品种：		部门			□ 正常 □ 加急	
供采购部填写			数　量	规格说明	供采购填写	
					价　格	总　数
		1				
		2				
		3				
		4				
		5				
		6				
		7				
		8				
		9				
		10				
		合　计				
		备　注				
申购日期	申请者		批准者		接收者	

表 10－10　每月物资消耗分析对照表

品　名	单　位	单　价	上月消耗	金额（元）	与上月相比	
					增（%）	减（%）
圆珠笔	支	0.24				
夹纸笔	支	0.05				
开瓶扳手	个	0.30				
卫生袋	只	0.02				
针线包	个	0.15				
擦鞋纸	张	0.01				
杯垫	张	0.01				
意见书	张	0.15				
服务指南	张	12.50				
维修单	张	0.10				
店卡	张	0.12				
明信片	张	0.08				
塑料提包	个	0.01				

续表

品名	单位	单价	上月消耗	金额（元）	与上月相比	
					增（%）	减（%）
牙具	个	0.51				
洗发液	袋	0.21				
沐浴液	袋	0.21				
洗衣粉	袋	0.04				
洗衣单	本	1.75				
电传纸	张	0.02				
剃须刀	个	0.30				
擦铜油	瓶	10.40				
矿物油	瓶	0.91				
筷套	支	0.01				
菜单	本	0.79				
橡皮圈	个	0.08				
早餐卡	张	0.79				
奇妙	听	5.97				
家用蜡	听	11.12				
沐浴液	瓶	0.80				
洗发液	瓶	1.10				
合计						

上月住客率	本月住客率	与上月相比		上月每间房消耗额	本月每间房消耗额	备注
		增	减			

表 10-11a 设备登记卡（正面）

设备名称		设备编号	
设备型号		设备规格	
安装日期		出厂年月	
安装地点		出厂编号	
设备重量		制造厂名	
设备材料		设备原值	
保养周期		已提折旧	

续表

电机功率		设备净值	
额定电压		设备图号	
额定电流		使用说明书	册
额定转速		技术资料	份
工作介质		使用年限	年，从 年 月始
附件：		备注： 填写日期	

表 10－11b 设备登记卡（背面）

检修记录					
日 期	修前存在问题	修后情况	修理费用	修理人	记录凭证号

事故记录			
日 期	事故原因	损坏情况	记录单号

表 10－12 客房物品申领表

楼层： 申领者： 发放者： 年 月 日

物品名称	申领数	实发数	物品名称	申领数	实发数
普通信封			烟缸		
航空信封			火柴		
普通信笺			水杯		
航空信笺			面巾纸		
便笺纸			卫生纸		
小铅笔			浴帽		
圆珠笔			沐浴液		
明信片			大香皂		

续表

物品名称	申领数	实发数	物品名称	申领数	实发数
安全疏散图			小香皂		
宾客意见书			牙具		
服务指南			梳子		
小酒吧账单			针线包		
早餐单			购物袋		
房内用膳单					
干洗单			下列为服务员使用的清洁用品		
湿洗单			拖把		
熨衣单			什物		
洗衣袋			空气清新剂		
礼品袋			除虫剂		
卫生袋			鞋油（黑色）		
擦鞋纸			鞋油（棕色）		
“请即打扫”牌			鞋油（白色）		
“请勿打扰”牌			鞋刷		

表 10－13　每日楼层消耗品汇总表

制表人：　　　　　　　　　　　　　　　　　　　　年　　月　　日

项目 楼层	购物袋	擦鞋纸	圆珠笔	针线包	面巾纸	卫生纸	沐浴液	牙具	梳子	香皂	洗发液
合计											
金额											

表 10－14　客房布件换洗单

年　　月　　日

项目／数量	床单	枕套	面巾	地巾	方巾	大浴巾	小浴巾	
收到数								收发员
发还数								值班员
备　注								

表 10－15　布件报废单

品名：　　　　规格：　　　　填报人：　　　　批准人：

报废原因	数量							报废总数
	床　单	枕　套	面　巾	地　巾	方　巾	大浴巾	小浴巾	
年限已到								
无法缝补								
无法去迹								
其　　他								
合　　计								

表 10－16　单项操作时间测试表（样表）

序　号	工作项目	基本时间（分钟）	间歇许可（%）	意外耽搁（%）	标准时间（分钟）
1	铺一张西式床	1.8	22.0	10	2.38
2	清洁一个脸盆	1.2	13.0	10	1.48
3	清洁一个浴缸	1.92	14.5	10	2.4
4	清洁一个便器	0.94	16.0	10	1.18
5	擦净一张梳妆台	2.43	11.0	10	0.52
6	一张梳妆台的打蜡	0.85	13.0	10	1.05
7	清洁一只垃圾桶	0.72	11.0	10	0.87
8	硬地面吸尘 10 平方米	0.8	12.5	10	2.22
9	地毯吸尘 10 平方米	4.3	16.0	10	5.42
10	硬地面推尘 10 平方米	1.2	13.5	10	1.48
11	硬地面湿拖 10 平方米	4	16.0	10	3.02
12	机器洗地 10 平方米	2.3	13.0	10	2.83
13	机器抛光地面 10 平方米	2.1	11.0	10	2.84

10.3.3　客房部常用表单的管理

1. 分级归口管理

客房部常用表单必须在部门经理领导下实行分级归口管理。表单要统一设计、统一审查、统一编号；内容要科学合理、简明易懂；数字要真实准确，项目含义和计算方法要符合统一规定，数字的来龙去脉要做到有据可查；根据业务分工将表单分别划归各业务部门、各岗位进行填写整理。

2. 建立表单记录责任制

客房部表单从记录到检查核实，从保管到加工整理，都要有专人负责，形成一个系统的原始记录网。日常表单要求员工在工作进行过程中或工作结束时立即按规定填写，需汇总的表单一般要求在规定的时间进行填写，并按规定的流程及时传递。

3. 加工整理表单，形成管理资料

表单记录的只是一种原始资料，必须进行加工整理，才能成为系统的管理资料，才能使表单发挥应有的作用。原始记录的整理一般分为 3 个阶段。

（1）检查。首先应对表单记录的内容进行全面检查，即检查记录是否齐全；记录方法和计算方法是否符合规定，计算是否正确；各个项目是否符合实际情况，前后是否矛盾。

（2）整理。首先将各种记录分门别类作为旬报表或月报表；然后将各类报表进行统一汇总，整理成客房管理月报表。

（3）分析。客房部管理人员应根据汇总的资料进行分析研究，及时发现管理中存在的问题，及时分析原因，提出改进措施，为下一步的工作提供参考。

10.3.4　客房日常管理制度

（1）准时上、下班，不得迟到、早退、旷工，准时打记时卡。事假、病假应办好请假手续。

（2）上班时穿整洁的工作服，按规定位置佩戴名牌。

（3）使用指定的员工通道、电梯。

（4）当值时间不擅离工作岗位、闲逛、干私活。需要离开工作场所时，必须征得上级同意。上班时不得会见亲友，严禁在工作场所内抽烟、喝酒、追逐打闹及进行其他与工作无关的活动。

（5）当值时间不私用电话办理私人事务。

（6）当值时间不吃东西。

（7）不在公共场合高声喧哗或高声谈笑。

（8）不与客人争辩，永不得罪客人。

（9）服从上级之正确命令。

（10）对一切工作，不可敷衍了事，或借故推诿耽搁时间。

（11）不得擅取饭店或客人物品。

（12）不贪污、盗窃、行贿、受贿。

（13）不向客人索取任何物品或小费。

（14）不私换外汇。

（15）不酗酒、赌博或打架。

（16）不可利用职权营私舞弊、牟取私利、假公济私。

（17）不玩忽职守、违反操作规程。因责任心不强、不按服务规范操作而造成的人为错误，由当事人承担经济责任。

（18）不触犯国家刑事法律。

（19）参加班前、班后会，掌握员工的工作职责，与其他员工相互配合做好工作。

（20）按规定签到或签退，见面要主动、热情地打招呼。

（21）拾获客人遗留物品，发现物品损坏或出现故障，必须按饭店规定处理或及时上报上级处理。

（22）不准私自带人进入工作地点，不得私自将饭店物品带出饭店或赠予他人。

（23）工作用具使用后必须清理干净、摆放整齐，岗位前后不得摆放与工作无关物品。工具用完后，必须放回原处。

（24）按规定交接班。如违反规定造成损失，由当事人承担经济责任。

（25）下班前按消防制度检查水、电、蒸汽、门窗，做好防火、防盗工作。

10.3.5 客房安全管理制度

客房部应在配备必要的安全设施、器材的基础上，制订科学、完善的安全管理制度，如安全事故处理程序等（具体见“客房安全管理”章节）。

10.3.6 客房消毒制度

为了保证宾客的身体健康和服务人员的身体健康，客房部应制定完善的消毒制度（具体见“客房消毒和灭虫害工作”章节）。

10. 3. 7　其他管理制度

客房部还应制定一些其他的管理制度，如洗涤管理制度、洗涤卫生管理制度、布件洗涤卫生规定、仓库管理制度等。

10. 4　客房全面质量管理

全面质量管理（Total Quality Control）是 20 世纪 60 年代初提出的概念。它是针对传统的事后质量检查而言的，它是企业行之有效的一种质量管理方法。全面质量管理也就是全面的质量控制。所谓客房全面质量管理，就是指客房部全体员工在接待服务全过程实行的质量管理。

10. 4. 1　质量管理发展的 3 个阶段

（1）事后检查阶段（20 世纪 20 年代前）。这个阶段的质量管理，是在产品生产出来后，才经过质量检查挑出不符合质量标准的次品和废品。

（2）统计质量阶段（20 世纪 20 ～ 50 年代）。这个阶段则是以预防为主的质量管理阶段。

（3）全面质量管理阶段（20 世纪 60 年代初到现在）。这个阶段是针对事后检查阶段而言的，它要求贯彻预防为主的方针，从系统论出发，把饭店服务作为一个整体，以提供最佳服务为目标控制服务的全过程。全面质量管理的重点在“全面”两个字上。

10. 4. 2　全面质量管理的特点

（1）质量的含义是全面的。饭店服务质量的含义不仅是指直接为宾客提供的各种服务，还包括影响到服务质量的工作质量。饭店服务质量的内容很广，它需要各部门、全体员工共同努力来达到最佳服务标准。

为了保证饭店服务质量，饭店在质量管理中，一方面要坚持经常性检查监督；另一方面要以预防为主，对可能影响质量的因素进行有效控制，力求在接待服务开始前就消灭可能造成质量事故的因素。每个部门、每个员工都从质量管理的目标出发，大家都能为保证服务质量而协调一致。

（2）服务质量管理的范围是全面的。服务质量管理从狭隘的范围扩大到饭店工作的各个方面。首先是全过程的服务质量管理，即服务全过程各个环节自始至终都坚持做好质量管理。服务全过程不仅包括一线面对宾客的现场服务，还包括二线在服务前的一切准备工作、后勤工作，以及服务后的一切善后工作。为取得全过程服务的优质，必然关系到饭店经营管理的各个方面。如饭店在日常管理工作中，要通过征集宾客意见，进行反馈，不断改进和开拓创新，以满足市场的各种需求。

(3) 服务质量管理的方法是全员性的。服务质量目标的实现是从每一个员工岗位的服务工作质量达标开始的，各个岗位服务质量目标的实现构成饭店整体服务质量目标的实现。日本 TQC 成功的主要原因之一就是全员参与，如今国际标准 ISO 更进一步明确把服务质量目标分解到岗位，落实到人。实行全员性的质量管理，必须进行全员性动员，把饭店及各部门的各自质量计划、质量目标交给员工，增加工作中的透明度，让人人都明白，从而激发员工参与质量管理的责任感。

(4) 服务质量管理的方法是全面多样的。鉴于饭店服务质量组成部分多，内容丰富，含义广泛，而评价服务质量又往往是依据宾客的主观因素，因而带来了饭店服务质量管理方法的多样性和全面性。

饭店管理需要管理者把经济科学、自然科学、技术科学等学科知识综合起来，需要解决什么质量问题就用什么方法。比如：要解决质量问题除了要用管理知识外，还要用技术科学；要解决调动员工积极性问题，就要用管理心理学知识、行为科学知识和政治思想工作方面的知识。总之，服务质量问题产生的原因不同，解决的途径和方法也就不尽相同。

(5) 全面质量管理要讲究经济效益。全面质量管理要解决的是质量问题，也就是使用价值问题。提高服务质量，以优质取胜，从而提高饭店经济效益，提高服务质量与提高经济效益，两者是相辅相成的。如果饭店为了提高服务质量而投入大量的人力、物力、财力，而产出少，那是得不偿失的。因此，全面质量管理中要讲究经济效益，尽量提高使用价值，充分发挥所投入代价的效益。

10.4.3 客房实施全面质量管理的基本方法

前面我们介绍过，全面质量管理的方法是全面多样的，现就客房实施全面质量管理的基本方法做简单介绍。

1. 服务质量的 PDCA 工作循环

推行客房全面质量管理方法时，世界各国在客房质量管理中普遍运用 PDCA 工作循环的方法，又叫质量管理的四个阶段。PDCA 工作循环有 4 个阶段 8 个步骤。

1) 第一阶段——P，即计划 (Plan)

这个阶段是客房质量管理的决策阶段，它有 4 个步骤。

(1) 找出客房服务质量各方面存在的主要问题。

（2）分析存在问题的原因（直接原因和根本原因）。

（3）找出主要原因。

（4）制定计划措施。

2）第二阶段——D，即实施（Do）

（5）执行计划和措施。主要是实施客房质量标准，按照客房质量标准进行作业。

3）第三阶段——C，即检查（Check）

（6）检查效果，分析成功、不足或失败的原因。具体可采用自查、互查、抽查等方法，以保证客房服务质量按计划标准进行。

4）第四阶段——A，即处理（Action）

要把成功经验与失败教训总结出来。这个阶段有两个步骤。

（7）巩固措施。把成功的、效果较好的加以标准化、制度化、规格化，并实施巩固措施。

（8）找出尚未解决的问题。对不足和失败之处要提出改进的措施，并把这些尚未解决的问题放到下一个循环去解决。

运用 PDCA 工作循环方法时，要注意以下两个问题。

（1）PDCA 作为一种循环是周而复始不断进行的。这种循环不是简单的循环，每一个循环都必定比前一次循环提高一步。

（2）PDCA 工作方法不仅客房运用，饭店其他各部门、班组都应运用。于是产生了饭店大环套部门中环，部门中环套班组小环，相互运动、相互作用、互相促进，形成一个体系，使整个 PDCA 循环系统在循环中前进发展。

2. 服务质量分析——排列图

客房服务质量的管理必须用科学分析的方法。服务质量分析工作是计划工作的基础。在 PDCA 工作循环时，在总结阶段就要对服务质量进行科学分析，把成功的经验加以规范化和制度化，把不合理不科学的部分加以剔除或改进，把尚未解决的问题留待下一个循环去解决。客房服务质量分析工作中的内容有客房服务质量水平分析、客房服务质量适应性和稳定性分析、客房服务质量问题分析等。

客房部在分析服务质量问题时，可采用排列图方法（又称主次因素图、帕累托图）。这一方法是意大利经济学家帕累托在研究财富分配时采用的图表，后来美国质量管理学家朱兰把它用于质量管理。排列图是找出主要质量问题的有效方法。这一方法的步骤为：

（1）确定分析对象，即以宾客所提意见的总数、部门原始记录统计、服务质量检查等为对象，以数据为基础进行分析；

（2）根据各项数据对服务质量问题进行排队；

（3）画出排列图；

（4）通过分析，找出主要问题，并拟定改进措施。

3. 因果分析图法

因果分析图法又叫鱼刺图、树枝图、特性要因图，它把质量问题产生的各种原因，用鱼刺一样的图形表示出来，便于分析复杂的因果关系。因果分析图法的步骤如下所述。

（1）在 PDCA 工作循环中找出 A 类问题。

（2）分析 A 类质量问题产生的原因。探讨产生原因，要从大到小、从粗到细、寻根究底。不能把大原因作为主要原因，须层层深入，直至找到主要原因（更小原因）。

（3）将找出的原因进行整理，按结果与原因之间的关系画出因果分析图。

（4）制定解决质量主要问题措施。例如，某饭店客房质量有问题，产生原因很多，可用鱼刺图分析。

10.4.4 客房服务规程的制定和实施

客房服务规程是指饭店客房某一特定的服务过程所应达到的规格、程序和标准。它是客房员工要遵守的准则，是饭店客房服务工作的法规。

1. 制定客房服务规程的意义

（1）服务规程有利于客房服务工作规范化。

（2）服务规程是客房提高服务质量的主要途径。

（3）有了服务规程，便于管理者对客房服务质量的控制。

（4）有了客房服务规程能有效地提高客房服务员的素质。

2. 制定客房服务规程的依据

服务规程既要切实可行，又要保证服务质量水平，要有科学依据。其依据主要有以下几方面。

（1）市场需求，特别是宾客需求变化。

（2）饭店档次和质量标准。但应体现各自风格、特色。

（3）国内外饭店的先进水平。多了解国内外饭店客房服务与管理方面的信息，减少盲目性。

3. 客房服务规程的制定

（1）根据制定服务规程的依据，在饭店总经理的统一领导下，召开制定客房服务规程的专题会议，提出制定客房服务规程的目标与基本要求。

（2）客房部相应组织服务规程编制小组，小组应由有经验的管理人员与服务员参加。小组的任务就是要排列出客房的全部服务内容有多少，确定客房有几个服务过程，明确有多少个服务过程就有多少套规程，明确每个服务规程要有多少个服务环节。

（3）编制出客房服务规程后，召开动员大会，广泛征求意见，进一步修改。

（4）客房服务规程的制定不是静态的，它是随着宾客的需求，不断修订的，使之日趋完善。

4. 客房服务规程的内容

（1）客房服务环节、程序。

（2）每个环节中，服务员的动作、语言、姿态、时限、用具手续、意外处理、临时要求处理、权限，等等。

5. 客房服务规程的实施

（1）各级管理者必须把客房服务规程当做实行科学管理客房的重要手段，在思想上、组织上给予高度重视。

（2）加强培训。客房服务规程制定后要对员工进行培训，培训合格才能上岗。

（3）对客房服务规程实施情况要坚持检查考核。为了确保客房服务规程的顺利实施，管理者一要健全检查制度，二要及时纠偏。

10.4.5 实行岗位责任制

岗位责任制就是通过一定的规章制度，具体规定客房每个岗位及人员的职责、权限、作业标准、工作量及协作要求的责任制度。

1. 岗位责任制的基本要求

（1）五定，即定岗、定工作、定人员、定权限、定责任。

（2）五有，即事事有人管、人人有专责、办事有标准、作业有程序、工作有检查。

（3）责权统一。有责有权，是实行岗位责任制的基本条件。

2. 岗位责任制的内容

（1）规定每个岗位的职责范围和具体工作任务。

（2）规定每项工作任务的基本标准要求。

（3）明确因失误造成的损失应承担的责任。

（4）规定为执行职责所必须的权力。

（5）明确与有关工作岗位之间的协作关系及应尽的责任。

3. 岗位责任制的实施

贯彻岗位责任制必须坚持严格的考核和监督制度。考核还要与经济责任制的考核结合起来，重点在对个人的考核。作为管理者，对此必须提高认识，如果没有考核制度就没有科学的根据去监督执行，没有严格的监督，岗位责任制就会流于形式。

☞ 案例分析

客房里的“撞车事件”

“总台吗？我是刚刚住进来的608房客人，姓潘。想问您一件事。”电话那头传来浑厚的男中音。

小钟想起来了，潘先生是刚办完入住手续不久的来自湖北的一位大学教授。小钟礼貌地问道：“潘教授您好，我是总台，请问您有什么事需要我帮忙吗？”

“我刚进房间不久，有位服务员来敲门。我问她有什么事，她说要整理房间。我说房间好好的怎么还整理，她也不回答我，便硬拉上门走了。我想问一下，是不是我这个房间卫生还没有做？最近非典严重，我这个房间是不是还没有消毒？如果是的话，我要求换一个干净的房间，你看可以吗？”潘教授客气地说。

小钟知道麻烦来了。虽然房务中心电脑房态表上已显示608房是住客房，但房务中心肯定还没有将这一变化通知楼层服务员，而楼层服务员仍然按照这个房间是“脏空房”去整理。现在让客人碰到了，客人自然对这个房间的卫生状况产生了怀疑。因为这种原因客人要求调房的事情以前就曾发生过。虽然有麻烦但也没办法回避。于是小钟清了清嗓子耐心地进行了解释。

但是潘教授可没有太多的耐心听小钟解释，有点不高兴地说：“总台小姐，你说了半天我还没听明白，你还是帮我换一个干净的房间吧。”小钟为了“息事宁人”，只好答应潘教授换房的要求。

✍ 点评

小钟是怎么解释的？我想大概会说：“我们酒店对昨天整理过的房间隔一夜没人住，今天还是要简单清理一下的。您的房间虽然今天还没有简单清理过，但也是干净的，请您放心住吧。”既然今天没有清理过怎么又是干净的呢？潘教授不听糊涂才怪呢。我花了钱怎么能接受“伪劣产品”！可想而知，潘教授肯定是不满意小钟的解释，自然极力要求调房了。

问题的原因在哪里？是小钟解释不到位吗？当然不是，问题的根源是在电脑房态表的设计上。事后了解到，该酒店电脑房态表上没有对“空房”做两种状态显示，即没有区分是

"脏空房"还是"净空房"。"脏空房"是指昨天走客房，虽然经过大整理，但过一夜没有客人住，到今天则成为"脏空房"了。原则上说这种房间是不能开出去的，由于该酒店房态表只笼统显示某房是空房，而总台无法认定该房是否清理过，随时都有可能将之出售。总台在出售之前（或同时），房务中心可能已通知房务员对这个房间进行整理，所以就发生客人与房务员的"撞车"事件了。假如房态表有"脏空房（Vacant Dirty，VD）和"净空房"（Vacant Clean，VC，即 OK 房）的区分，总台只认定出售"净空房"的话，就不至于产生本案例的情况了。

因此，信息管理上出现的缺陷，必然对加强质量管理产生不利的影响。所以，质量管理要从设计开始，其中包括信息管理软件的设计。

思考题

1. 什么是客房服务质量？其特点和内容分别有哪些？
2. 确定客房清洁整理标准应考虑的具体因素有哪些？
3. 什么叫客房全面质量管理？其特点有哪些？
4. PDCA 工作循环有哪几个阶段和步骤？
5. 什么是客房服务规程？为什么要制定客房服务规程？制定客房服务规程的依据是什么？
6. 什么是客房岗位责任制？其内容包括哪些？

附录 A　部分公共区域的清洁保养方法

一、刮玻璃

1. 擦拭方法

（1）用玻璃涂水器蘸洗涤溶液均匀擦洗玻璃表面。
（2）用玻璃刮子将玻璃上的溶液刮净。
（3）用玻璃涂水器蘸清水洗涤玻璃表面。
（4）用玻璃刮子将玻璃上的水刮净。
（5）用抹布将玻璃表面未刮净的水迹和边框上的水迹抹净。

如仍有斑迹，可在局部用清洁剂或铲刀去除（铲刀要锋利，但不可将刀刃正对玻璃操作）。

2. 刮玻璃注意事项

（1）制定安全措施，慎防发生坠楼、落物等意外。
（2）清洁完毕要及时处理落于窗台、地面的水迹。

3. 清洁标准

玻璃表面光亮无迹。

二、擦铜器

1. 工作程序

（1）将抹布叠成四折（大小视所擦铜器而定）。
（2）将擦铜油均匀地涂在叠好的抹布上，均匀并用力擦拭。
（3）用干净抹布将铜器上的铜油擦掉。
（4）用干净抹布快速反复用力擦拭铜器，直至光亮为止。

2. 擦铜器注意事项

（1）铜水只是针对纯铜制品，不能用于镀铜、仿铜制品。
（2）擦铜时注意不可将与铜器相邻的物件弄脏。

3. 完成标准

铜器光亮无迹。

三、洗地毯

1. 工作程序

（1）排出清洁计划。
（2）备好去除水溶性污渍的地毯洗涤剂，去除油脂污渍的溶剂、口香糖清除剂。
（3）备好去除墨水、水果汁、咖啡等特殊去渍剂。
（4）备好小块海绵、地毯机、地毯烘干机。
（5）用刀或匙铲除固体。
（6）用纸巾或绵纸吸去液体。
（7）用干净白布或海绵，用适当去污剂将污渍洗掉。
（8）洗净后立即吸干水分，开动机器进行清洗。
（9）清洗完毕，用地毯烘干机进行烘吹。
（10）烘干后用地毯拨松机进行拨松吸尘。

2. 洗地毯注意事项

（1）不可期望洗地毯能彻底保证地毯清洁，应注意地毯预防保洁，日常吸尘，即时除渍。
（2）如果湿洗地毯，应选择在空气干燥的季节进行。

3. 清洁标准

地毯表面干净、松软、不褪色、不缩水。

四、地板打蜡

1. 工作步骤

（1）检查机器设备是否完好。

(2) 备好蜡水、起蜡水、清水、洗地刷和吸水刮。
(3) 以一份起蜡水与四份40℃～50℃热水混合，并涂于地面。
(4) 用吸水刮吸除地面污水。
(5) 地面干后，备好打蜡机、喷壶、注蜡水，启动打蜡机开始打蜡。
(6) 打蜡要均匀。
(7) 打蜡约20分钟，更换百洁刷进行高速地面抛光。
(8) 3个月打一次蜡，每天抛光一次，半个月补一次。
(9) 每天检查地面，发现污渍随时去除，清洗地面，补蜡抛光。

2. 地板打蜡注意事项

(1) 打蜡要薄而均匀，以免出现花斑。
(2) 上的蜡一定要干后才能抛光。
(3) 刚打过蜡的地面要做明显标志，请客人留意。

3. 清洁标准

地面清洁光亮，蜡面厚薄均匀。

附录 B 旅游涉外饭店星级的划分及评定

B1 我国旅游涉外饭店星级评定中有关公共区域设施设备维修保养及清洁卫生质量的标准

表 B1 《旅游涉外饭店星级的划分及评定》公共区域设备的维修保养及清洁卫生评定标准及检查表

各星级饭店规定得分率：一、二星级 90%，三星级 92%，四、五星级 95%。评分时，按照项目标准，完全达到者为优，略有不足者为良，明显不足为中，严重不足者为差

项目	项目标准	维修保养检查					清洁卫生检查				
		项目检查分数	实际得分				项目检查分数	实际得分			
			优	良	中	差		优	良	中	差
一、前厅											
1. 地面	平整、无破损、无变色、无变形、无污迹、无异味、干净、光亮	4	4	3.6	3.2	2	10	10	9	8	5
2. 门窗	无破损、无变形、无划痕、无灰尘	2	2	1.8	1.6	1	2	2	1.8	1.6	1
3. 天花	无破损、无裂痕、无脱落；无水迹、灰尘、蛛网	4	4	3.6	3.2	2	4	4	3.6	3.2	2
4. 墙面	平整、无破损、无脱落、无开裂；无污迹、蛛网	6	6	5.4	4.8	3	4	4	3.6	3.2	2
5. 柱、台	平整、无破损、无划痕、无脱落、无开裂；无污迹、无灰尘	4	4	3.6	3.2	2	4	4	3.6	3.2	2
6. 扶梯	完整、无破损、无灰尘、无污迹	2	2	2	1.8	1.6	1	2	2	1.8	1.6
7. 家具	稳固、完好、无破损、无变形、无脱落、无烫痕、无灰尘、无污迹	10	10	9	8	5	5	5	4.5	4	2.5
8. 灯具	完好、有效；无灰尘、无污迹	5	5	5	4.5	4	2.5	4	4	3.6	3.2

续表

项　目	项 目 标 准	维修保养检查					清洁卫生检查				
		项目检查分数	实际得分				项目检查分数	实际得分			
			优	良	中	差		优	良	中	差
9. 电梯	平稳、有效、无故障、无划痕、无脱落、无灰尘、无污迹	10	10	9	8	5	3	3	2.7	2.4	1.8
10. 公用电话	完好、有效、齐全、无破损；无污迹	2	2	1.8	1.6	1	2	2	1.8	1.6	1
11. 盆景花木艺术品	完好、有效、无破损、无污迹、无灰尘	3	3	2.7	2.4	1.8	3	3	2.7	2.4	1.8
12. 总台及各种设备											
保险箱		1	1	0.9	0.8	0.5	1	1	0.9	0.8	0.5
电脑		1	1	0.9	0.8	0.5	1	1	0.9	0.8	0.5
电话		1	1	0.9	0.8	0.5	1	1	0.9	0.8	0.5
宣传册及册架		1	1	0.9	0.8	0.5	1	1	0.9	0.8	0.5
分区标志		1	1	0.9	0.8	0.5	1	1	0.9	0.8	0.5
其他（每项1分）		1	1	0.9	0.8	0.5	1	1	0.9	0.8	0.5
13. 公共图形符号标志	正规、完整、无褪色、无变形、无灰尘、无污迹	2	2	1.8	1.6	1	2	2	1.8	1.6	1
14. 空调排风口	有效、无破损、无脱落、无污迹、无灰尘	1	1	0.9	0.8	0.5	2	2	1.8	1.6	1
15. 大堂休息处	整齐、布局合理；干净	5	5	4.5	4	2.5	2	2	1.8	1.6	1
16. 公共阅览处	完整、有效、无破损、整齐；干净	3	3	2.7	2.4	1.8	2	2	1.8	1.6	1
17. 客用品	完好、无破损、无灰尘、无污迹										
伞架		1	1	0.9	0.8	0.5	1	1	0.9	0.8	0.5
衣架		1	1	0.9	0.8	0.5	1	1	0.9	0.8	0.5
行李车		1	1	0.9	0.8	0.5	1	1	0.9	0.8	0.5
垃圾桶		1	1	0.9	0.8	0.5	1	1	0.9	0.8	0.5
烟灰缸		1	1	0.9	0.8	0.5	1	1	0.9	0.8	0.5
其他（每项1分）		1	1	0.9	0.8	0.5	1	1	0.9	0.8	0.5
18. 其他（每项1分）		1	1	0.9	0.8	0.5	1	1	0.9	0.8	0.5
合　计											

续表

项目	项目标准	维修保养检查					清洁卫生检查				
		项目检查分数	实际得分				项目检查分数	实际得分			
			优	良	中	差		优	良	中	差
二、楼梯走廊等公共场所											
1. 地面	平整、无破损、无卷边、无变形；无污迹、无异味，干净、光亮	20	20	18	16	10	30	30	27	24	15
2. 门	无破损、无变形、无划痕；玻璃明亮、无灰尘	10	10	9	8	5	10	10	9	8	5
3. 天花	无破损、无裂痕、无脱落；无污迹、灰尘、蛛网	10	10	9	8	5	10	10	9	8	5
4. 墙面	平整、无破损；无污迹、异味，干净、光亮	20	20	18	16	10	20	20	18	16	10
5. 灯具	完好、有效；无灰尘、无污迹	25	25	22.5	20	12.5	25	25	22.5	20	12.5
6. 家具、用具	稳固、完好、无破损、无变形、无脱落、无烫痕；无灰尘、无污迹	25	25	22.5	20	12.5	25	25	22.5	20	12.5
7. 其他（每项1分）		1	1	0.9	0.8	0.5	1	1	0.9	0.8	0.5
合计											
三、公共卫生间											
1. 地面	平整、无破损；无污迹、异味，干净、光亮	5	5	4.5	4	2.5	5	5	4.5	4	2.5
2. 墙面	平整、无破损、无裂痕、无脱落；无污迹、灰尘、蛛网	5	5	4.5	4	2.5	5	5	4.5	4	2.5
3. 天花	无破损、无裂痕、无脱落；无污迹、灰尘、蛛网	5	5	4.5	4	2.5	5	5	4.5	4	2.5
4. 厕位	完好、无堵塞、无滴漏；无污迹	10	10	9	8	5	10	10	9	8	5
5. 洗手台	完好、无磨损；无灰尘、无污迹	5	5	4.5	4	2.5	5	5	4.5	4	2.5

续表

项　目	项 目 标 准	维修保养检查					清洁卫生检查				
		项目检查分数	实际得分				项目检查分数	实际得分			
			优	良	中	差		优	良	中	差
6. 梳妆镜	完好、无磨损；玻璃明亮、无灰尘、无污迹	2	2	1.8	1.6	1	2	2	1.8	1.6	1
7. 皂液器	完好、有效；无污迹	2	2	1.8	1.6	1	2	2	1.8	1.6	1
8. 干手器	完好、有效；无污迹	2	2	1.8	1.6	1	2	2	1.8	1.6	1
9. 其他（每项1分）		1	1	0.9	0.8	0.5	1	1	0.9	0.8	0.5
合　　计											
四、环境和建筑物外观											
1. 庭院、花园	完好、整齐；干净、无垃圾	8	8	9.2	6.4	4	10	10	9	8	5
2. 建筑物外墙	完整、美观；干净	5	5	4.5	4	4	2.5	5	5	4.5	4
3. 店标及标志	正规、完整、无褪色、无变形；无灰尘、无污迹	8	8	9.2	6.4	4	3	3	2.7	2.4	1.5
4. 停车场、回车线	标志明确、干净	4	4	3.6	3.2	2	4	4	3.6	3.2	2
5. 花木、盆景、艺术品	无枯枝败叶、修剪效果好；无灰尘、无异味、无昆虫	4	4	3.6	3.2	2	4	4	3.6	3.2	2
6. 照明灯	完好、有效；无灰尘、无污迹	4	4	3.6	3.2	2	4	4	3.6	3.2	2
7. 其他（每项1分）		1	1	0.9	0.8	0.5	1	1	0.9	0.8	0.5
合　　计											

B2 我国旅游涉外饭店星级评定中有关客房设施设备维修保养及清洁卫生质量的标准

表 B2 《旅游涉外饭店星级的划分及评定》客房设施设备的维修保养及清洁卫生评定标准及检查表

各星级饭店规定得分率：一、二星级 90%，三星级 92%，四、五星级 95%。评分时，按照项目标准，完全达到者为优，略有不足者为良，明显不足为中，严重不足者为差

项目	项目标准	维修保养检查					清洁卫生检查				
		项目检查分数	实际得分				项目检查分数	实际得分			
			优	良	中	差		优	良	中	差
一、走廊通道：											
1. 地面	平整、无破损、无卷边、无污迹、无异味、干净、光亮	5	5	4.5	4	2.5	10	10	9	8	5
2. 墙面	平整、无破损、无开裂、无脱落；无污迹、无蛛网	5	5	4.5	4	2.5	2	2	1.8	1.6	1
3. 天花	无破损、无裂痕、无脱落；无水迹、无蛛网	8	8	7.2	6.4	4	2	2	1.8	1.6	1
4. 灯具	完好、有效；无灰尘、无污迹	2	2	1.8	1.6	1	2	2	1.8	1.6	1
5. 擦鞋机	完整、有效、无水迹、无蛛网	2	2	1.8	1.6	1	1	1	0.9	0.8	0.5
6. 烟灰缸	完整、无破损；无灰尘、无污迹	5	5	4.5	4	2.5	2	2	1.8	1.6	1
7. 服务台	整齐、无破损、无灰尘、无污迹	5	5	4.5	4	2.5	2	2	1.8	1.6	1
8. 其他（每项 1 分）		1	1	0.9	0.8	0.5	1	1	0.9	0.8	0.5
二、客房											
1. 地面	平整、无破损、无卷边、无污迹、无异味、干净、光亮	30	30	27	24	15	30	30	27	24	15

续表

项目	项目标准	维修保养检查					清洁卫生检查				
		项目检查分数	实际得分				项目检查分数	实际得分			
			优	良	中	差		优	良	中	差
2. 门	完好、有效、无灰尘、无污迹（铃、锁、门牌、安全链、把手各1分）	1×6	1×6	0.9×6	0.8×6	0.5×6	1×6	1×6	0.9×6	0.8×6	0.5×6
3. 窗户窗帘	平整、无破损、无脱落、无污迹	5	5	4.5	4	2.5	2	2	1.8	1.6	1
4. 墙面	平整、无破损、无开裂、无脱落；无污迹、无蛛网	4	4	3.6	3.2	2	4	4	3.6	3.2	2
5. 天花	平整、无破损、无开裂、无脱落；无污迹、无蛛网	4	4	3.6	3.2	2	4	4	3.6	3.2	2
6. 灯具	完好、有效、无灰尘、无污迹	5	5	4.5	4	2.5	5	5	4.5	4	2.5
7. 家具布件	稳固、完好、无变形、无破损、无脱漆；无污迹、无灰尘										
床头护墙板		1	1	0.9	0.8	0.5	1	1	0.9	0.8	0.5
床上用品		10	10	9	8	5	10	10	9	8	5
衣柜		1	1	0.9	0.8	0.5	1	1	0.9	0.8	0.5
衣架		1	1	0.9	0.8	0.5	1	1	0.9	0.8	0.5
写字台		2	2	1.8	1.6	1	2	2	1.8	1.6	1
梳妆台		2	2	1.8	1.6	1	2	2	1.8	1.6	1
镜子		2	2	1.8	1.6	1	2	2	1.8	1.6	1
椅子沙发		2	2	1.8	1.6	1	2	2	1.8	1.6	1
茶几		1	1	0.9	0.8	0.5	1	1	0.9	0.8	0.5
行李柜		2	2	1.8	1.6	1	2	2	1.8	1.6	1
饮具		5	5	4.5	4	2.5	5	5	4.5	4	2.5
酒具		5	5	4.5	4	2.5	5	5	4.5	4	2.5
烟具		1	1	0.9	0.8	0.5	1	1	0.9	0.8	0.5
抽屉		2	2	1.8	1.6	1	2	2	1.8	1.6	1
垃圾桶		1	1	0.9	0.8	0.5	1	1	0.9	0.8	0.5
擦鞋工具		1	1	0.9	0.8	0.5	1	1	0.9	0.8	0.5

续表

项目	项目标准	维修保养检查					清洁卫生检查				
		项目检查分数	实际得分				项目检查分数	实际得分			
			优	良	中	差		优	良	中	差
洗衣袋		1	1	0.9	0.8	0.5	1	1	0.9	0.8	0.5
其他（每项1分）		1	1	0.9	0.8	0.5	1	1	0.9	0.8	0.5
8. 艺术品	正规、完整、无褪色、无脱落；无灰尘、无污迹	1	1	0.9	0.8	0.5	1	1	0.9	0.8	0.5
9. 文件夹	正规、完整、无灰尘、无污迹	3	3	2.7	2.4	1.5	3	3	2.7	2.4	1.5
10. 客房内印刷品	正规、完好、字迹图案清晰、无皱折、无涂抹；无灰尘、无污迹										
酒单		1	1	0.9	0.8	0.5	1	1	0.9	0.8	0.5
菜单		1	1	0.9	0.8	0.5	1	1	0.9	0.8	0.5
电视节目单		1	1	0.9	0.8	0.5	1	1	0.9	0.8	0.5
安全出口指示图		1	1	0.9	0.8	0.5	1	1	0.9	0.8	0.5
“请勿打扰”、“请速清扫”牌		4	4	3.6	3.2	2	1	1	0.9	0.8	0.5
服务指南		4	4	3.6	3.2	2	1	1	0.9	0.8	0.5
价目表		4	4	3.6	3.2	2	1	1	0.9	0.8	0.5
11. 电话	完好、无损、有效、安全；无灰尘、无污迹	5	5	4.5	4	2.5	2	2	1.8	1.6	1
12. 电视	完好、无损、有效、安全；无灰尘、无污迹	5	5	4.5	4	2.5	1	1	0.9	0.8	0.5
13. 床头控制柜	完好、无损、有效、安全；无灰尘、无污迹	5	5	4.5	4	2.5	1	1	0.9	0.8	0.5
14. 冰箱	完好、无损、有效、安全；无灰尘、无污迹	5	5	4.5	4	2.5	2	2	1.8	1.6	1
15. 空调回风口	完好、无损、有效、安全；无灰尘、无污迹	2	2	1.8	1.6	1	3	3	2.7	2.4	1.5

续表

项　目	项 目 标 准	维修保养检查					清洁卫生检查				
		项目检查分数	实际得分				项目检查分数	实际得分			
			优	良	中	差		优	良	中	差
16. 电源插座	完好、无损、有效、安全；无灰尘、无污迹	1	1	0.9	0.8	0.5	1	1	0.9	0.8	0.5
17. 其他（每项1分）		1	1	0.9	0.8	0.5	1	1	0.9	0.8	0.5
三、卫生间											
1. 门	完好、无损、有效、安全；无灰尘、无污迹	2	2	1.8	1.6	1	1	1	0.9	0.8	0.5
2. 墙面	平整、无破损、无变色、无脱落；无污迹、无蛛网	2	2	1.8	1.6	1	2	2	1.8	1.6	1
3. 天花	无破损、无脱落；无污迹、无灰尘	2	2	1.8	1.6	1	2	2	1.8	1.6	1
4. 地面	平坦、无破损、无污迹、无灰尘						2	2	1.8	1.6	1
5. 灯具	完好、有效；无灰尘、无污迹	2	2	1.8	1.6	1					
6. 洗脸台面	完好、无磨损；无灰尘、无污迹						2	2	1.8	1.6	1
7. 镜子	完好、明亮、无磨损；无灰尘、无污迹	2	2	1.8	1.6	1	1	1	0.9	0.8	0.5
8. 排风器	完好、有效、噪声低；无灰尘、无污迹	2	2	1.8	1.6	1	1	1	0.9	0.8	0.5
9. 面盆	完好、无堵塞；洁净	10	10	9	8	5	2	2	1.8	1.6	1
10. 恭桶	完好、无堵塞、噪声低；无污迹	15	15	13.5	12	7.5	4	4	3.6	3.2	2
11. 浴缸	完好、无堵塞、无滴漏；无污迹	15	15	13.5	12	7.5	4	4	3.6	3.2	2
12. 淋浴喷头	完好、畅通、无滴漏；无污迹	5	5	4.5	4	2.5	4	4	3.6	3.2	2
13. 水质清洁程度	清澈、无沙质、水温稳定						15	15	13.5	12	7.5
14. 空气清洁程度	清新、无异味						2	2	1.8	1.6	1

续表

项　　目	项 目 标 准	维修保养检查					清洁卫生检查				
		项目检查分数	实际得分				项目检查分数	实际得分			
			优	良	中	差		优	良	中	差
15. 电话副机	完好、有效、无灰尘、无污迹	2	2	1.8	1.6	1	3	3	2.7	2.4	1.5
16. 浴帘、浴帘杆	完好、无脱落；无灰尘、无污迹	1	1	0.9	0.8	0.5	5	5	4.5	4	2.5
17. 皂盒	完好、有效；无灰尘、无污迹	1	1	0.9	0.8	0.5	1	1	0.9	0.8	0.5
18. 巾架	完好、有效；无灰尘、无污迹	1	1	0.9	0.8	0.5	1	1	0.9	0.8	0.5
19. 卫生纸托架	完好、有效；无灰尘、无污迹	2	2	1.8	1.6	1	1	1	0.9	0.8	0.5
20. 晾衣绳	完好、有效；无灰尘、无污迹	1	1	0.9	0.8	0.5	2	2	1.8	1.6	1
21. 垃圾桶	完好、无灰尘、无污迹	1	1	0.9	0.8	0.5	1	1	0.9	0.8	0.5
22. 电源插座	完好、有效、无破损；无灰尘、无污迹	1	1	0.9	0.8	0.5	1	1	0.9	0.8	0.5
23. 卫生袋	正规、完好；无灰尘、无污迹	1	1	0.9	0.8	0.5	1	1	0.9	0.8	0.5
24. 客用品	正规、完好；无灰尘、无污迹										
面巾		2	2	1.8	1.6	1	4	4	3.6	3.2	2
浴巾		2	2	1.8	1.6	1	4	4	3.6	3.2	2
地巾		2	2	1.8	1.6	1	4	4	3.6	3.2	2
方巾		2	2	1.8	1.6	1	4	4	3.6	3.2	2
香皂							1	1	0.9	0.8	0.5
淋浴液							1	1	0.9	0.8	0.5
洗发液							1	1	0.9	0.8	0.5
皂盒		1	1	0.9	0.8	0.5	1	1	0.9	0.8	0.5
牙具（口杯）		2	2	1.8	1.6	1	2	2	1.8	1.6	1
其他（每项1分）		1	1	0.9	0.8	0.5	1	1	0.9	0.8	0.5
25. 吹风机	安全、正规、完好、无灰尘、无污迹	2	2	1.8	1.6	1	2	2	1.8	1.6	1
26. 体重秤	正规、完好；无灰尘、无污迹	1	1	0.9	0.8	0.5	1	1	0.9	0.8	0.5
27. 其他（每项1分）		1	1	0.9	0.8	0.5	1	1	0.9	0.8	0.5
合　　计											

B3 我国旅游涉外饭店星级评定中有关客房服务质量的标准

表 B3 《旅游涉外饭店星级的划分及评定》客房服务质量评定标准及检查表

<table>
<tr><td colspan="7">各星级饭店规定得分率：一、二星级 90%，三星级 92%，四、五星级 95%。评分时，按照项目标准，完全达到者为优，略有不足者为良，明显不足为中，严重不足者为差</td></tr>
<tr><td rowspan="2">项　目</td><td rowspan="2">项 目 标 准</td><td rowspan="2">项目检查分数</td><td colspan="4">实 际 得 分</td></tr>
<tr><td>优</td><td>良</td><td>中</td><td>差</td></tr>
<tr><td>一、服务人员仪容仪表</td><td></td><td></td><td></td><td></td><td></td><td></td></tr>
<tr><td>1. 服装</td><td></td><td></td><td></td><td></td><td></td><td></td></tr>
<tr><td>完好清洁程度</td><td>完整、挺括、清洁</td><td>10</td><td>10</td><td>9</td><td>8</td><td>5</td></tr>
<tr><td>与饭店格调协调程度</td><td>与饭店档次、特色、服务工种协调</td><td>8</td><td>8</td><td>7.2</td><td>6.4</td><td>4</td></tr>
<tr><td>不同岗位着装区别</td><td>按部门、工种、级别区分</td><td>5</td><td>5</td><td>4.5</td><td>4</td><td>2.5</td></tr>
<tr><td>着装统一程度</td><td>外套、内衣、裤（裙）、袜、鞋、领带（领花）、工号牌统一</td><td>10</td><td>10</td><td>9</td><td>8</td><td>5</td></tr>
<tr><td>着装效果</td><td>以上四项平均得分 95% 以上为优，85% 以上为良，70% 以上为中，70% 以下为差</td><td>10</td><td>10</td><td>9</td><td>8</td><td>5</td></tr>
<tr><td>2. 服务人员礼貌程度</td><td>端庄大方、礼貌周到、规范标准、主动热情</td><td>40</td><td>40</td><td>36</td><td>32</td><td>20</td></tr>
<tr><td>3. 服务人员纪律性</td><td>无扎堆聊天、擅离岗位等现象</td><td>20</td><td>20</td><td>18</td><td>16</td><td>10</td></tr>
<tr><td>4. 服务人员的外语水平</td><td>按本标准规定内流利使用，说得清，听得懂</td><td>15</td><td>15</td><td>13.5</td><td>12</td><td>7.5</td></tr>
<tr><td>5. 总印象</td><td>以上四项平均得分 95% 以上为优，85% 以上为良，70% 以上为中，70% 以下为差</td><td>10</td><td>10</td><td>9</td><td>8</td><td>5</td></tr>
<tr><td>二、客房服务质量</td><td></td><td></td><td></td><td></td><td></td><td></td></tr>
<tr><td>1. 客房服务中心</td><td>态度好、效率高、服务周到</td><td>30</td><td>30</td><td>27</td><td>24</td><td>15</td></tr>
<tr><td>2. 整理客房服务</td><td>整洁效率高、用品齐全</td><td>15</td><td>15</td><td>13.5</td><td>12</td><td>7.5</td></tr>
<tr><td>3. 电话服务</td><td>接话快、态度好、业务熟、准确无差错</td><td>20</td><td>20</td><td>18</td><td>16</td><td>10</td></tr>
<tr><td>4. 洗衣服务</td><td>态度好、手续清楚、质量好</td><td>10</td><td>10</td><td>9</td><td>8</td><td>5</td></tr>
<tr><td>5. 客房送餐服务</td><td>准确、效率高、卫生</td><td>20</td><td>20</td><td>18</td><td>16</td><td>10</td></tr>
</table>

续表

项目	项目标准	项目检查分数	实际得分			
			优	良	中	差
6. 会客服务	态度好、效率高、安全	10	10	9	8	5
7. 闭路电视节目质量	图像清晰、音质好	5	5	4.5	4	2.5
8. 音响质量、效果	音质好、调节有效	5	5	4.5	4	2.5
9. 叫醒服务	态度好、准确无差错	2	2	1.8	1.6	1
10. 开夜床服务	有此项服务得 1 分	1	1		0	
11. 擦鞋服务	有此项服务得 5 分	5	5		0	
12. 饮用水和冰块服务	有保证、及时、卫生	10	10	9	8	5
13. 为残障人士提供服务	态度好、效率高、周到	2	2	1.8	1.6	1
14. 其他服务		4	4	3.6	3.2	2
15. 客房服务效果	以上四项平均得分 95% 以上为优，85% 以上为良，70% 以上为中，70% 以下为差	10	10	9	8	5
合计						

参 考 文 献

[1] 平文英．客房服务与管理．大连：东北财经大学出版社，2000.
[2] 杨秀丽．酒店前厅客房服务管理．大连：东北大学出版社，2001.
[3] 蔡万坤．新编酒店客房管理．广州：广东旅游出版社，2003.
[4] 支海成．客房部运行与管理．北京：旅游教育出版社，2003.
[5] 刘伟．现代饭店客房部服务与管理．广州：广东旅游出版社，2000.
[6] 邹益民，张世琪．现代饭店房务管理与案例．沈阳：辽宁科学技术出版社，2003.
[7] 国家旅游局人教司．客房服务与管理．北京：旅游教育出版社，1999.
[8] 叶秀霜，董颖蓉．客房服务与管理．北京：旅游教育出版社，2002.
[9] 支海成．客房服务．北京：高等教育出版社，2000.
[10] 国家旅游局人教司．饭店管理概论．北京：旅游教育出版社，1994.
[11] 国家旅游局人教司．饭店客房部的运行与管理．北京：旅游教育出版社，1991.
[12] 陈多友．日本酒店客房管理实务．广州：广东旅游出版社，1997.
[13] 严金明，徐文苑．旅游与酒店管理案例．北京：北京交通大学出版社，2004.